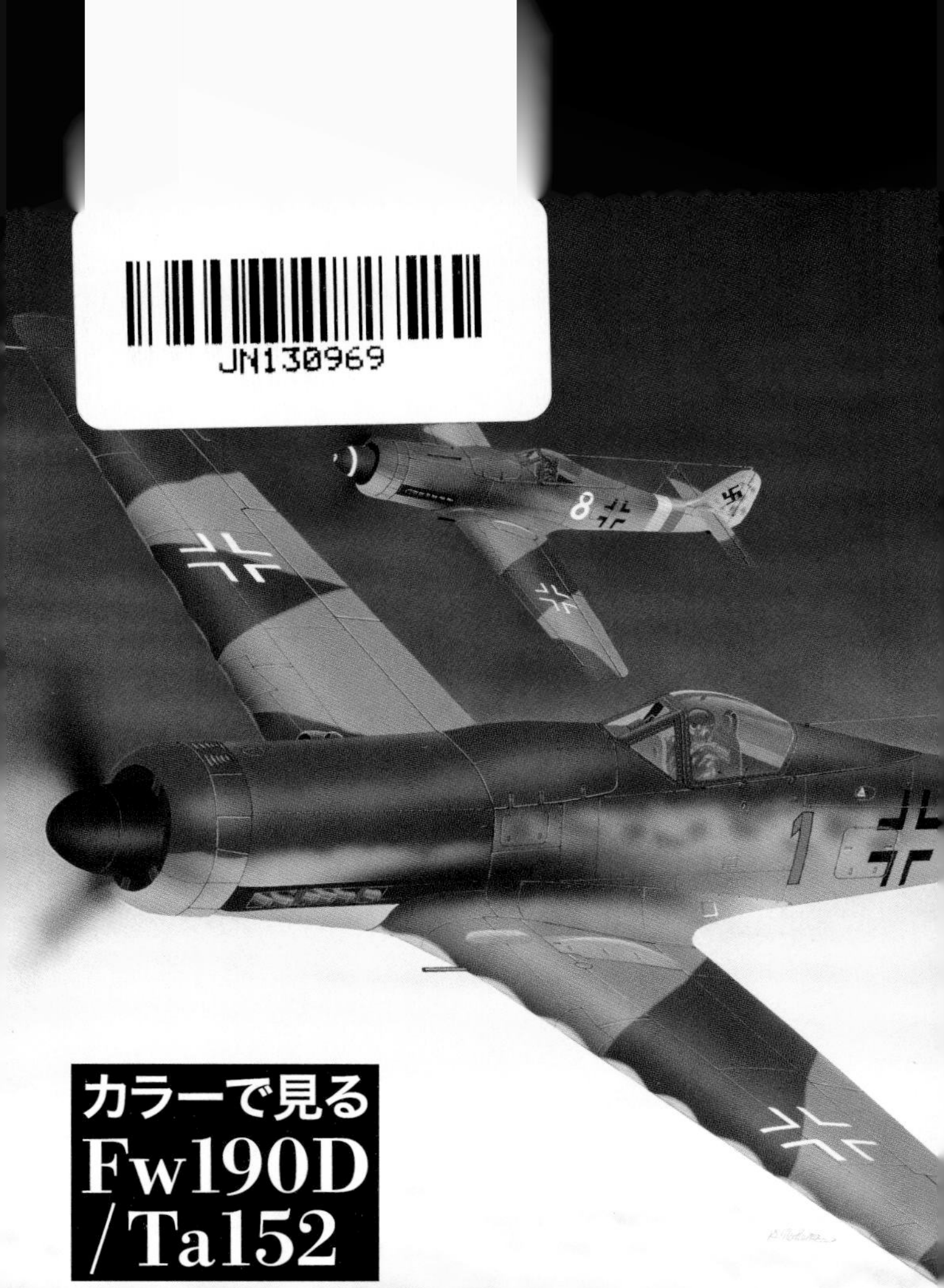

カラーで見る Fw190D/Ta152

Fw190D-9（上）、Ta152H-1　第301戦闘航空団

Fw190D-9　第３戦闘航空団第Ⅳ飛行隊司令官　オスカー・ロム中尉乗機
1945年３月　プレンツラウ

Fw190D-9　第３戦闘航空団第Ⅳ飛行隊本部
1945年３月　プレンツラウ

Fw190D-9　第２戦闘航空団第Ⅲ飛行隊第７中隊
1945年　ロンメルシャウゼン・シュトックハイム

Fw190D-9　第４戦闘航空団本部
1945年　ライン・マイン

Fw190D-9　第301戦闘航空団第Ⅲ飛行隊第８中隊
1945年　シュトラウビング

Ta152H-0 W.Nr150010　第301戦闘航空団本部
1945年５月　ドイツ

Fw190V18/U1　製造番号0040　コード“CF+OY”　1943年１月　コトブス

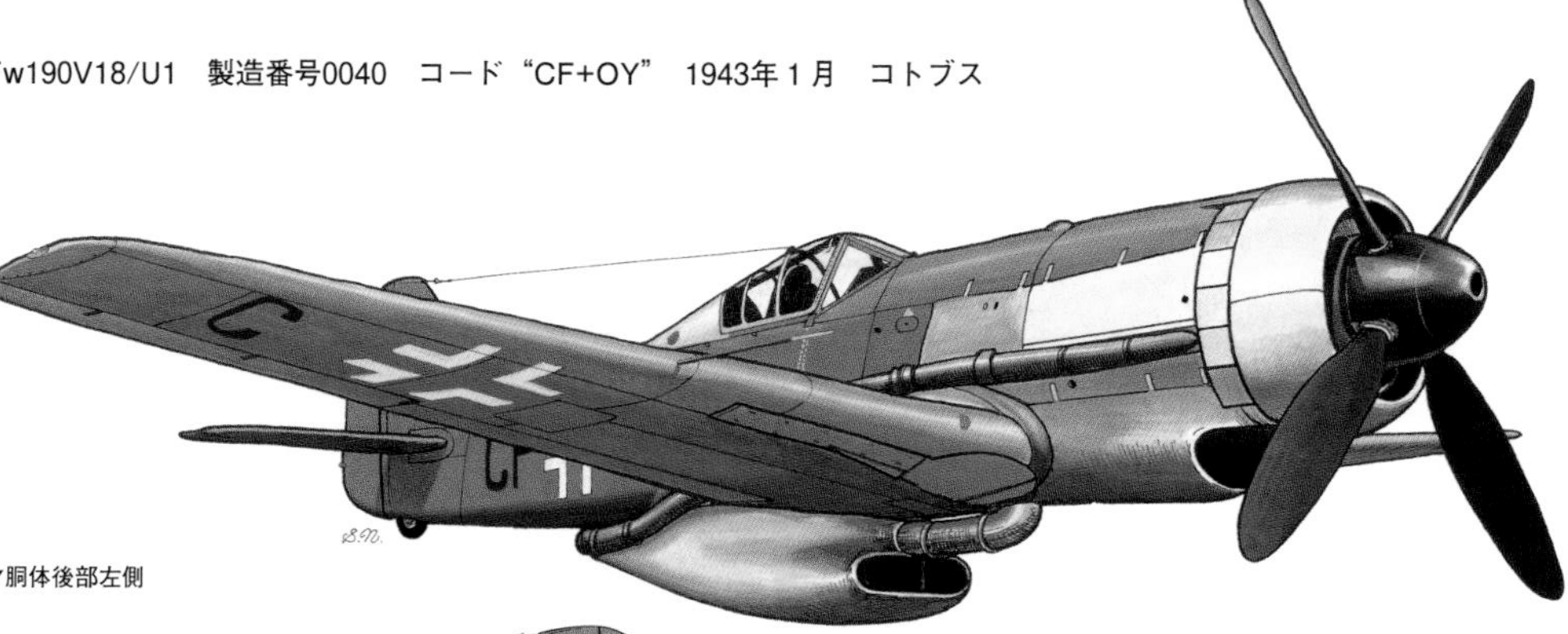

▼胴体後部左側

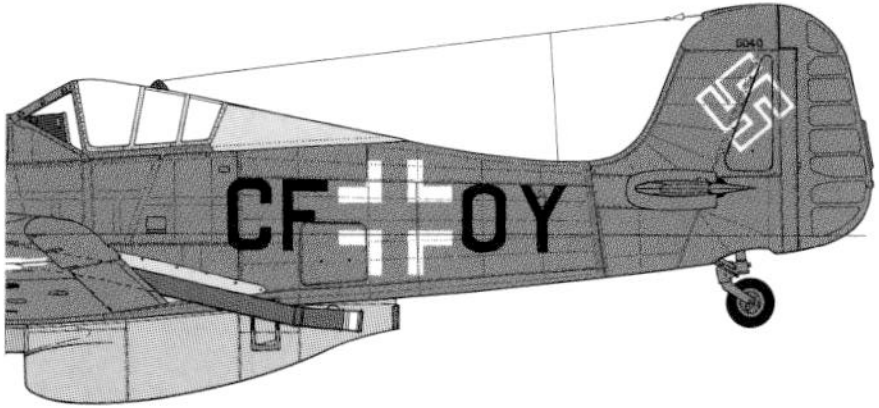

全面RLM02グレイ、新造された機首周りのパネル、排気タービン過給器部覆、可動キャノピーのフレーム、および後部覆は無塗装ジュラルミン地肌のまま。VDM4翅プロペラ、およびスピナーはRLM70ブラックグリーン。国籍標識はすべて白フチどりのみのタイプ、コード“CF+OY”は、主翼下面にも記入されているが、右翼の“F”と左翼の“O”は未記入、または消去されているようだ。

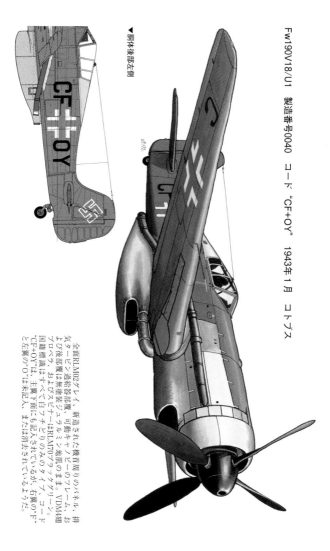

Fw190D-9　製造番号210968　第26戦闘航空団第Ｉ飛行隊第２中隊　カール・フレプ伍長乗機 1945年４月　セルテ

1990年、ドイツ国内のシュヴェリン湖底に沈んでいたのを45年ぶりに引き揚げられた機体。上面はRLM81ダークグリーンと、同82ライトグリーンの塗り分け、胴体側、下面は、大戦終末期のFw190A、D系の一部に適用された、イギリス空軍規格の“スカイ”に似た色調のRLM76バリエーション（イエロー・グリーンと表現すべき色調）だが、主翼下面は工程簡略化のため、補助翼、主脚カバーを除き無塗装のままである。

主翼下面の国籍標識も黒フチどりのみのタイプ、胴体後部に、黒/白の本土防空部隊識別帯（RVDバンド）を記入している。

FW190D/Ta152に適用された塗料色

RLM75	RLM76	RLM81	RLM81	RLM82	RLM76
グレイバイオレット	ライトブルー	ブラウンバイオレット	ダークグリーン（バリエーション）	ライトグリーン	イエローグリーン（大戦末期のバリエーション）

Fw190D-9　製造番号500647　第26戦闘航空団第Ⅱ飛行隊第７中隊 1945年４月　フステッド

主翼下面塗装

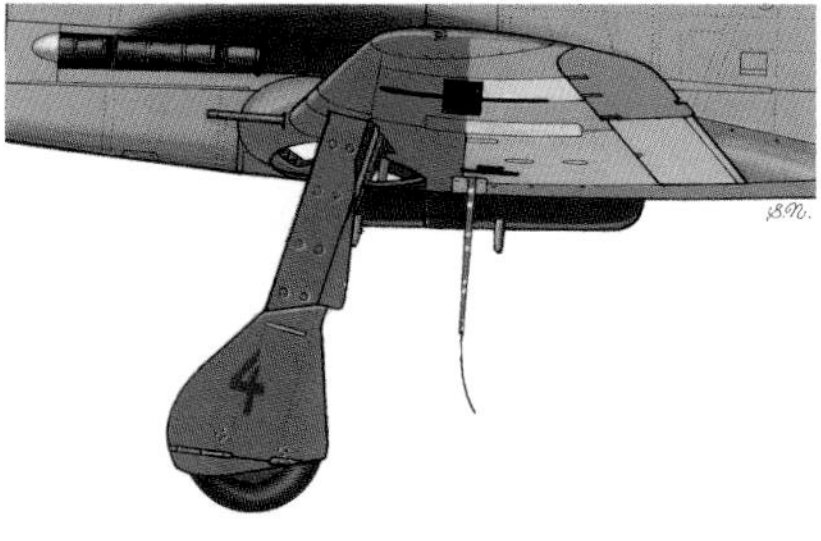

Ta152用垂直尾翼を付けた、ミメタル社エアフルト工場製のD-9最終生産ブロック150機中の１機。胴体上面は、RLM81ダークグリーン（バリエーション）と、同82ライトグリーンの塗り分け、主、水平尾翼上面は、RLM75グレイバイオレットと同81ダークグリーン（バリエーション）の塗り分け。胴体側、下面、垂直尾翼はRLM76“イエロー・グリーン”、主翼下面前半分はRLM75、後半分は無塗装ジュラルミン地肌、補助翼のみRLM76ライトブルー。機番号“4”、飛行隊記号は中隊カラーのブラウン、主脚カバーにも“4”あり。W.Nrはステンシル・タイプ、モラーヌ・アンテナは白フチ付き赤のダンダラ模様。

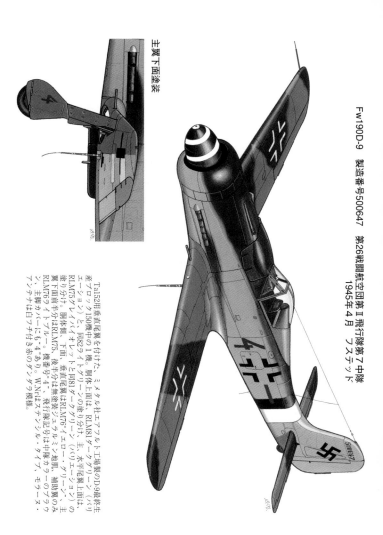

Fw190D-9　製造番号213240　第44戦闘団“モズ中隊”
クラウス・ファーバー中尉乗機　1945年４月　ミュンヘン・リーム

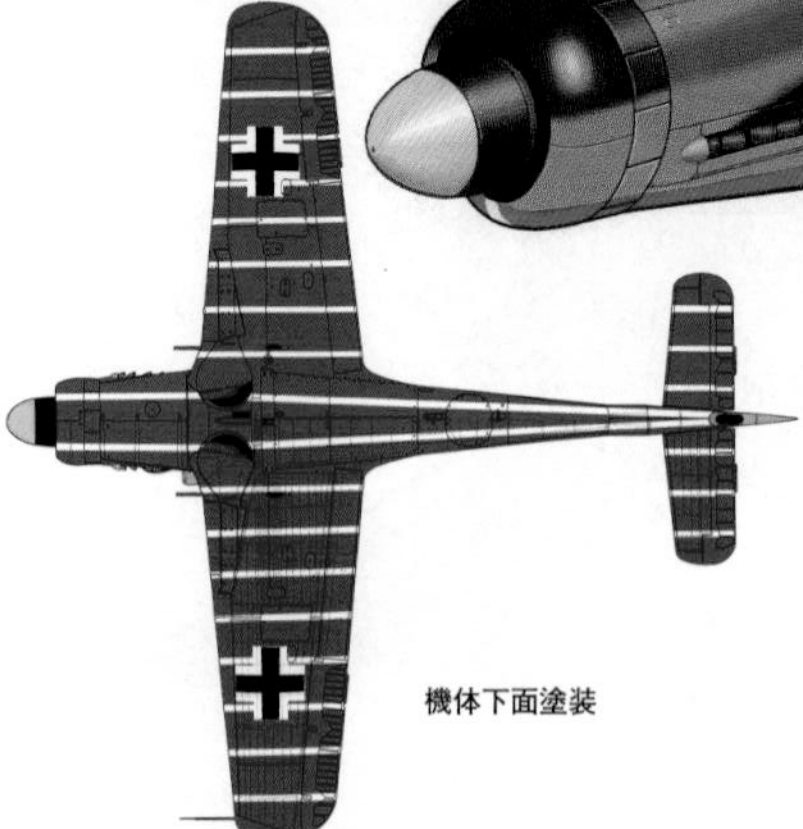

機体下面塗装

上面はRLM75グレイバイオレットと同81ダークグリーン（バリエーション）の塗り分け、胴体側面、垂直尾翼はRLM76ライトブルー、下面はRLM23赤に同22白のストライプ。本機は、製造番号からして初期生産機に属し、JV44に配属される前に他隊で使用されており、機体番号“13”と、胴体国籍標識後方に、旧所属部隊当時のマーキングを塗り潰した形跡がある。スピナー前半分の黄塗装、およびコクピット横の赤円に白/黒のマークは、モズ中隊固有の標識、エンブレムで、各機に共通（左側のみに描く）。その後方のスローガンは、各機ごとに異なる。本機のは“Rein muβer” und wenn iebeide weinen！。

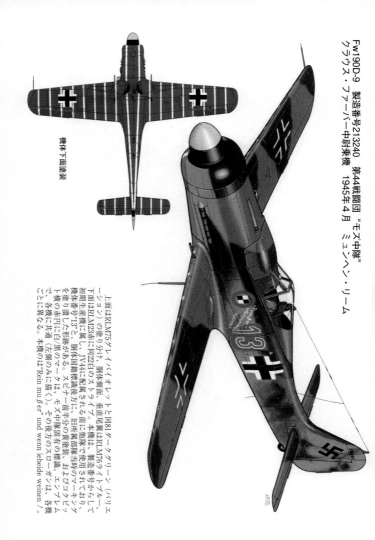

Ta152H-0　製造番号150007　第301戦闘航空団第Ⅱ飛行隊第６中隊　1945年３月　シュテンダル

Ta152は、その生産数の少なさもさることながら、就役時期が敗戦のわずか４ヵ月足らず前という状況もあって、残された写真もわずかしかなく、唯一の装備部隊となったJG301への配備機のなかで、機番号まで確認できるのは、おそらく８機だけである。イラストの第Ⅱ飛行隊第６中隊所属、黒の“３”号機は、最近になって確認できた機体で、1945年３月14日に第Ⅳ航空軍司令官ディートリヒ・ペルツ少将が、II./JG301を巡視する際に、みずから操縦してシュテンダル基地に赴いたときの乗機である。その前日には、同部隊のヴィリー・レシュケ曹長が、本機

に搭乗して、ザッカウ～シュテンダル間を飛行した。上面はRLM81ダークグリーン（バリエーション）と同82ライトグリーンの塗り分け、側、下面は同76ライトブルー。胴体側面の、81、82カラーの下辺ラインに沿ったモットリングのパターンは、W.Nrが２番違いの150005号と同じと思われる。主翼上面の81、82カラーの塗り分けパターンは、生産型H-1とH-0では少し異なるようだ。本機も含めて、JG301に配属されたTa152のほとんどが、スピナーのスパイラル模様は記入しなかった。胴体後部の、JG301を示す黄/赤のRVDバンドの中に、第Ⅱ飛行隊記号を記入するのは、同隊のFw190A、Dシリーズと同じスタイル。

▲現在、アメリカのオハイオ州デイトン市近郊に所在する、同国空軍博物館（U.S.Air Force Museum）に保存・展示されている、Fw190D-9、製造番号601088。プロペラ、可動キャノピーが紛失していたため、別機のパーツを流用、および複製して取り付けてあり、塗装もオリジナルではないなど、満足な状態ではないが、ともかく、現存するD-9としては唯一のものだけに貴重な存在である。筆者は、1987年、1994年の２度にわたり、本機を取材している。写真は２度目の取材時の撮影。

▲▼ドイツ敗戦当時、デンマークに避退していてイギリス軍に接収され、のちアメリカ軍に譲渡されて同本国に輸送、現在は、国立航空宇宙博物館（NASM）の所管となって、首都ワシントンに近いメリーランド州シルバーヒルの倉庫内に、復元を待って分解した状態で保管中の、もとStab/JG301所属のTa152H-0、製造番号150010、機番号“4”（グリーン）。２枚の写真は、戦後の1946年10月、オハイオ州のライト・フィールド基地にて調査された際の、当時としては貴重なカラーで撮影されたショット。各マーキングは、イギリス、アメリカ両軍によってリタッチされて、オリジナルではなくなっているが、迷彩塗装はほぼオリジナルを保っており、その点ではきわめて貴重なものである。もちろん、現存するTa152は本機が唯一。

Ta152V6（C-0/R11） 製造番号110006 コード“VH+EY” 1945年１月 アーデルハイデ

敗戦までに、わずか数機の生産型しか完成しなかった、Ta152Cシリーズの原型第１号機Ta152V6。本機は、先行量産型C-0/R11も兼ねており、生産型C-1の塗装も、ほぼ本機に準じたものになったと思われる。上面はRLM81ダークグリーン（バリエーション）と同82ライトグリーンの塗り分け、側、下面は同76ライトブルー。胴体側面には、モットリングはなく、垂直尾翼にのみ81、82カラーを用いて吹き付けてある。Ta152Hシリーズとの目立つ相違は、主翼下面を除き、国籍標識が小型化されていることで、胴体のそれが、黒フチどりタイプではなく、周囲を81カラーに塗った、白フチどりタイプとしており、垂直尾翼のハーケンクロイツ周囲にも、81カラーのモットリングを吹き付けて、目立たなくしてあることも特徴。主翼下面国籍標識は、Hシリーズと同じサイズの黒フチどりタイプ。V7では、主翼下面にコードを記入しているが、V6は未記入だったようだ。

NF文庫
ノンフィクション

ドイツの最強レシプロ戦闘機

Fw190D&Ta152のメカニズム徹底研究

野原 茂

潮書房光人新社

序文

第二次世界大戦は、レシプロ（ピストン・エンジン）戦闘機にとって、いわば最後の檜舞台であった。というのも、戦後は、列強国においては、すぐに台頭いちじるしいジェット戦闘機が主役の座につき、その後は爆撃機、偵察機なども、次々とジェット化されていって、1950年代末には、それまで隆盛をきわめたレシプロ軍用機は、輸送機、練習機など、非実戦機界にのみ残るだけとなってしまったからである。

そのレシプロ戦闘機の分野で、有終の美をかざり、第二次世界大戦最優秀戦闘機と称賛される名機、アメリカ陸軍のノースアメリカンP－51マスタングについては、異存をはさむ余地はない。

ただ、敗れ去ったとはいえ、ジェット軍用機を世界に先駆けて実戦投入し、航空技術面において他国をリードしていたドイツにも、P－51に太刀打ちできる、高性能レシプロ戦闘機は存在していた。

ドルニエ社の異色の双発串型機、Ｄｏ335〝プファイル〟とともに、ドイツ空軍が、その実戦配備を優先させていた、フォッケウルフ社のＦｗ190Ｄシリーズ、および、その発展型ともいうべきＴａ152がそれである。

Ｆｗ190ＤとＴａ152は、天才肌の設計者クルト・タンク博士が、最後のレシプロ戦闘機と認識して送り出した機体であり、敗戦により、半年にも満たない実戦活動のすえに、うたかたのごとく消え去ってしまったはかなさが、ドイツ機フリークのみならず、多くの大戦機通に、今なお強い興味を抱かせ続けている。

同じ高性能液冷エンジン搭載機といっても、Ｐ‐51とＦｗ190Ｄ／Ｔａ152では、その設計概念はだいぶちがう。

Ｐ‐51が、層流翼型断面、絶妙なラジエーター配置に象徴される、非のうちどころのない見事な空気力学上の洗練を具現したのに比べ、Ｆｗ190Ｄ／Ｔａ152には、これに匹敵するほどの設計上の傑出箇所はない。

そもそも、Ｆｗ190Ｄは、空冷ＢＭＷ801エンジンを搭載していた、Ｆｗ190Ａを、液冷Ｊｕｍｏ213エンジンに換装した機体だし、Ｔａ152は全般的に設計を一新したとはいえ、基本外形はＦｗ190のそれを踏襲したので、当然ではあるが……。

そんな両機が、Ｐ‐51に太刀打ちできる性能を実現し得えたのは、何よりも、搭載したＪｕｍｏ213、およびダイムラーベンツＤＢ603液冷エンジンの出力が、Ｐ‐51Ｂ～Ｄのパッカード・マーリンＶ１６５０（１４５０ｈｐ）に比べ、20％以上も大きかった（１７５０ｈｐ）

のと、そのエンジン前面に、環状に配置するラジエーターという、P-51とはまた別の意味での、独創的な空気力学処理の賜《たまもの》である。

日本では、大戦末期に、陸軍の三式戦『飛燕』が、ドイツのDB601液冷エンジンの国産化品『ハ140』の不調により、性能低下をしのんで空冷『ハ112-Ⅱ』に換装され、五式戦闘機に〝変身〟して、どうにか面子《メンツ》を保ったことはよく知られるが、Fw190Dは、技術的にはより難しい、空冷から液冷への換装を成功させた例として、特筆されるべき存在といえよう。

大戦末期に出現した機体、しかも敗戦という厳しい現実もあって、Fw190D／Ta152に関するまとまった資料はあまり多く残っていない。

ただ、両機の人気の高さを背景に、戦後から今日に至るまでに、ドイツをはじめ、アメリカ、イギリスなどから両機に関する技術資料が出版物を通して世に出、ある程度までその概要を知ることができている。

筆者も、こうした資料はひととおり収集し、また、アメリカに現存する実機を取材するなどして、1989年夏に、雑誌増刊号という形で一冊のモノグラフにまとめた。

それから早28年が経過し、その後に収集した新資料もあり、これらを適宜追補し、形も単行本に改めてつくり直したのが本書である。

Fw190Aにくらべ、基本的にはエンジンが異なるだけといってよいFw190Dについては、それほど目新しい追補部分はないが、Ta152は、1945年2月作製の空軍公式マニュアル、および、アメリカ軍の押収したマニュアルの再構成版の一部などを入手できたので、図版関係の多くを新たに挿入してある。

油圧系統、電気系統配線図なども、それなりに重要ではあるが、技術専門書ではないので、一般読書がみて興味が薄いと思われる項目は割愛した。そのこともあって、〝完全版〟と銘打つには苦しいが、ことＦｗ190Ｄ／Ｔａ152に関するビジュアルな情報は、最大限に詰め込んだという思いはある。

私事で恐縮だが、Ｆｗ190は筆者が第二次大戦機に傾注するきっかけとなった機体で、今を去る40年も前に、掌サイズのプラモデルを駄菓子屋の店先で見つけ、購入したのがそもそもの始まりだった。むろん、その後の仕事上の関係で、零戦をはじめとした日本機、アメリカ機、イギリス機なども、それなりに興味をもって知ろうとしましたが、心の底にいつも焼き付いていたのは、前記のＦｗ190プラモデルだった。その意味で、Ｆｗ190とその発展型Ｔａ152には、特別な思い入れがある。

本書を御覧になり、一人でも多くの方が、ドイツ最後のレシプロ戦闘機がどのようなものであったかを知っていただけたならば、筆者としてこれに優る喜びはない。

野原　茂

ドイツの最強レシプロ戦闘機——目次

序文……3
第一章　液冷版Ｆｗ190、Ｔａ152各型解説――13
Ｆｗ190Ｄ、Ｔａ152誕生の経緯……14
空冷、液冷エンジンの長短所＊Ｆｗ190Ｃシリーズ／Ｆｗ190Ｖ13～16、Höhenjäger2諸元表＊Ｆｗ190Ｄシリーズ／Ｆｗ190Ｄ-9の生産実績／Ｆｗ190Ｄ-10／Ｆｗ190Ｄ-11／Ｆｗ190Ｄ-12／Ｆｗ190Ｄ-13／Ｆｗ190Ｄ-14／Ｆｗ190Ｄ-15
Ｆｗ190Ｄの実戦記録……49
Ｔａ152シリーズ／Ｔａ152Ｂ／Ｔａ152Ｃ／Ｔａ152Ｅ／Ｔａ152Ｈ／Ｔａ152Ｓ
Ｔａ152の実戦記録……85
1945年4月時点におけるＦｗ190Ｄ、Ｔａ152装備部隊一覧
高性能機の真価……89
Ｆｗ190Ｄ／Ｔａ152と同時代レシプロ単発戦闘機の性能比較一覧表＊フォッケウルフＦｗ190Ｂ／Ｃ／Ｄ、Ｔａ152各型諸元表
第二章　Ｆｗ190Ｄ／Ｔａ152の機体構造――93
一般構造／Ｆｗ190Ｄシリーズ／Ｔａ152〈胴体〉〈主翼〉〈尾翼〉〈水平尾翼〉＊動力装備／ＤＢ603／Ｊｕｍｏ213＊コクピット／Ｆｗ190Ｄ／Ｔａ152＊降着装置＊諸システム／操縦系統／与

圧装置／冷却液循環システム／燃料システム／潤滑油システム／パワー・ブースト・システム／偵察装置＊射撃兵装／無線機装備

第三章　Ｆｗ190Ｄ／Ｔａ152の基本塗装 —— 175

第四章　現存する翼たちを訪ねて…… —— 187

悲喜こもごもＦｗ190Ｄ、Ｔａ152取材回想記 …… 188

付録 —— 201

資料あれこれ …… 202

主要参考文献・写真協力・取材協力 …… 211

ドイツの最強レシプロ戦闘機

Fw190D&Ta152のメカニズム徹底研究

第一章　液冷版Ｆｗ190、Ｔａ152各型解説

Fw190D、Ta152誕生の経緯

1941年9月、西部戦線上空に颯爽と実戦デビューし、その高性能をもって、宿敵RAFのスピットファイアMk.Vを圧倒し、たちまちのうちに、制空権を掌握したフォッケウルフFw190Aは、ドイツ空軍戦闘機隊にとっては、まさに救世主のような存在であった。

もともと、1938年に主力戦闘機Bf109を補佐するべき機体、すなわち〝保険機〟として開発着手されたFw190は、ヨーロッパ流戦闘機の定番である液冷エンジンが、Bf109への供給の妨げになってはならぬという〝戒律〟のために使用出来ず、設計主務者クルト・タンク技師は、不本意ながら、空冷BMW139系（1500hp）を選択せざるを得なかった。

しかし、結果的には、タンク技師の設計手法がきわめて手際よかったこともあり、当時のBf109の主力型、Eシリーズが搭載した液冷DB601系に比べ、36%もパワーが大きいBMW139のおかげで、1939年6月1日に初飛行した原型1号機は、ほとんどの飛行性能面でBf109Eを凌いだ。何が幸いするかわからないという好例であろう。

補佐するべき相手の主力機を、性能的に凌駕してしまったFw190に、ドイツ空軍も〝保険機〟の扱いを白紙撤回し、ただちに、Bf109と双璧を成す主力戦闘機として制式採用、大量生産を下命し、前記したような実戦デビューに至ったという次第である。ちなみに、生産型Fw190Aシリーズは、BMW139よりさらにパワーの大きい、BMW801系（1560～1700hp）エンジンに更新されており、一段と性能向上していた。

実戦部隊から諸手をあげて大歓迎されたFw190Aだが、敵側にはまだ気付かれていなかったものの、じつは決して小さくないウイークポイントを抱えていたのだった。

それは、通常の飛行範囲である、高度6000m付近までは、申し分のない性能を発揮するFw190Aが、それ以上に上がると、急激に性能低下をきたすことであった。

どんな航空機でも、高度が上がるにつれ、空気密度の低下にともない、性能は徐々に低下するのだが、Fw190Aの場合は、それが極端にすぎたのだ。これは、機体設計云々の問題ではなく、心臓たるべき、BMW801系エンジンの特性に起因することだったので、根本的な解決法は、エンジン換装以外になかった。

当面は、この弱点が致命傷になることはないと考えられたが、情報によれば、高空性能に優れるアメリカの排気タービン過給器装備機（B-17、B-24四発爆撃機、P-38、P-47戦闘機）の、

▲飛行場に並んだFw190群。左から2、4、5機目が液冷型のD-9、他は空冷型のF-8、またはA-8。機首まわりの違いがひと目でわかる。

ヨーロッパ戦域への本格的投入は必至とされており、ドイツ空軍は将来を見越して、早目に手をうつべきだと判断した。

そして、この方針にしたがい、フォッケウルフ社（以下、Ｆｗ社と略記）と空軍側が協議をかさね、改良案としてまとめたのが、Ｆｗ190Ｂ、Ｃ、Ｄの３型式であった。１９４１年初冬のことで、Ｆｗ190Ａの実戦デビューから、いくらも日時が経過しておらず、きわめて素早い対応といってよい。

もっとも、この３案のうち、Ｆｗ190Ｂのみは、エンジンをＢＭＷ801そのままとし、ＧＭ-１パワーブースト装備の追加だけですました、暫定型ともいえるもので、結局、テストでも予期した効果が得られず、早々に開発中止になった。

残る２案は、エンジンを液冷に換装（Ｆｗ190ＣはＤＢ603系、Ｆｗ190ＤはＪｕｍｏ213系）するというもので、見方を変えれば、タンク技師にとって、ようやくＦｗ190開発当初の希望がかなったともいえる。これが、液冷版Ｆｗ190と、その発展型ともいうべきＴａ152の誕生の経緯である。

空冷、液冷エンジンの長短所

本題に入るまえに、そもそも、空冷、液冷エンジン、さらには両エンジン搭載機は設計上、どのようなところが根本的に違ったのか、そのへんをわかりやすく説明し、液冷版Ｆｗ190を理解するうえでの一助としてみたい。

空冷、液冷エンジンは、読んで字のごとく、混合気の爆発とピストンの上下運動により、過熱したシリンダーを、冷却する方法が異なる。空冷は、カウリング前面の開口部から流入する外気に、シリンダーを直接に晒《さら》して冷やす。

だから、空冷エンジンは、シリンダーが正面から見て放射状に並び（低出力の直列型式は別として）、前、後二列の複列型式にしたエンジンの後列シリンダーは、冷却空気がよく当たるように、前列の隙間に位置するよう、配列をズラしているわけだ。

これに対し、液冷は、シリンダーを密閉したケースの中に収め、その周囲を水密構造にして、冷たい液体（水、またはエチレングリコール液）を循環させて冷却する。したがって、液冷エンジンのシリンダー配列は、空冷ほどの固定概念がなく、クランク軸を中心に、正面から見てV、W、さらには水平対向のH字状などに、前、後方向に何本かずつ並べる型式が存在した。もっとも、一般的に多く採られたのはV字、およびそれを天地逆にした倒立V字型式であったが……。

シリンダー周囲で高温になった冷却液は、ポンプによりラジエーターに導かれ、ここで外気によって冷却されたのち、再びエンジンに送られるという行程を繰り返すのである。

空冷エンジンは、シリンダーの配置からして直径が大きくなり、当然、空気抵抗もそれだけ大きい。速度性能が最優先される戦闘機には、正面方向から見る面積を、小さくできる液冷が望ましいと考えるのは当然で、ドイツ、イギリスが、戦闘機にはほとんど液冷エンジンしか使わなかったのは、そのへんの事情がある。

主要液冷エンジン搭載戦闘機のラジエーター配置

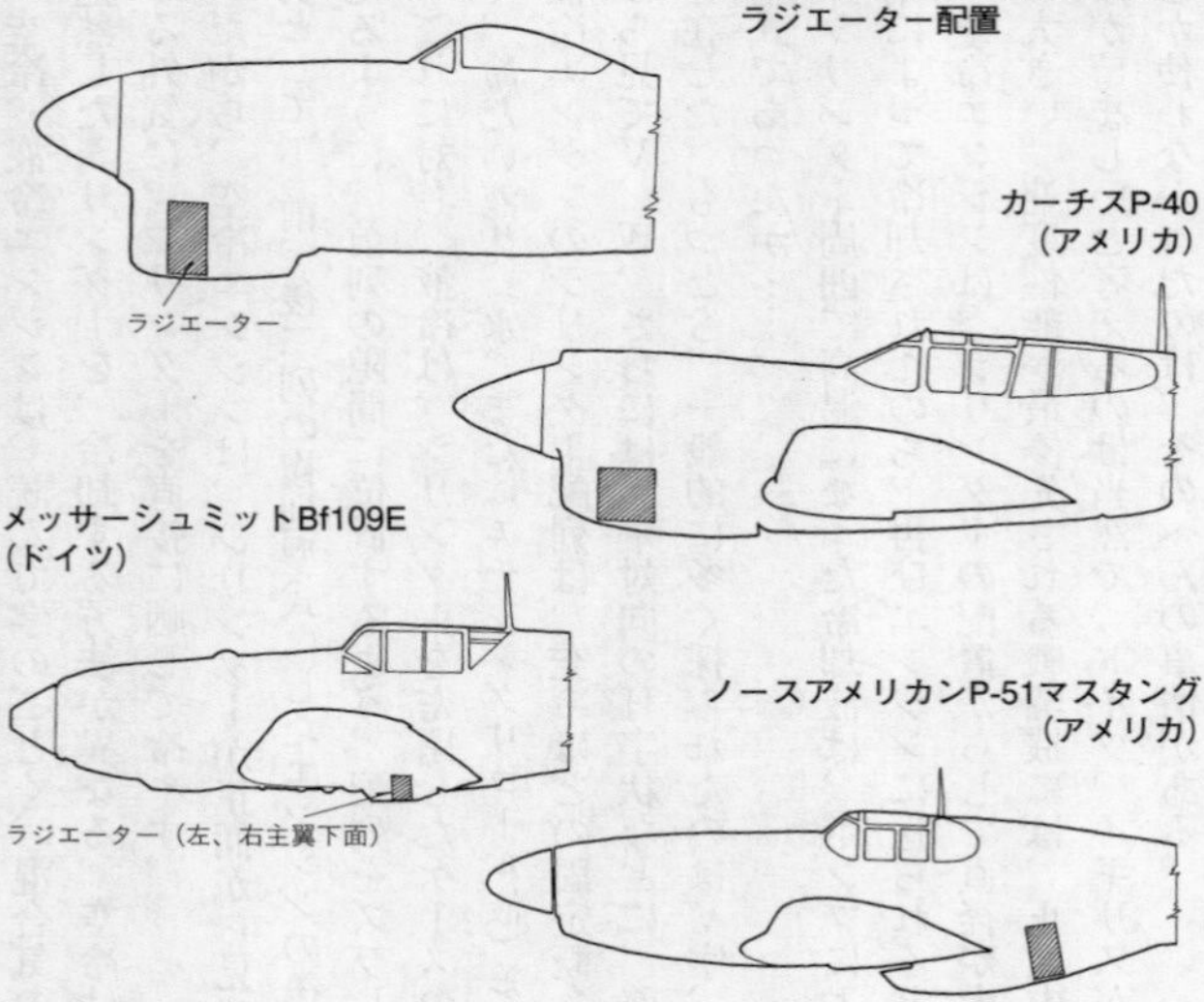

ただし、機体設計の良否も性能に大きく影響するので、一概に空冷エンジン戦闘機が不利ということではない。

エンジン本体の正面面積は小さいものの、液冷は空冷にはないラジエーターを必要とし、意外に正面面積のかさばる、このラジエーター配置をうまく処理しないと、前述の利点も相殺されてしまうことになる。

その代表例と言っては酷だが、アメリカ陸軍のカーチスP-40、イギリス空軍のホーカー・タイフーン両戦闘機が、その筆頭格であろう。

機首下面に、あんぐりと大口をあけたようなラジエーター配置は、

Fw190の空冷から液冷エンジンへの換装要領

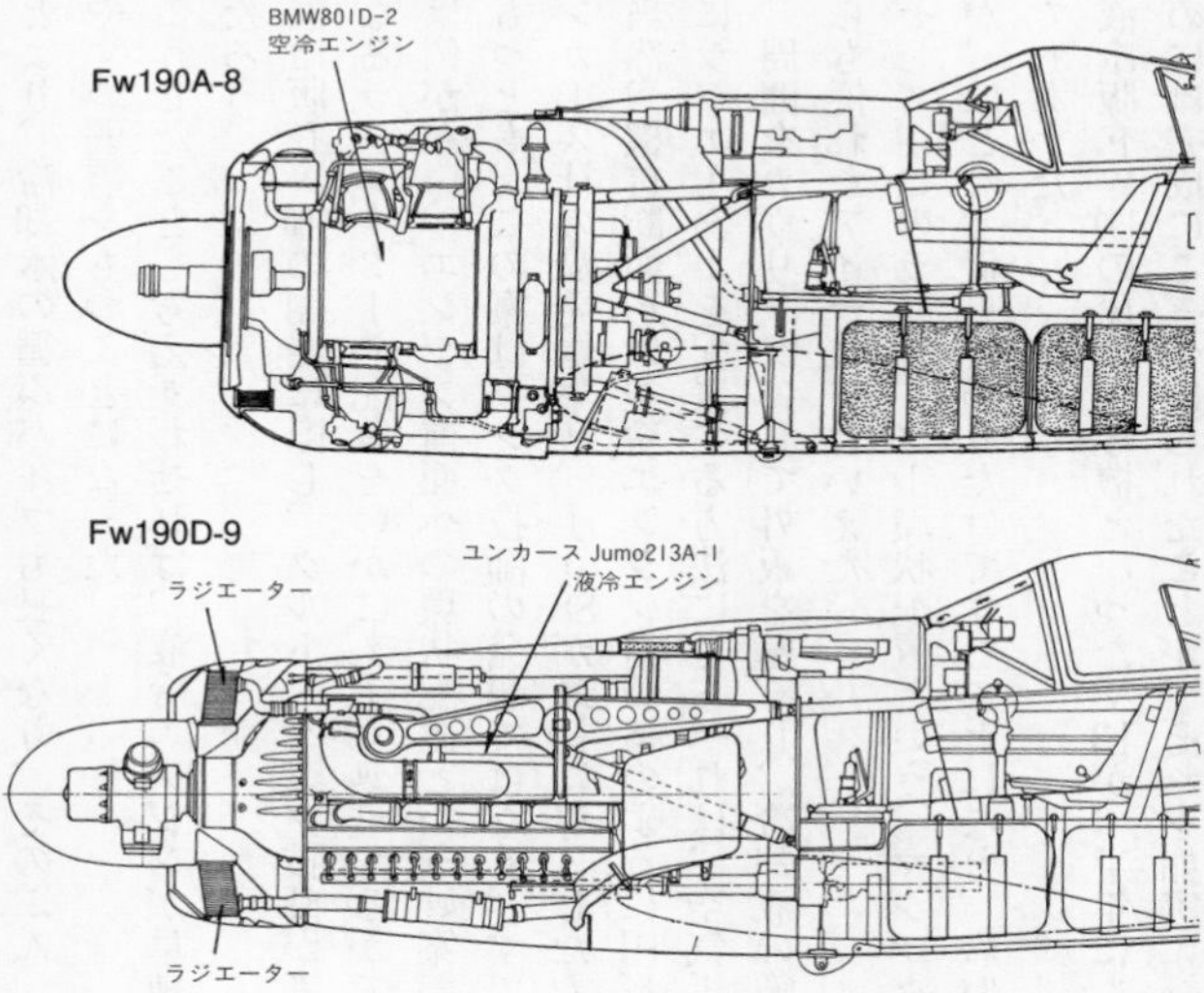

素人目にも空気抵抗が大きく感じられ、実際、両機の性能は冴えなかった。とくにタイフーンの場合は、搭載したネイピア・セイバーエンジンが、水平対向Ｈ型という特異なシリンダー配置ということもあって液冷のわりには正面面積が大きく、２０００ｈｐの高出力ながら、最大速度は１７００ｈｐの空冷ＢＭＷ801を搭載したＦｗ190Ａと同じ、６５０㎞／ｈにとどまった。

　前述したＰ-40、タイフーンは、エンジンのすぐ近くにラジエーターが配置されていたので、さほどではないが、胴体後部下面、あるいは左、右主翼下面にラジエーターを配置した機体などは、本体はもとより、冷却水の循環パイプも長くなり、そのぶん、敵機からの被弾に対し、致命傷になりやすい弱点をもつことになった。

こうしたことも考えあわせれば、液冷エンジンが単純に有利と言いきれないことがおわかりだろう。

液冷版Ｆｗ190の開発に際し、クルト・タンク技師が考えたのは、この、ウィークポイントになるラジエーターの配置をいかに上手く処理するかであり、その結果採用したのが、他国には例がない、エンジン前面への環状配置という妙案だった。

もっとも、この案はタンク技師の発想ではなく、すでに１９３６年12月に初飛行していた、ユンカース社の双発爆撃機、Ｊｕ88が最初に導入したものだった。

当然、機首断面形は空冷エンジン搭載機のように円形となるが、胴体下面、左、右主翼下面にラジエーターを配置する方法にくらべれば、空気抵抗上のプラスぶんは極く少なくてすみ、周囲をカウリングにして外鈑を厚くし、冷却液の循環パイプも短くてすみ、防弾対策上からも優れたアイディアといえた。

そして、このラジエーター環状配置という〝マジック〟は、こと動力関係に限った改造箇所が、ほとんど機首まわりだけですむことになり、戦時下の緊急作業には、うってつけの方法でもあった。

液冷版Ｆｗ190の原型１号機となったＶ13が、半年にも満たない作業期間で、１９４２年はじめには完成にこぎつけられたことが、それを如実に証明していよう。

Ｆw190Ｃシリーズ

液冷エンジンへの換装2案のうち、当初に本命視されたのは、ダイムラーベンツＤＢ603系（１７００ｈｐ）を搭載するＦｗ190Ｃシリーズである。

Ｃシリーズの原型機に充てられたのは、Ｆｗ190Ａシリーズの最初の量産型Ａ－１の機体部分を流用した、Ｆｗ190Ｖ13、15、16、18の4機で、１号機Ｖ13は、１９４２年はじめに早くも完成した。

Ｖ13、Ｗ.Ｎｒ００３６、コード〝ＳＫ＋ＪＳ〟は、ＤＢ603Ａ－０（１７５０ｈｐ）を搭載し、与圧キャビン装備を予定して、キャノピーも全体形状こそ変わらないが、二重ガラス、ゴム・シールド付きの新型に変更していた。

武装は、機首上部にＭＧ17　7・92㎜機銃2挺、両主翼付け根にＭＧ151／20　20㎜機銃各１挺を予定していたが、与圧キャビンも含め、実際には装備されないまま、１９４２年7月30日、事故により失われてしまった。

Ｖ13に続き、Ｖ15、Ｗ.Ｎｒ００３７、コード〝ＣＦ＋ＯＶ〟、およびＶ16、Ｗ.Ｎｒ００３８、コード〝ＣＦ＋ＯＷ〟が完成した。改修の要領はＶ13と同じであったが、Ｖ15は、排気タービン過給器装備を予定して、主翼付け根に沿って後方に長く伸びる排気ダクトを付け、Ｖ16は、潤滑油冷却空気取り入れ口と兼用だった、過給器空気取り入れ口を、機首左側に別途追加したことなど、細部に相違があった。

▲液冷版Fw190の先駆けとなった、Cシリーズの原型1号機、Fw190V13、W.Nr0036、コード"SK+JS"。DB603A-0エンジン（1,750hp）を搭載し、直径3.500mのVDM製金属3翅プロペラを組み合わせている。

Fw190V-13（Cシリーズ用原型1号機）

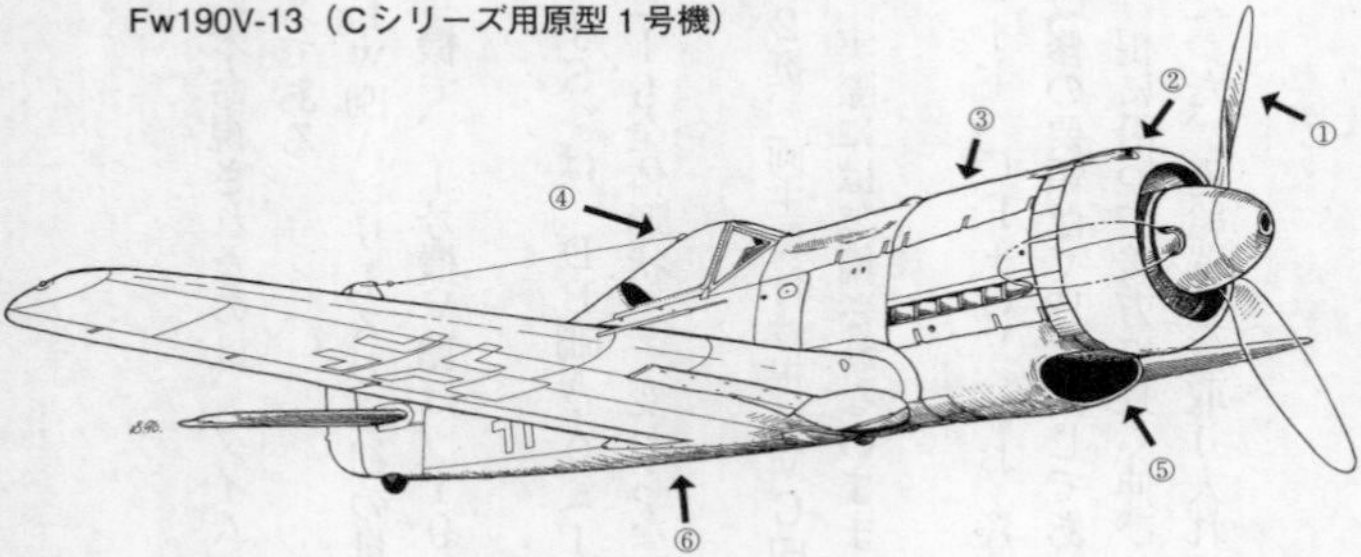

①プロペラは、Fw190Aシリーズと同じVDM金属製3翅だが、直径は3.500m
②機首上部武装（MG17 7.92mm機銃×2）を予定した、発射口付きのカウリング
③DB603A-0液冷倒立V型12気筒エンジン（1,750hp）を搭載。機首周りがFw190Aシリーズと一変
④与圧キャビンを予定した二重ガラス構造のキャノピー（結局、与圧キャビンは未装備）
⑤過給器、および潤滑油冷却器用空気取り入れ口
⑥機体はFw190A-1を流用

なお、エンジンは、Ｖ15がＤＢ603Ａ-2、Ｖ16がＤＢ603ＡＡを搭載したが、出力はどちらも１７５０ｈｐである。両機とも、予定どおり与圧キャビンを装備していた。
Ｖ16を使ったテストでは、高度１万２２００ｍまで上昇でき、同７０００ｍ付近にて、ＧＭ-1パワーブースト装置を併用しつつ、瞬間的に724km／ｈ（！）という、驚異的な高速を出した。

非武装の経過重状態とはいえ、これはかなりの好成績と思われたが、空軍側はこれに満足せず、上限限度をさらに１５００ｍ高め、１万３７００ｍにするようＦｗ社に命じた。

しかし、機械式駆動過給器のままでは、これ以上に上昇限度を高めるのは、不可能であることがわかったため、タンク技師は、Ｆｗ190Ｃシリーズは、排気タービン過給器装備を前提にするしかないと提案、空軍もこれを了承し、改めて〝Höhenjäger《ヘーエンイエーガー》 2〟（高々度戦闘機２）の計画名称に基づく、原型機６機の製作を発注した。

この計画に基づいた1号機は、先にＣシリーズ用原型機の４号機に予定されていた、Ｆｗ190Ｖ18、Ｗ.Ｎｒ００４０、コード〝ＣＦ＋ＯＹ〟で、１９４２年末に完成した。

ＤＢ603Ａ-1エンジン（１７５０ｈｐ）を搭載した機首周りの処理法は、Ｖ13〜16と同じであったが、プロペラが４翅に変更され、コクピット直下の胴体下面には、ＤＶＬ製〝ＴＫ11〟排気タービン過給器と、中間冷却器を収めた張り出し（前面はその空気取り入れ口となった）が追加され、のちのＴａ152用に考案された、増積垂直安定板を付け、与圧キャビン用のキャノピーも、可動部窓ガラスに補強枠を追加するなど、外観は大きく変化した。その形態に因《ちな》み、本機は〝Känguruh〟《ケングルー》（カンガルー）と通称された。もちろん、機首両側の排気管には、タービン部に連結する長い排気ダクトが取り付けられている。

なお、Ｆｗ社作図によるHöhen-jäger2の三面図には、主翼が全幅12・3ｍ、面積20・3㎡の状態で描かれているが、のちのＶ32以外は従来と同じままの

Fw190V15（Cシリーズ用原型２号機）

①機首周りはV13と同じだが、エンジンはDB603A-2（1,750hp）に更新
②武装は未装備

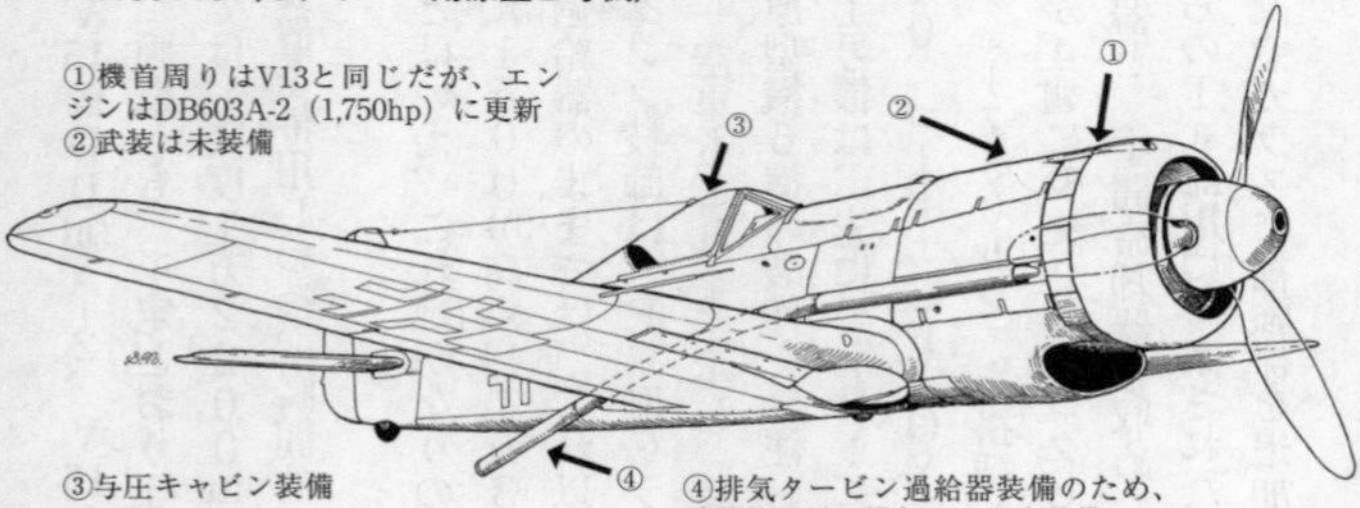

③与圧キャビン装備

④排気タービン過給器装備のため、試験的に長い排気ダクトを装備

▲Ｃシリーズ用原型３号機として完成した、Fw190V16、W.Nr0038、　コード“CF+OW”。　エンジンはDB603AA（1,750hp）を搭載し、機首左側に、過給器空気取り入れ口を別途設けたのがV13との相違。カウルフラップは全閉状態を示す。

主翼だった。

これら、Höhenjäger 2に基づく改修をうけたことにより、V18は、V18／U1と改称した。

V18／U1は、1943年1月25日、Fw社チーフ・テスト・パイロット、ハンス・ザンダーの操縦により初飛行し、社内テストで、高度1万1000mにおける最大速度680km／hを記録、前途に希望を抱かせた。

しかし、引き続き完成した5機の原型機（V29～33）を飛行テストする段階になると、標準装備に予定した、ヒルト社製9-2281排気タービン過給器（エンジンは、これに合わせたDB603S-1 1750hp）に、不具合、故障が頻発し、実用化はとうてい不可能なことがわかった。

Fw社と空軍側は、何度も協議をかさねたが、有効な打開策は見つからず、1943年秋、ついにFw190Cシリーズの開発中止が決定された。

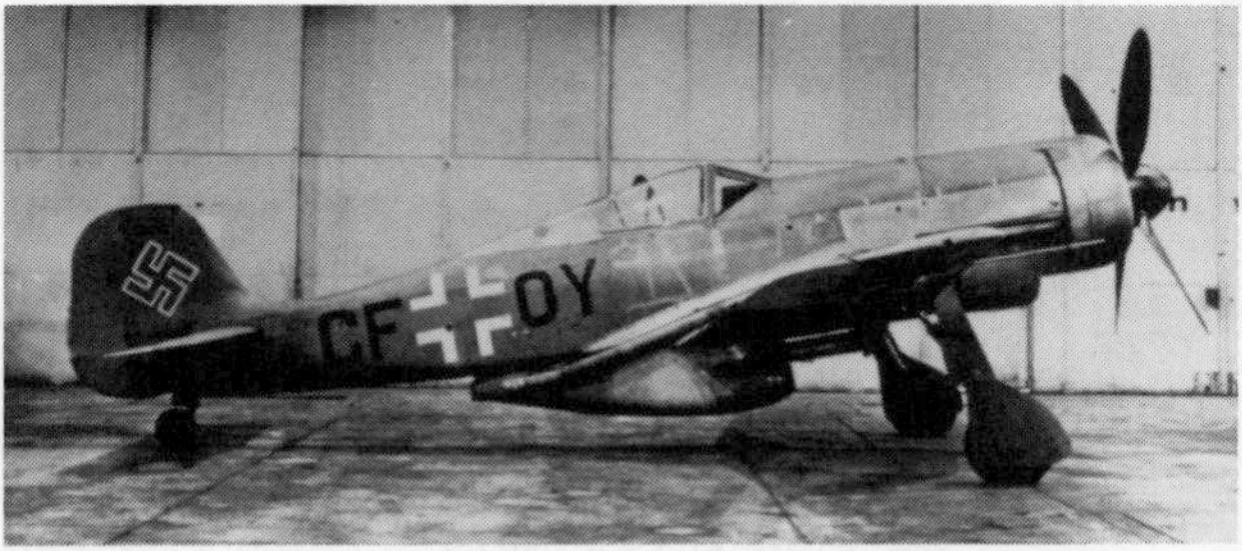

▲胴体下面に排気タービン過給器を備える、Cシリーズのグレードアップ版、“Höhenjäger 2”計画に基づく最初の原型機として、1943年1月25日に初飛行した。Fw190V18/U1、W.Nr0040、コード“CF+OY”。その形態から、“Känguruh”（カンガルー）と通称された。プロペラが、VDM製4翅に変わっていることに注目。

Fw190V18/U1

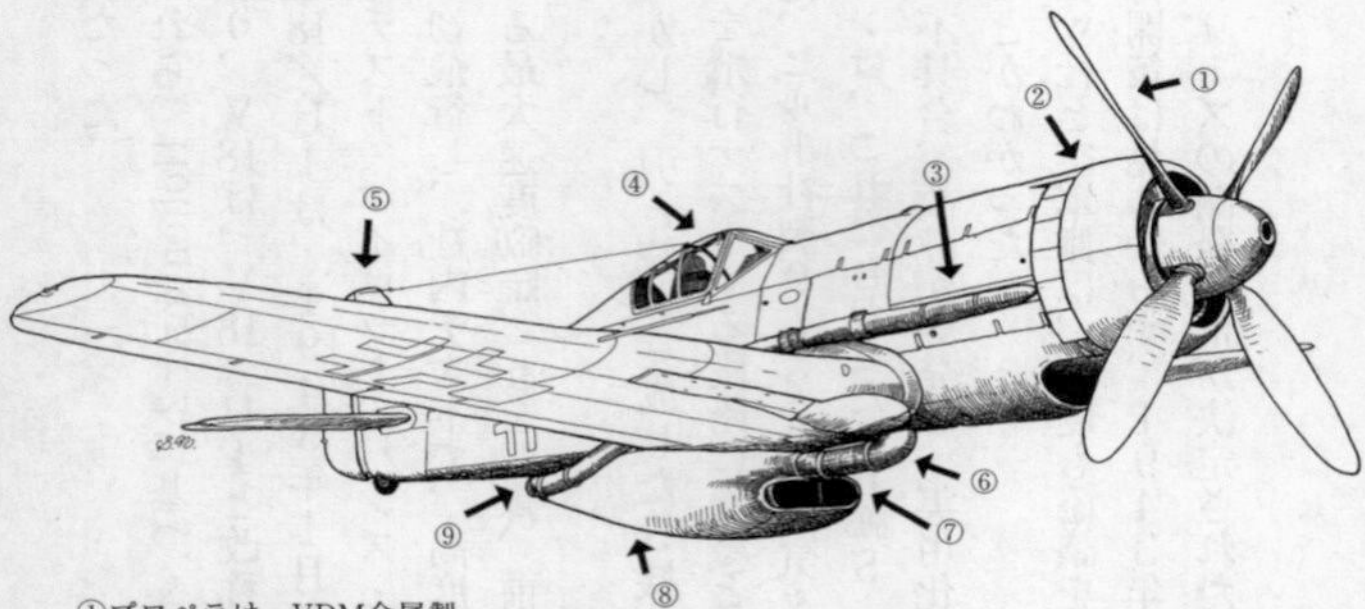

①プロペラは、VDM金属製4翅（直径は3.500m）
②DB603A-1エンジン（1,750hp）搭載
③排気ガス・ダクト
④与圧キャビンを予定し、補強枠を追加したキャノピー（与圧キャビンは未装備）
⑤垂直安定板をTa152と同じ形状に改修
⑥エンジンへの圧縮空気ダクト
⑦排気タービン過給器、および中間冷却器用空気取り入れ口
⑧DVL TK11排気タービン過給器、および中間冷却器収納部
⑨排気ガス出口

V18/U1の胴体内部配置

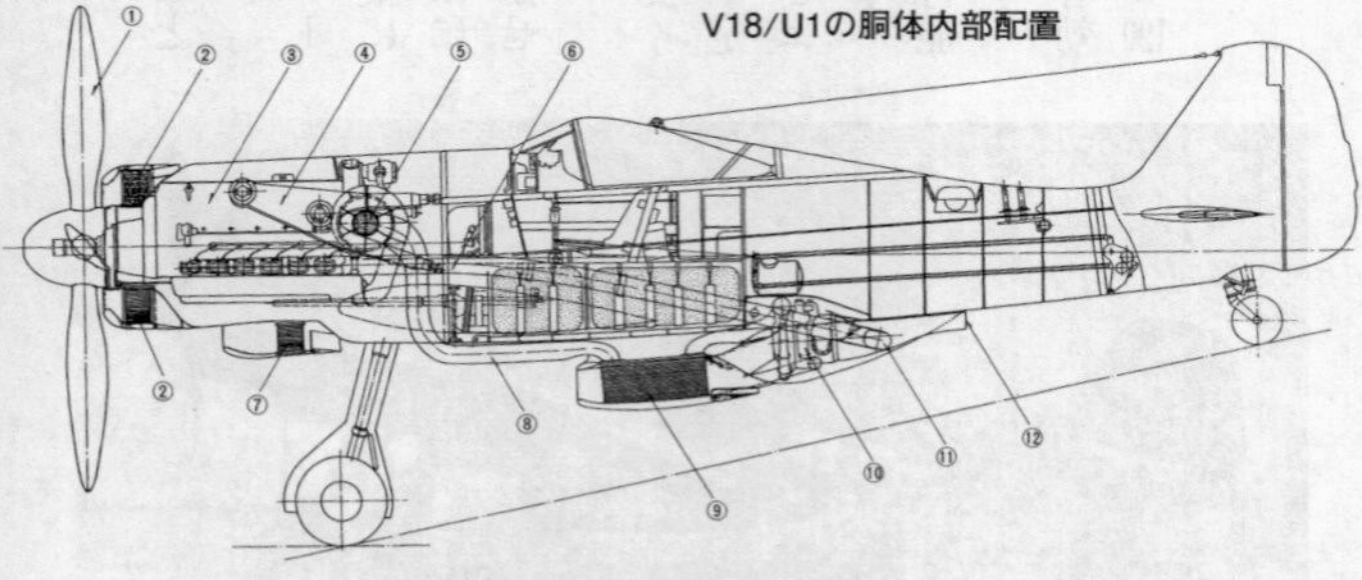

①VDM 4 翅プロペラ、②環状ラジエーター、③ダイムラー・ベンツDB603A-1　液冷倒立V型12気筒エンジン（1,750hp）、④エンジン取付架、⑤過給器空気取入口、⑥排気ダクト、⑦潤滑油冷却器、⑧圧縮空気ダクト、⑨中間冷却器、⑩ヒルト9-2281　排気タービン過給器、⑪排気出口、⑫冷却空気出口

◀“Höhenjäger 2”の３番めの機体として、1943年３月７日に初飛行したFw190 V30 W.Nr0055 コード“GH＋KT”。V18/U1と同仕様だが、エンジンが小改良型のDB603S-1、排気タービン過給器もヒルト社製9-2281に変わり、スライド・キャノピーのガラス補強フレームが３本となったのが相違点。

▼Fw190V18/U1に続く、４機の“Höhenjäger 2”用原型機の１機として、1943年４月20日に初飛行したが、不調の排気タービン過給器を撤去し、胴体後部を延長、大型垂直尾翼を付けて、高々度戦闘機の早期実用化をはかったFw190V32/U1、W.Nr0057、コード“GH+KV”。

Fw190V13～16、Höhenjäger 2 諸元表

機体名	製造番号	コード	搭載エンジン	無線機、与圧キャビン、排気タービンの有無	初飛行年月日	備考
V13	0036	SK＋JS	DB603A-0 W.Nr17466	FuG7,FuG25 （予定）	1942	A-1のフレーム流用
V15	0037	CF＋OV	DB603A-2	FuG7,FuG25 （予定）	1942	A-1のフレーム流用
V16	0038	CF＋OW	DB603AA	FuG7,FuG25 （予定）	1942	A-1のフレーム流用
V18/U1	0040	CF＋OY	DB603A-1 W.Nr17476	FuG7,FuG25（予定） DVL TK11 排気 タービン過給器 与圧キャビンなし	1943.1.25	“Höhenjäger 2”1号機 GM-1装備
V29	0054	GH＋KS	DB603S-1 W.Nr17801	FuG16Z,FuG25a（予定） ヒルト排気タービン過給器 与圧キャビン	1943.1.27	のちにTa152H用 原型となる
V30	0055	GH＋KT	DB603S-1 W.Nr1717803	ヒルト排気タービン過給器 与圧キャビン	1943.3.7	のちにTa152H用 原型となる
V31	0056	GH＋KU	DB603S-1	ヒルト排気タービン過給器 与圧キャビン	1943.4.5	1943.4.29 事故により喪失
V32	0057	GH＋KV	DB603S-1	ヒルト排気タービン過給器 与圧キャビン	1943.4.20	のちにTa152H用原 型となる
V33	0058	GH＋KW	DB603S-1	FuG16Z,FuG25a ヒルト排気タービン過給器 与圧キャビン	1943.5.7	のちにTa152H用原 型となる

Fw190Dシリーズ

液冷化の2番手になったFw190Dシリーズは、エンジンをユンカース社のJumo213系（1700hp〜）としたのが、Cシリーズとの大きな違いで、環状冷却器という処理法は同じだが、潤滑油冷却器、および同空気取り入れ口のための、機首下面の張り出しはなく（エンジン本体下面の熱交換器により、エンジン冷却液を利用して冷却した）、最初から過給器空気取り入れ口を機首右側に独立して設けるなど、明確な違いがあった。

原型1号機となったのは、Fw190A-1の機体を流用した、Fw190V17、W.Nr0039、コード〝CF+OX〟で、1942年3月に初飛行した。

しかし、Cシリーズに比べて、それほど開発時期に差がないDシリーズだったが、その後の作業ペースは遅く、生産原型機ともいえるFw190V53、54の2機が完成するのは、それから2年3ヵ月も経った1944年6月、7月のことである。

▲Fw190Dシリーズの原型1号機となったV17。Cシリーズ原型機と異なる、機首まわりに注目。排気管の後方上部に過給器空気取り入れ口が突出している。

Fw190V17（Fw190Dシリーズ用原型１号機）
※武装は未装備

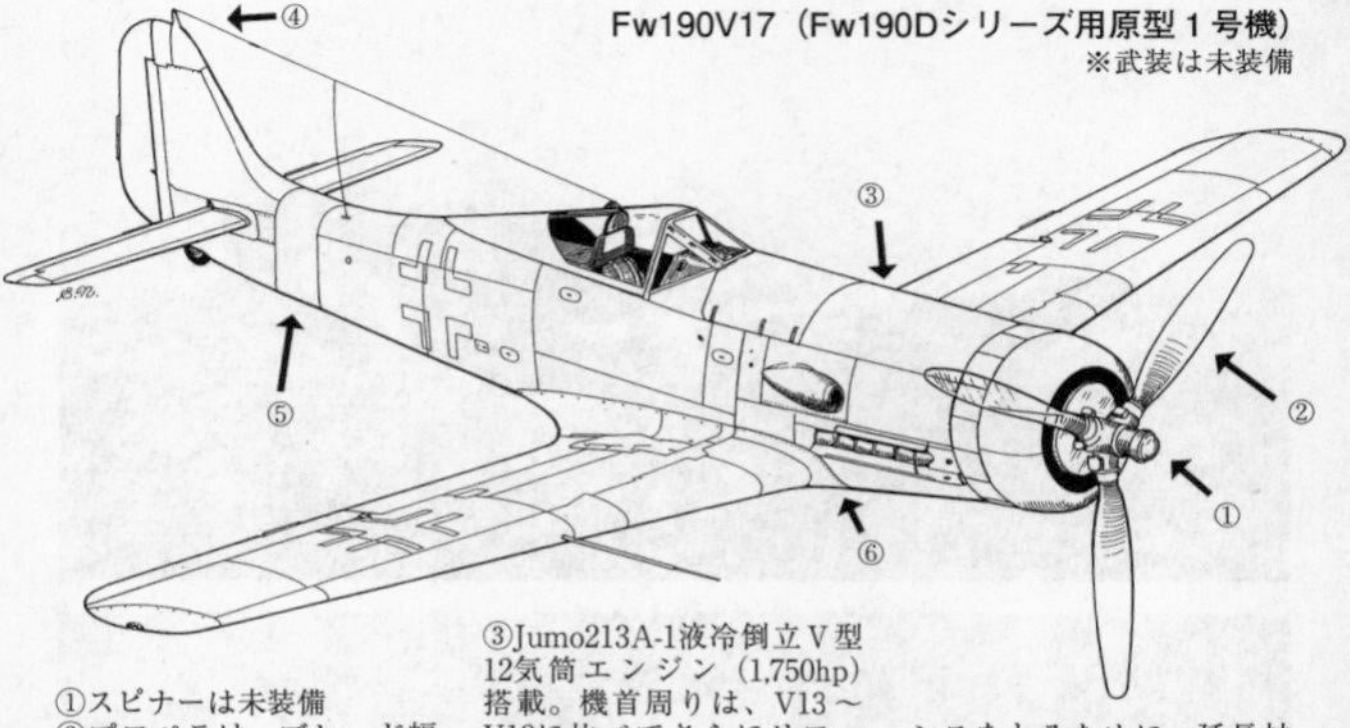

①スピナーは未装備
②プロペラは、ブレード幅の狭い木製３翅（型式、直径は不詳）
③Jumo213A-1液冷倒立Ｖ型12気筒エンジン（1,750hp）搭載。機首周りは、V13～V18に比べてさらにリファインされた
④垂直安定板の増積の有無は不詳
⑤長くなった機首とのバランスをとるために、延長材を挟んで後方に伸ばされた胴体
⑥過給器空気取り入れ口は機首右側にある

Fw190V53（Fw190D-9原型機）

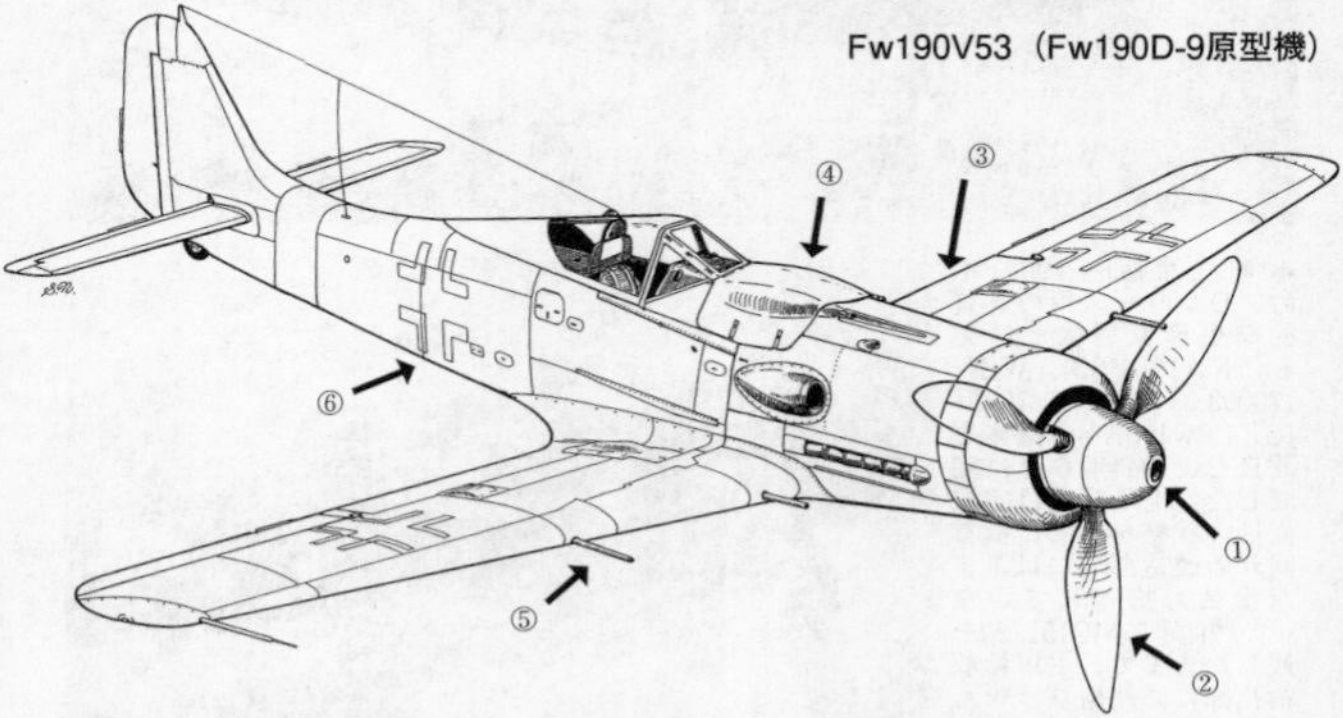

①プロペラ軸内発射武装対応のスピナー
②プロペラはVS111木製３翅（直径3.500m）
③Jumo213A-1エンジン（1,750hp）搭載
④機首上部武装はMG131 13mm機銃×２
⑤完成直後は外翼武装を残していた
⑥機体ベースはFw190A-8

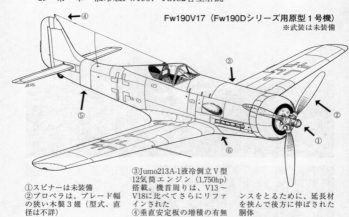

▲▶液冷版Fw190の本命、Dシリーズ用の実質的な生産原型機といえる、Fw190V53、W.Nr 170003、 コード"DU+JC"。Fw190A-8の機体を改良し、1944年6月に完成した。上段写真は完成直後の状態を示し、機首回りの改造部分には、まだ塗装も施されていない。外翼にMG151/20を残したままで、主車輪収納孔部に防熱用フィンも付けたままにしているなど、いかにもA-8の改造という印象が強い。

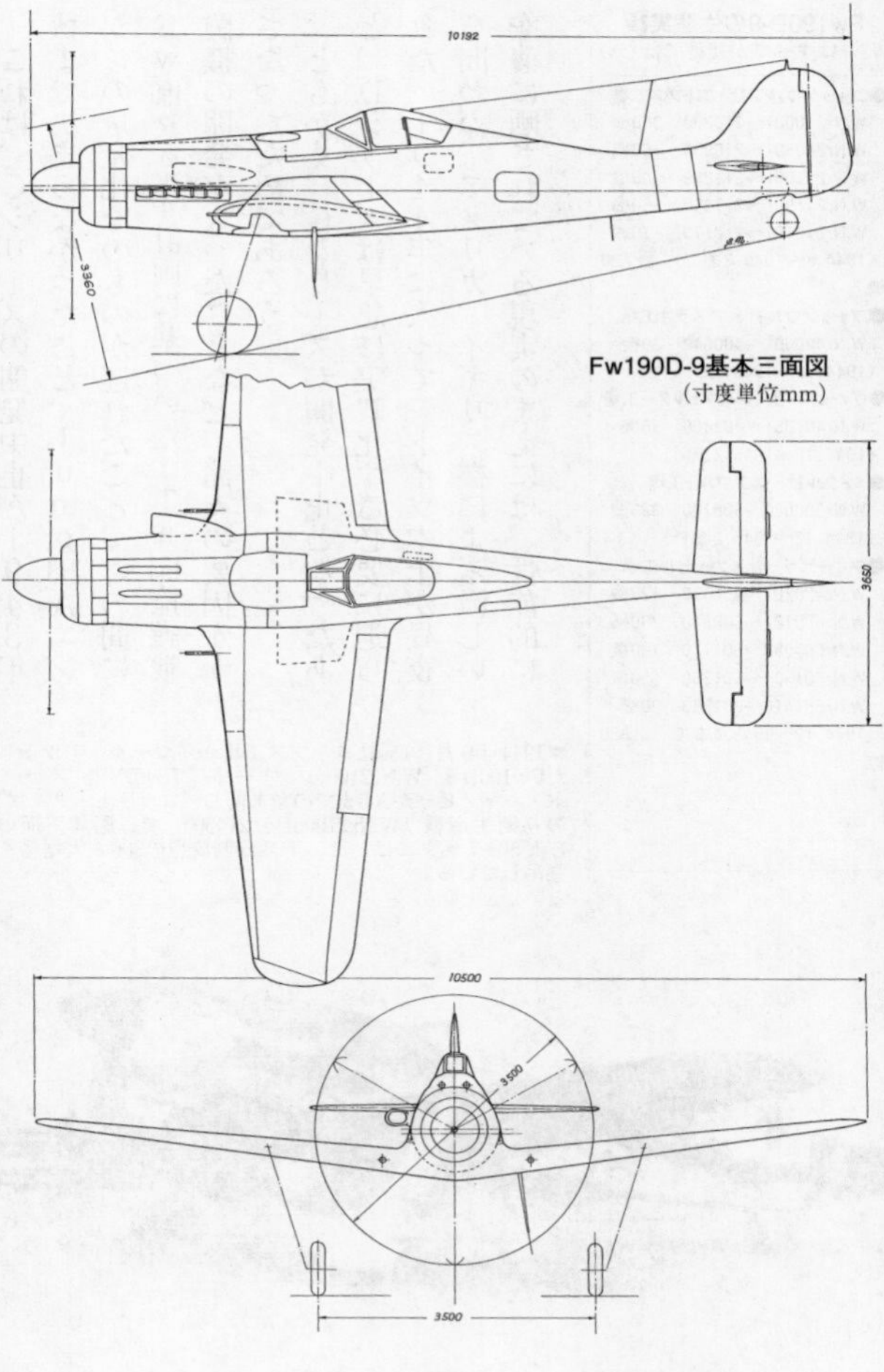

Fw190D-9基本三面図
（寸度単位mm）

これは、Ｃシリーズの開発中止が１９４３年秋まで決まらなかったこと、Ｊｕｍｏ213Ａエンジンの量産化そのものが遅れたこと、この間に、Ｆｗ190Ｒａ－４計画に基づいた、Ｔａ153掩護戦闘機の開発が入ったことなど、諸々の要因がかさなったためであろう。

ともかく、Ｃシリーズが開発中止となったあと、Ｄシリーズは早急に実戦化する必要に迫られた。１９４４年に入って、ドイツ本土が昼夜を問わぬ、アメリカ、イギリス機による激しい空襲に晒されている現実のまえには、性能的に

Fw190D-9の生産実績
（W.Nrはすべてが連番ではない）

●フォッケウルフ社・コトブス工場
W.Nr210001～210300　300機
W.Nr210901～210999　100機
W.Nr211001～211200　200機
W.Nr211901～211950　50機
W.Nr212101～212170　70機
（1944.8～1945.2まで）計720機

●フォッケウル社・アスラオ工場
W.Nr400601～400640　30機
（1944.12～1945.1）

●ヴェーザー社・レムヴェルダー工場
W.Nr401351～401400　50機
（1944.12～1945.2まで）

●ミメタル社・エアフルト工場
W.Nr500020～500700　325機
（1944.12～1945.2まで）

●フィーゼラー社・カッセル工場
W.Nr400201～400320　120機
W.Nr600121～600810　290機
W.Nr600980～601110　130機
W.Nr601301～601350　50機
W.Nr601410～601980　90機
（1944.12～1945.4まで）計680機

▼1944年９月、Fw社コトブス工場からロール・アウトしたFw190D-9　W.Nr210051　コード“TS+DY”。スライド・キャノピーがA-8までの型と同じ“フラット・タイプ”の初期生産機（W.Nr210001～210300）で、胴体下面のETC504ラックには、上、下２分割成型の300ℓ入増槽を懸吊している。

FW190D-9標準生産機

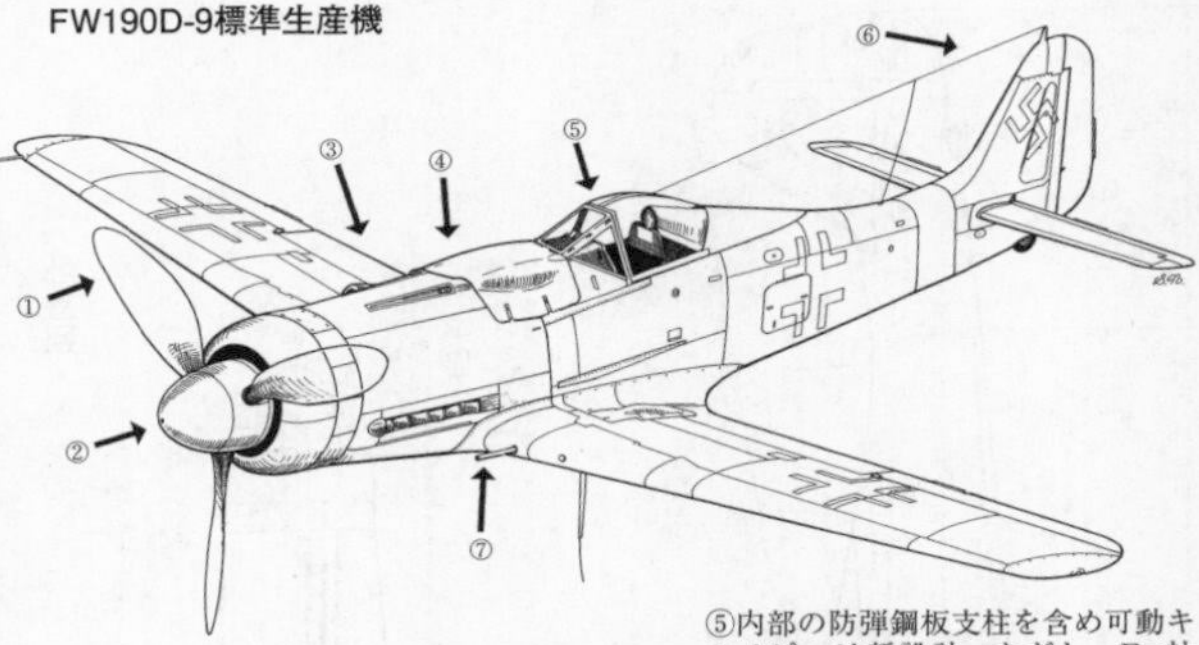

①プロペラはVS111木製３翅（直径3.500m）
②プロペラ軸内発射武装は未装備
③Jumo213A-1エンジン（1,750hp）搭載
④機首上部武装はMG131 13mm機銃×２
⑤内部の防弾鋼板支柱を含め可動キャノピーは新設計。ただし、Fw社製の初期生産機W.Nr210001～210300までの300機は、Ａシリーズと同じフラット・タイプを付けて完成した
⑥W.Nr500600番台の一部はTa152用の垂直尾翼を装着
⑦主翼付け根武装はMG151/20 20mm機銃各１挺

▼1944年末～1945年はじめ頃にかけて、水たまりの光る寒々とした飛行場から、胴体下面にAB250 250kgクラスター爆弾１発を懸吊して離陸する、Fw190D-9、機番号“２”(黄)。ドイツ本土に、東、西からソ連、連合軍地上部隊が迫ってきたこの時期、本土防空のかたわら、戦闘機隊はこうした地上攻撃任務にも駆り出されていた。

FW190D-9標準生産機　精密五面図

左側面

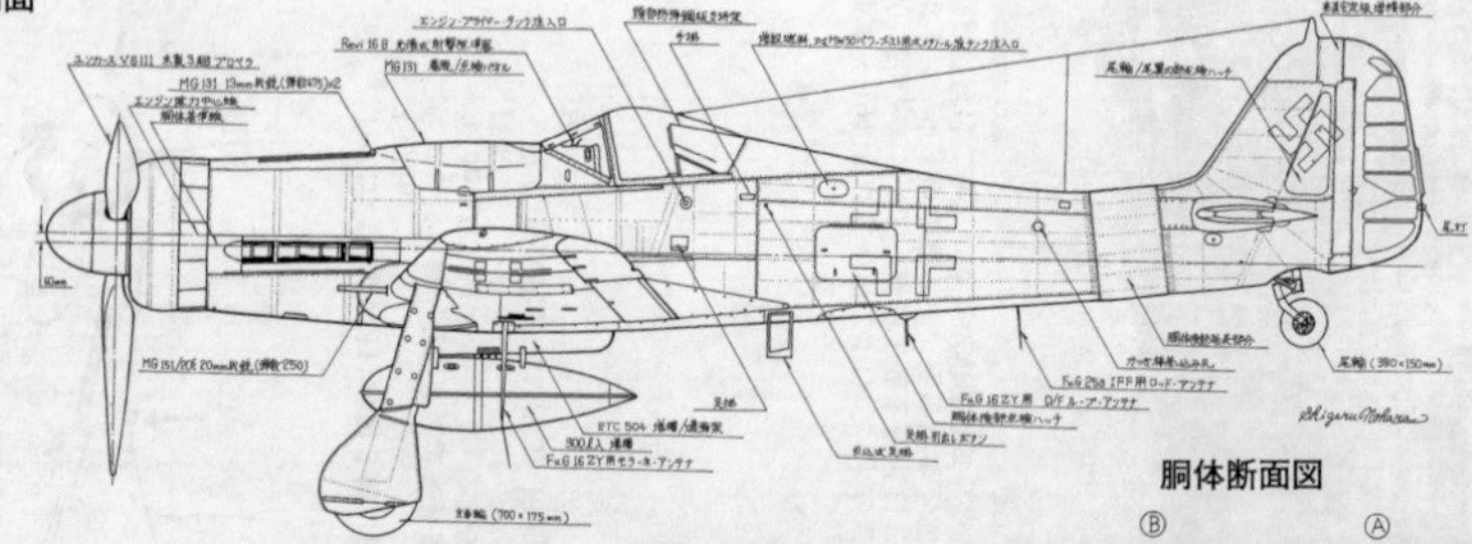

右側面

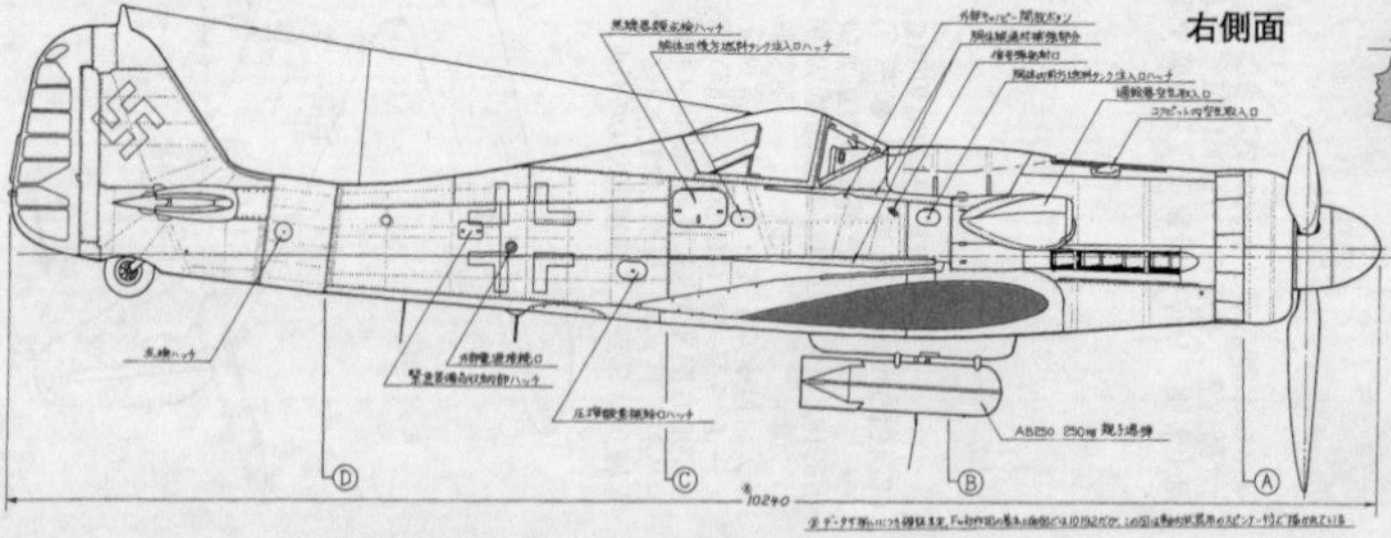

胴体断面図

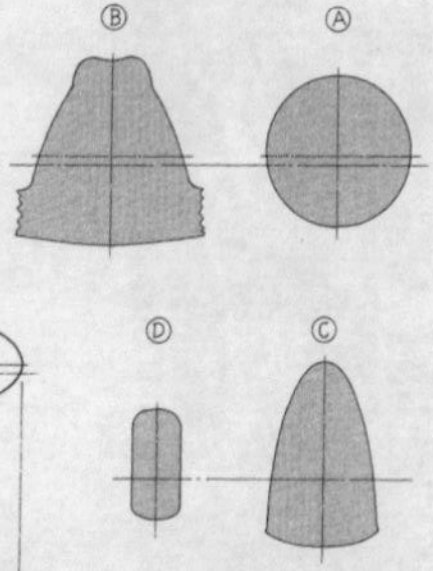

コトブス工場製D-9初期生産機（W.Nr210001～210300）

※矢印が相違部分

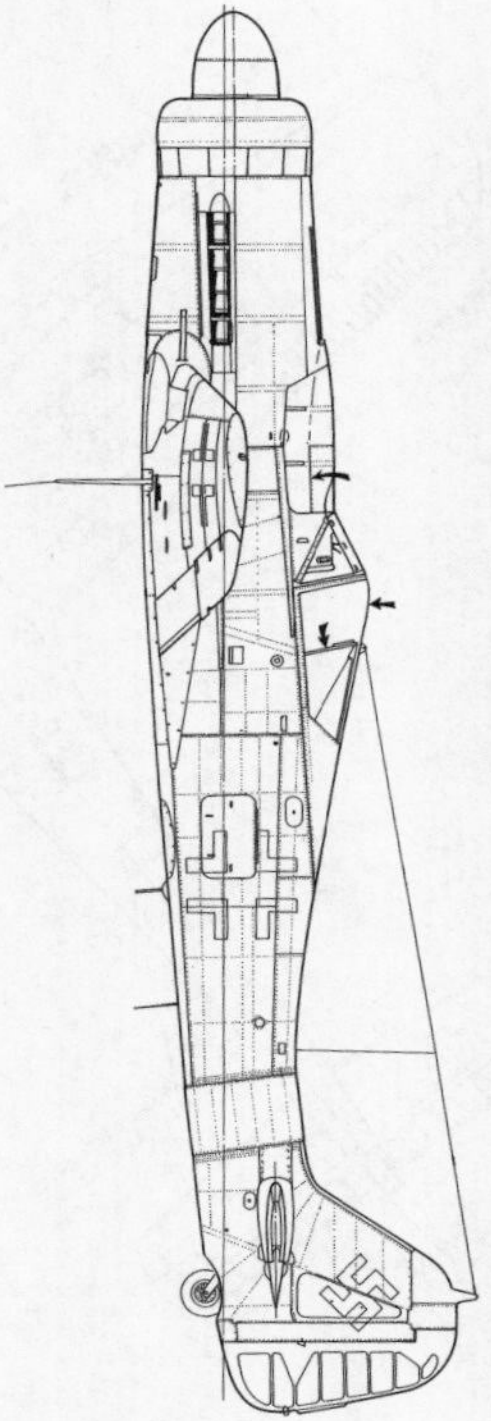

正面

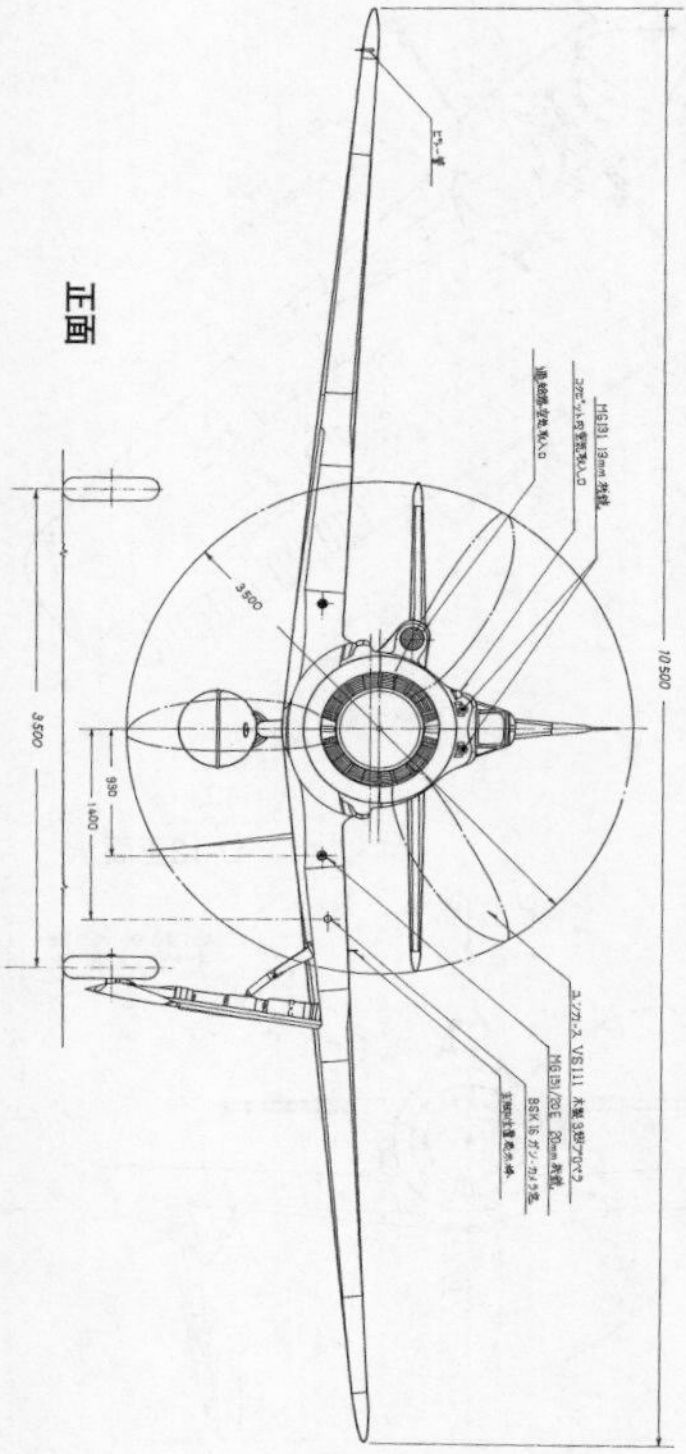

下面

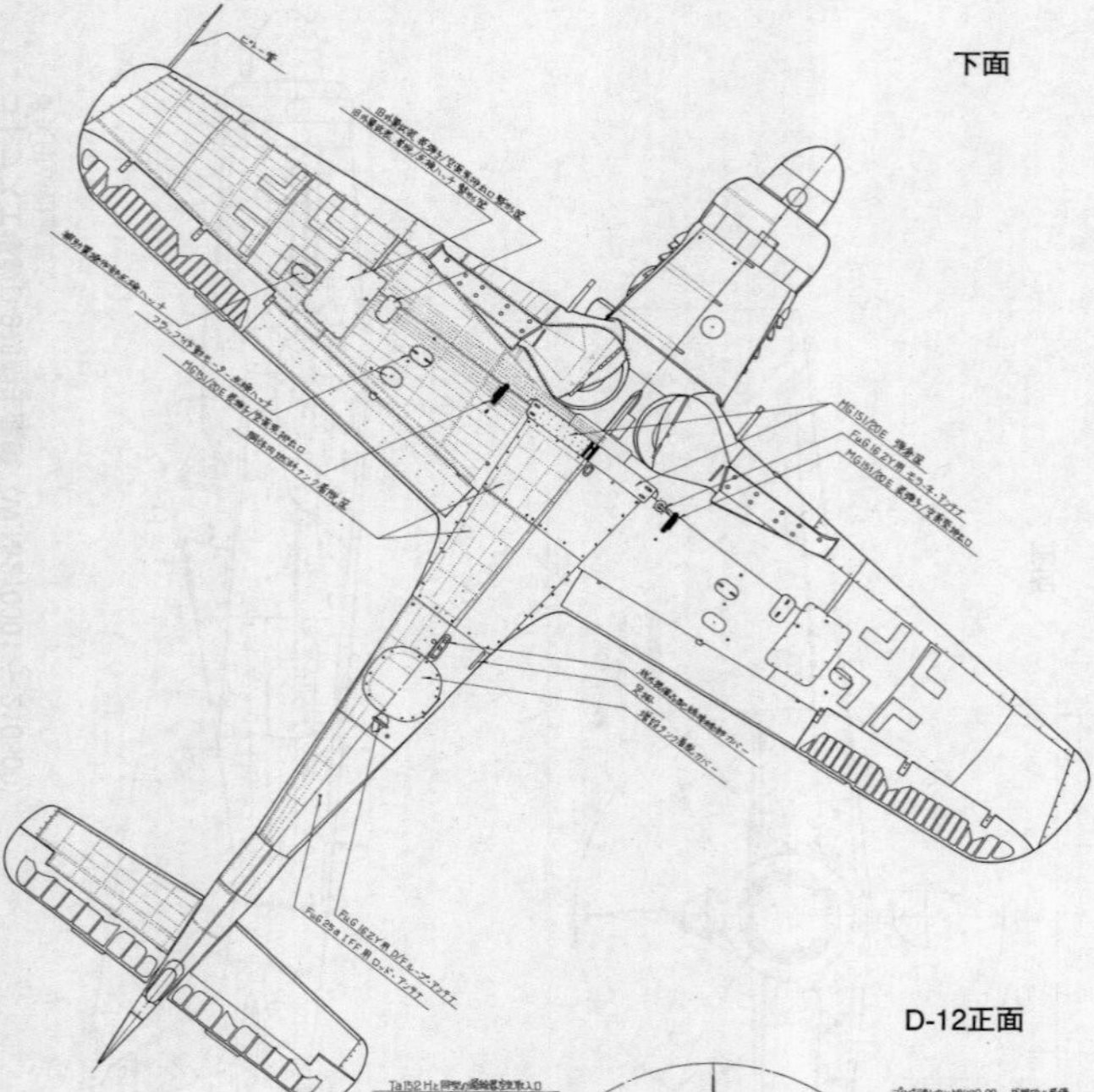

D-12正面

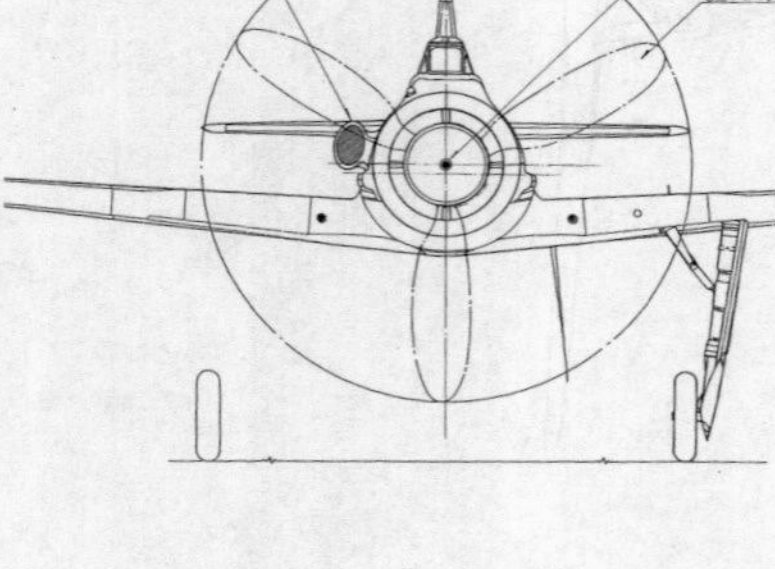

上面

主翼断面図

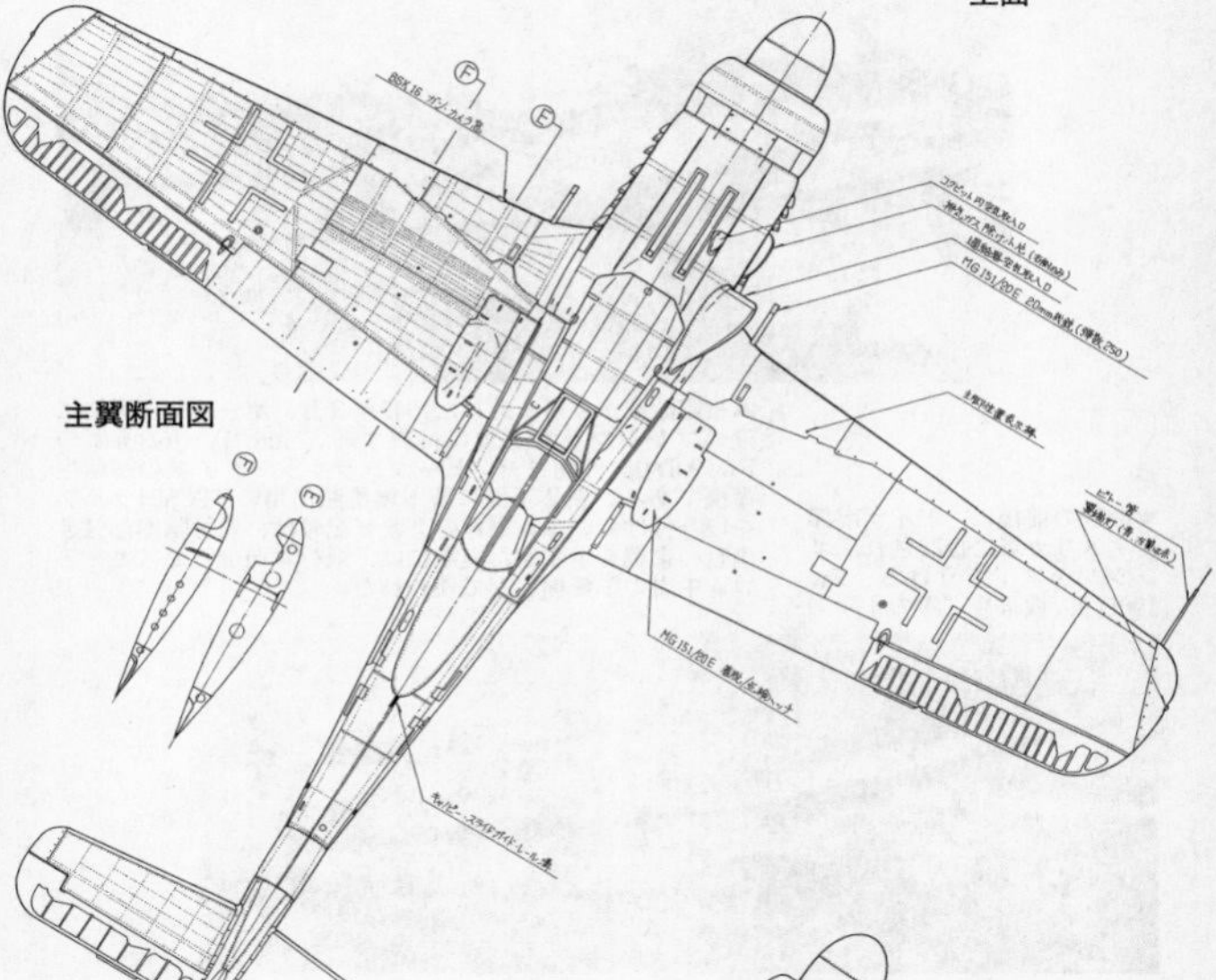

D-12機首上面

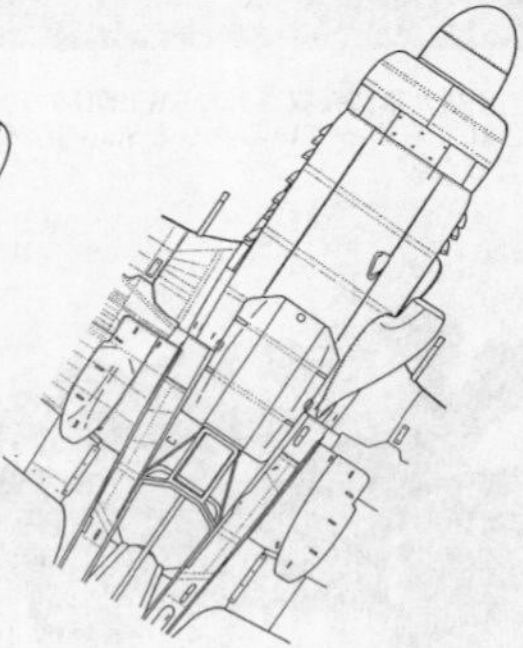

▲祖国敗戦が目前に迫った1945年3月、ポーランド国境に近いブレンツラウ基地に待機する、Stab IV./JG3所属のFw190D-9。可動キャノピーがフラット・タイプの初期生産機である。胴体下面に落下増漕懸吊用のETC504ラックを取り付けている。胴体のクサビ記号は、飛行隊本部付き副官の乗機を示すが、実際には、飛行隊司令官オスカー・ロム中尉の予備機として使われた。

▼敗戦の前後に、ドイツ南部でアメリカ軍に接収され、エンジンテストをうける、Fw 190D-9、機番号“黒の4”。

▼これもアメリカ軍に接収されたFW190D-9の1機で、すでに国籍標識などがリタッチされてしまっている。もとStab/JG26所属のW.Nr401392、機番号は“黒の5”だった。

完全なものを追求している余裕はなかった。

最小限の改修で、Fw190Aシリーズにとって代わるべきDシリーズを、早急に実用化する、これがFw190V53、54に込められた、Fw社と空軍の切なる思いである。

エンジンはJumo213A-1（1750hp）、プロペラは、専用の、幅広いブレードが特徴の、木製VS111を組み合わせ、機体の改修要領は、V17に準じ、必要最小限にとどめてある。与圧キャビンは考慮されなかった。

テストの結果、V53、54は、高度6000m付近で最大速度680km／hを出し、上昇力、旋回性能なども、Aシリーズよりはるかに向上したことが確認されたため、ただちに、両機を原型とするFw190D-9が、Dシリーズ最初の生産型として、1944年8月末から、Fw社をはじめ、数社を含む工場で大量生産に入った。敗戦までの生産数は、各社の5工場合わせて約1800機で、当時の状況を考えれば、これはかなりの数である。

そもそも、液冷版Fw190の開発目的である、高々度性能の向上という見地からすれば、D-9は真に満足すべき機体ではない。しかし、現実にBf109G、Fw190A各型が、連合軍、ソ連軍の新型戦闘機に対して、性能上の不満が出てきていた以上、ジェット戦闘機Me262が充足するまでのつなぎとして、ドイツ空軍はD-9に頼らざるを得なかった。

ちなみに、Dシリーズの開発段階では、D-1、D-2の生産型が計画されており、これがキャンセルされたあと、D-3〜D-8までを一気に飛ばし、なぜD-9が最初の量産型になったのかについては、はっきりとした理由がわかっていない。

D-9は、性能的にグリフォン・スピットファイア、P-47D、P-51B～D、LaG-5、Yak-9などの連合軍、ソ連軍新型戦闘機に対し、充分に太刀打ち出来ることがわかったため、空軍とFw社は、D-9をベースにした、Dシリーズの新型開発を矢継ぎ早に進めた。それらを列記すると以下のごとくになる。

●Fw190D-10

計画のみに終わったFw190A-10の機体フレームを流用し、プロペラ軸内発射武装（MK108 30mm機関砲×1）用の、Jumo213C-1エンジン（1750hp）を搭載する型として予定された。プロペラはVS9（直径3.600m）に変更され、垂直尾翼はTa152用を装着、機首上部武装なしとすることなどが決められていたが、結局、Jumo213C-1の量産化が見送られたために、D-10の開発も1944年4月の時点で中止された。

●Fw190D-11

D-9とほぼ平行して開発されたバージョンで、エンジンを、より強力なJumo213F（MW50パワーブースト装置使

▲D-9に続く量産型となった、Fw190D-11の原型機の1機、Fw190V56、W.Nr170924、コード"GV+CW"。エンジンはJumo213F（2050hp）に更新され、Jumo213A用のプロペラVS111よりも、形状が丸みを帯びたVS9に変わった。

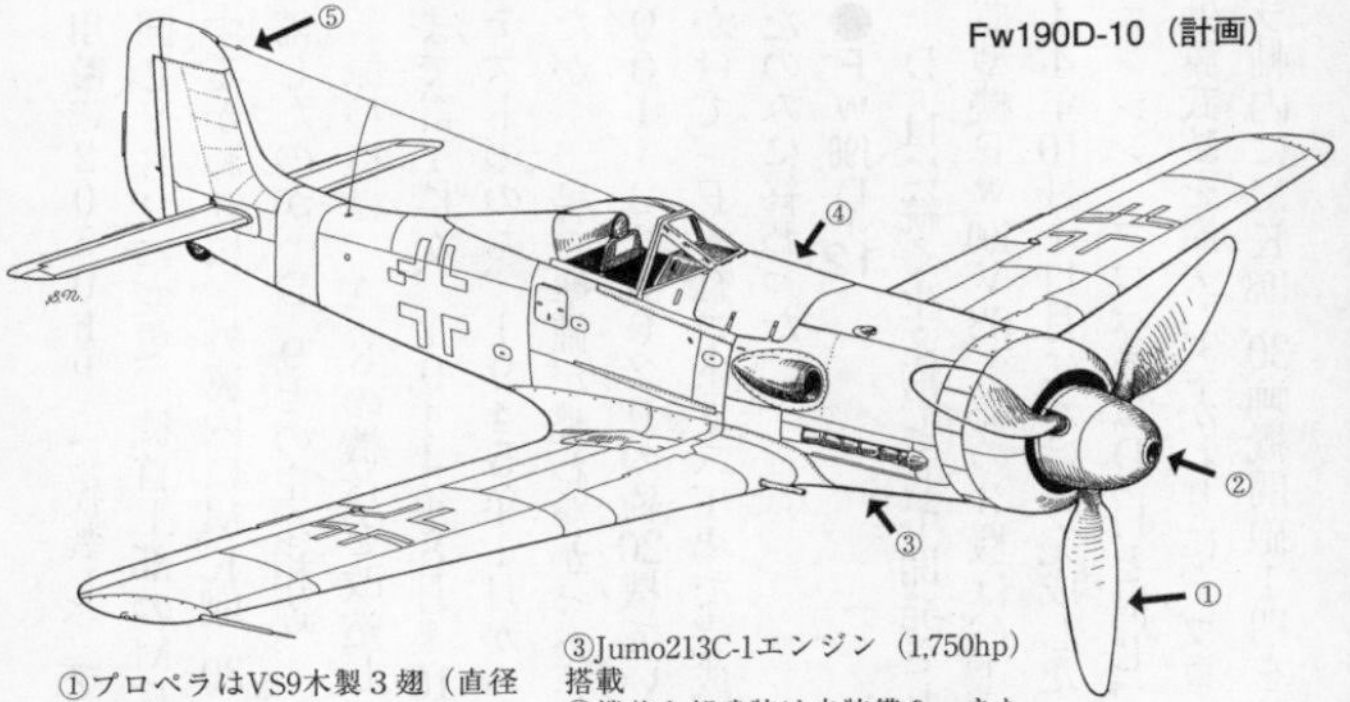

Fw190D-10（計画）

①プロペラはVS9木製３翅（直径3.600m）
②プロペラ軸内発射武装としてMK108 30mm機関砲を予定
③Jumo213C-1エンジン（1,750hp）搭載
④機首上部武装は未装備？　またはMG131×２？
⑤Ta152用の大型化した垂直尾翼

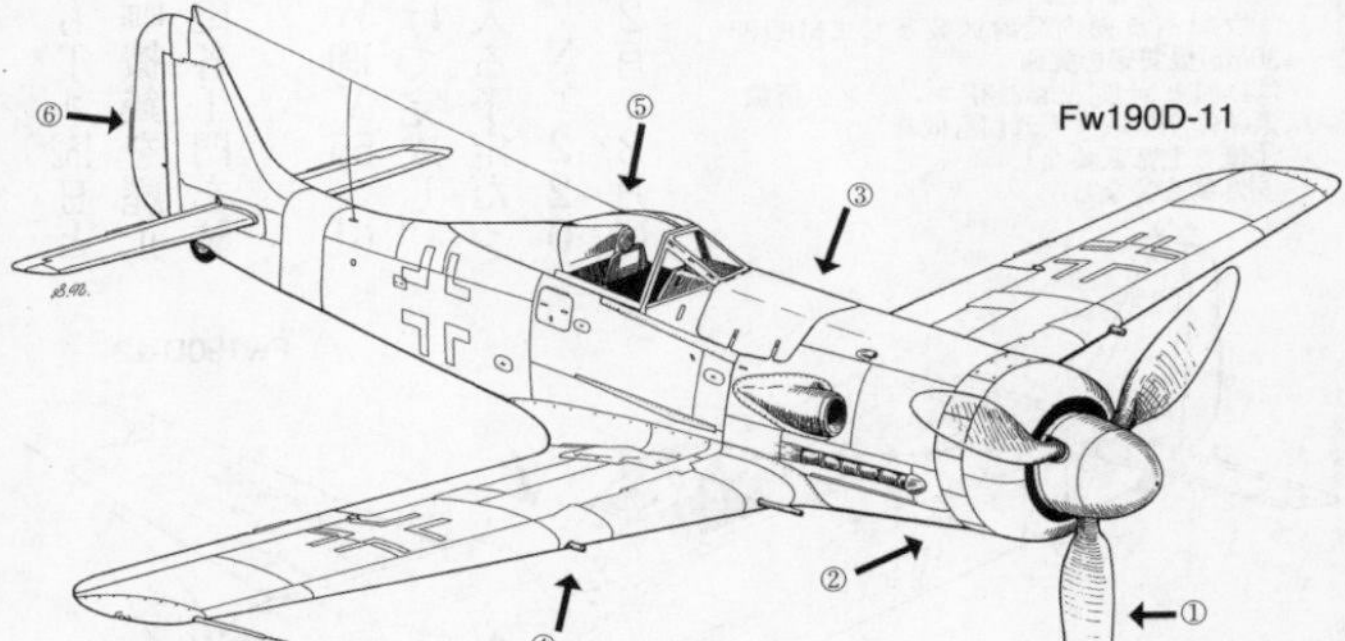

Fw190D-11

①プロペラはVS9木製３翅（直径3.600m）
②Jumo213Fエンジン（2,050hp）に換装。過給器取り入れ口はTa152Hと同じものになる
③機首上部武装は撤去。パネルカバーも整形
④外翼武装としてMK108 30mm機関砲各１門を装備
⑤Aシリーズと同じ、フラット・タイプのキャノピーを付けた機体もある
⑥ノーマルな垂直尾翼

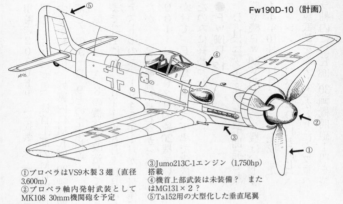

用時に2050hp）に換装し、プロペラもTa152Hと同じVS9に変更、機首上部のMG131 13㎜機銃を廃止するかわりに、外翼内にMK108 30㎜機関砲各1門を装備したのが、D-9との主な相違。

原型機は、A-8の機体を改造して、Fw190V55～61まで計7機が、1944年8月～10月にかけて完成し、テストののち、1945年1月から量産に入る予定だったが、工場の準備が整わなかったため、W.Nr220001～220020の約20機ていどが、2月～3月にかけて、Fw社コトブス工場で完成したのみに終わった。

●Fw190D-12

D-11に続く生産型として開発され、原型機Fw190V63～65の3機は、1944年10月～11月にかけて完成した。

エンジン、プロペラはD-11と同じで、外翼武装を撤去したかわりに、プロペラ軸内にMK108 30㎜機関砲1門を装

①プロペラはVS9
②プロペラ軸内発射武装としてMK108 30mm機関砲を装備
③D-11と同じJumo213Fエンジンを搭載。過給器空気取り入れ口も同様
④機首上部武装なし
⑤外翼武装なし

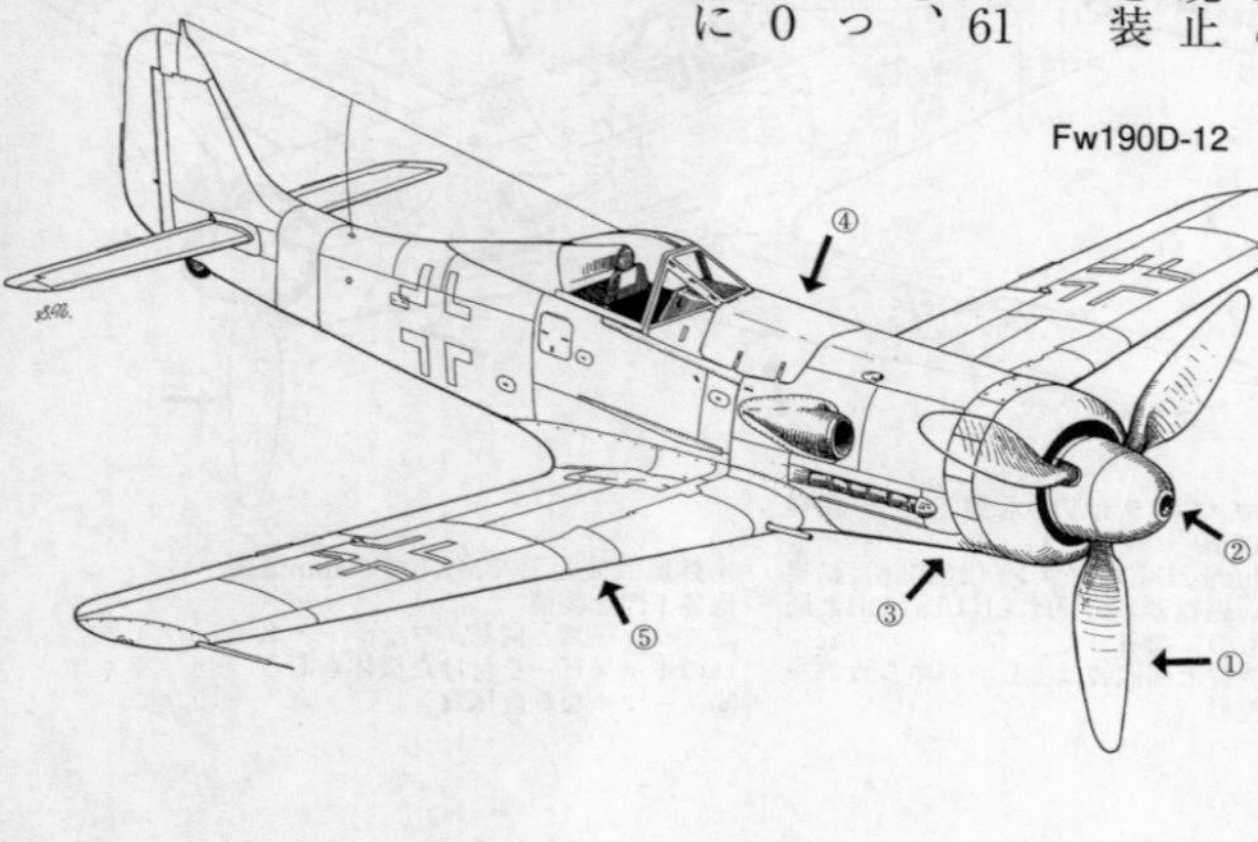

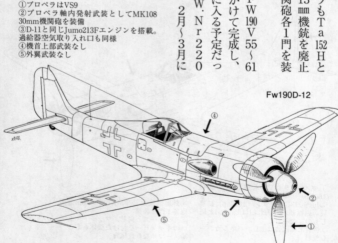

備した点が異なる。

D-12は、原型機によるテストで、高度９１５０ｍにて、最大速度730km／ｈを記録したとされており、空軍はアラド、フィーゼラー社両工場を、本型の専用生産ラインとすることに決め、１９４５年1~2月にかけて量産に入るよう下命した。

しかし、空襲によりＭＫ108の製造メーカーである、ラインメタル・ボルジヒ社工場が被爆したことで、その供給が滞ってしまったために、3月以降、ごく少数が完成したか、あるいは生産に入れなかった可能性が高い。

なお、予定では、D-12の主量産サブ・タイプは、ＦｕＧ125〝ヘルミネ〟無線／航法装置、ＰＫＳ12自動操縦装置、ＬＧＷ Ｋ23進路指示計、電熱曇り止めキャノピーを備えた、悪（全）天候戦闘機仕様のD-12／Ｒ11になるはずであった。また、特別仕様として、次頁図に示した、雷撃機型のD-12／Ｒ14も計画されていた。

●Fw190D-13

D-12とほとんど同時に開発されたバージョンで、D-12のプロペラ軸内発射武装を、ＭＫ108からＭＧ151／20 20㎜機銃に変更しただけの違い。２機の原型機（Ｆｗ190Ｖ62、71）は、D-12のそれと同じく１９４４年10月、11月に完成しており、のちにＭＫ108が、製造工場被爆により供給停滞したための応急策ではなく、当初から、あるていどそうした事態を考慮していた、いわば〝保険型〟ともいえる。

D-13の生産は、ローランド社工場が担当することになり、１９４４年12月から量産に入

Fw190D-12/R14雷撃戦闘機型

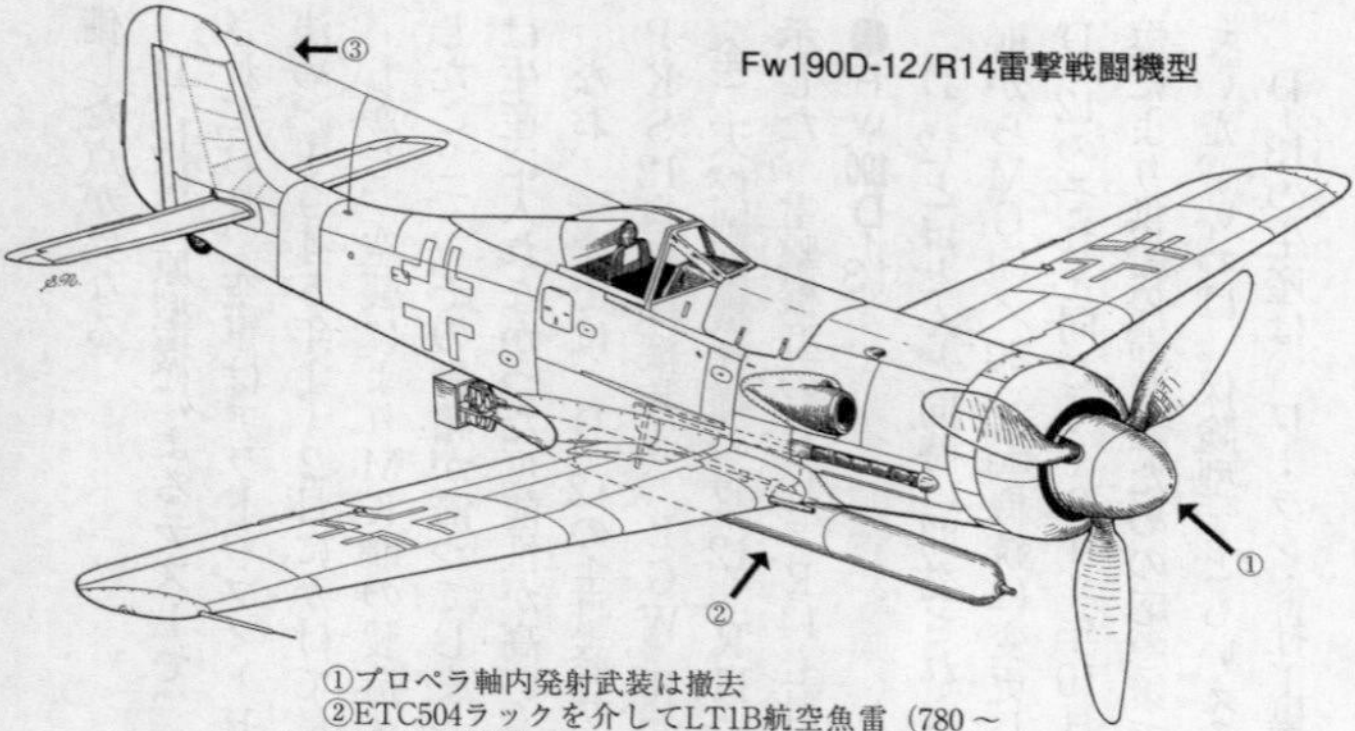

①プロペラ軸内発射武装は撤去
②ETC504ラックを介してLT1B航空魚雷（780～850kg）を懸吊
③Ta152用の大型垂直尾翼付き

Fw190D-13

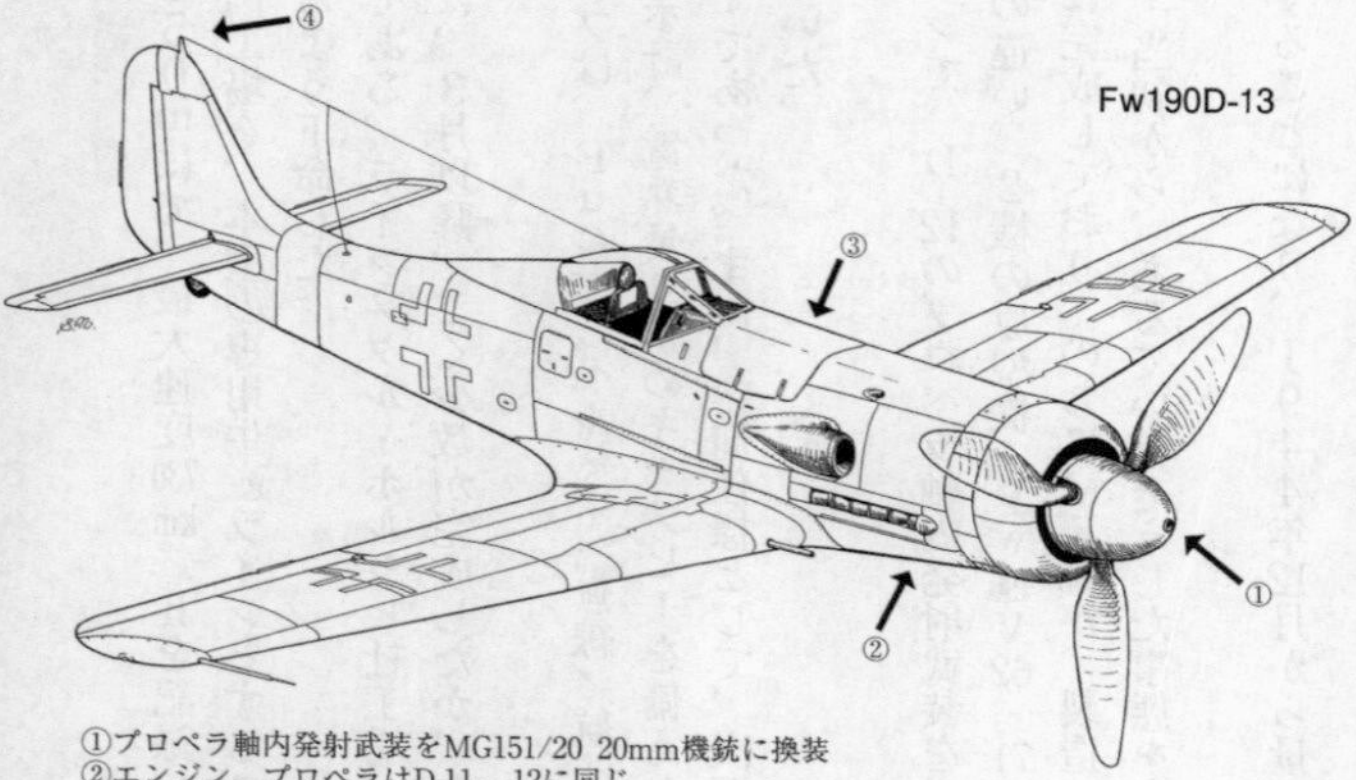

①プロペラ軸内発射武装をMG151/20 20mm機銃に換装
②エンジン、プロペラはD-11、-12に同じ
③機首上部武装なし
④ノーマルな垂直尾翼

る予定だったが、他の型と同様、戦争末期の混乱により、実際にそれが始まったのは1945年3月以降のことで、極く少数が完成しただけだった。

主量産サブ・タイプは、D-12と同じく、悪(全)天候戦闘機仕様のD-13/R11で、記録によれば、2機がJG26に配備された。下写真の機体が、そのうちの1機と思われる。

●Fw190D-14

Jumo213系エンジンに代えて、ダイムラー・ベンツ社のDB603系を搭載する型として、1944年10月に開発着手された。Me262ジェット戦闘機隊が本格稼働するまでのつなぎ役となる〝緊急戦闘機計画〟の一環と位置づけられており、早い話が、空力的にほとんど同じ仕様の、Ta152Cシリーズの実用化を早める意味合いが強いプログラムであった。

1945年2月、D-9の生産ラインから2機分の機体が抽出され、それぞれDB603LA(2100hp)、DB603E(1800hp)を搭載し、原型機Fw190V76、およ

▲ドイツ敗戦当時、カナダ軍によって接収された、もとJG26所属のFw190D-13/R11、W.Nr836017、機番号“黄の10”。これまでのところ、写真で確認できる唯一のD-13である。現在、アメリカのワシントン州エバレット市の私設航空博物館、フライング・ヘリテイジ&コンバット・アーマー・ミュージアムに保管・展示中。

び77として完成した。

Ｊｕｍｏ213系搭載型と、機首周りの寸度、形状はほとんど変わらないが、カウリング、カウルフラップ、排気管などのアレンジが異なり、過給器空気取り入れ口も、反対の左側に開口するという具合に、内容は一変した。プロペラも当然異なり、同じ木製ながら、Ｖ76はＶＤＭ-ＶＰ、Ｖ77はＶＤＭをそれぞれ組み合わせている。

武装は、プロペラ軸内にＭＫ103、またはＭＫ108 30㎜機関砲1門、両主翼付け根にＭＧ151／20 20㎜機銃各1門を予定した。

Ｖ76、77によるテストはおおむね好成績で、最大速度は高度７４００ｍ付近にて710㎞／ｈを出す計画であった。しかし、ほぼ平行して開発が進められていた、同じＤＢ603系搭載型２番手の、Ｆｗ190Ｄ-15のほうが有望とみられたため、量産化は見送られた。

●Ｆｗ190Ｄ-15

Ｄシリーズとして最後の生産型式になったバージョン。Ｄ-14と同じく、ＤＢ603系エンジン（１８００ｈｐのＥ、または２２６０ｈｐのＥＢ）を搭載するが、機体、内部艤装品の多くをＡ-８／Ｆ-８から流用、エンジン、プロペラ、尾翼も、出来るだけＴａ152Ｃと共通化するなど、生産工程の簡略化を図った点が目立つ相違。

武装は主翼内のものに限定し、付け根にＭＧ151／20各1挺、外翼にＭＫ108各1門を予定した。

D-15の原型機は造られず（その必要性は低く、周囲の状況もそれを許さないほど逼迫していた）、1945年3月に、最初の生産バッチにあたる15機分のA-8、F-8の機体フレームが、ダイムラー・ベンツ社シュツットガルト・エフターディンゲン工場に運び込まれ、さらに4月以降は北ドイツ・ドルニエ社、およびルター社工場でも、量産が始まる予定だった。

しかし、祖国敗戦が目前に迫った状況下では、生産も思うにまかせず、わずか数機のみが完成し、うち2機が部隊配備されただけに終わった。

Fw190D-15

①プロペラ軸内発射武装なし
②プロペラはVDM-VP木製3翅（直径3.600m）
③DB603E（1,800hp）、またはDB603EB（2,260hp）エンジンを搭載。D-14と比較し、過給器空気取り入れ口（Ta152Cと同じ）、排気管周りのアレンジが変化した
④機首上部武装なし
⑤外翼武装としてMK108 30mm機関砲を装備

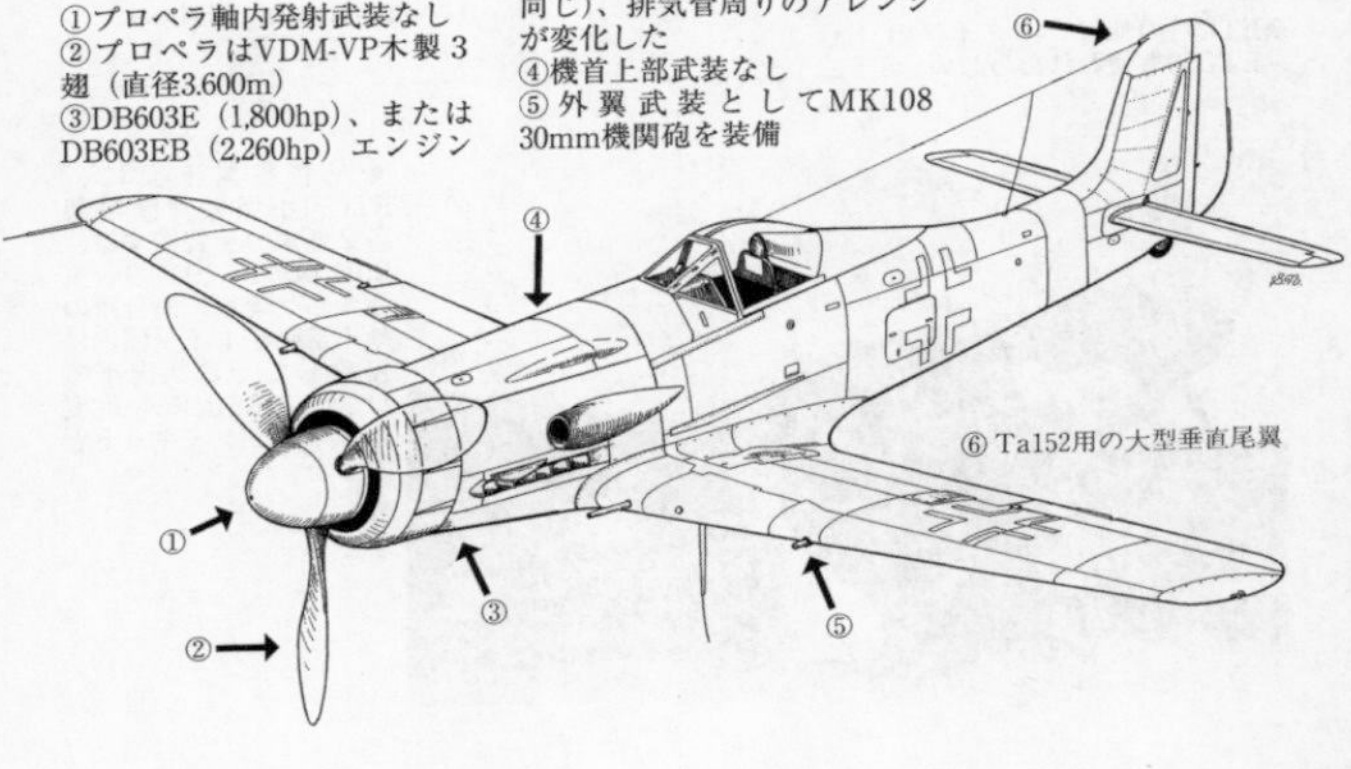

Fw190Dシリーズ用 “Rüstastz”
(オプション改修キット)

※実際にはR5とR11が用いられたのみ

●R1
A-8までと同じく両主翼外側にMG151/20E 20mm機銃各1挺を装備する重戦闘機仕様。

●R2
R1のMG151/20Eの代わりにMK108 30mm機関砲を装備する重戦闘機仕様。D-11はこれを標準装備としたためR2の呼称は用いなかった。

●R5
両主翼内に計4個の増設燃料タンク(計244ℓ)を備え、同下面にETC50または71小型兵装架を追加した地上攻撃機仕様。

●R6
両主翼下面にW.Gr21 21cmロケット弾各1発を懸吊する対爆撃機仕様。

●R11
PKS 12自動操縦装置、FuG125“Hermine”《ヘルミネ》無線航法/着陸誘導装置、LGW K23進路指示計を追加し、キャノピー・ガラスを電熱曇り止め式とした悪(全)天候用戦闘機仕様。

●R14
胴体下面にETC504ラックを介し、LT1b航空魚雷1本、またはBT1400魚雷型爆弾(1400kg)1発を懸吊する雷撃戦闘機仕様。

●R20
水メタノール液噴射利用のMW50パワー・ブースター装備仕様。ただし、D-9の量産開始後に標準装備となり実際にはR20の呼称は用いなかった。

●R21
R11とR20を組み合わせた悪(全)天候戦闘機仕様。

●R25
R11、R20仕様に加え、R5仕様の主翼内内側タンクを水メタノール液タンクとして用い、胴体後部の130ℓ入増設タンクを燃料タンクとして使用、FuG125“Hermine”を装備、エンジンはTa152と同じJumo213Eに換装して1945年7月～8月に実現する予定だった。計画のみ。

●R33
DB603LAエンジン搭載仕様で、D-14に適用。計画のみ。

●Fw190DのR5仕様
(左主翼を示す)

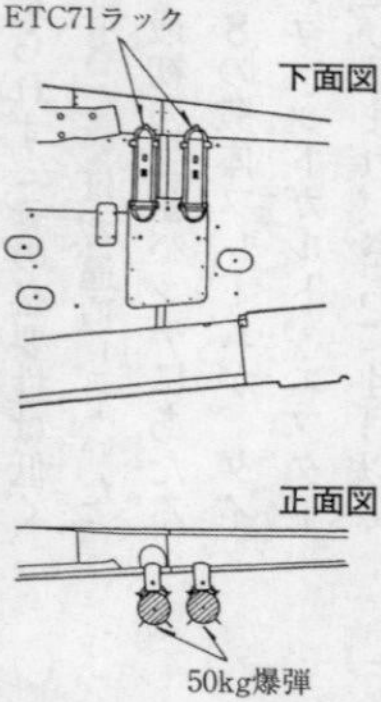

※ETC71の他に、旧タイプのETC50も使われたらしい

◀左右主翼下面に、ETC71小型爆弾懸吊架各2個ずつを装備する、R5仕様のFw190D-9。東西からソ連軍、連合軍の地上部隊がドイツ国内に侵攻してくる状況下では、このR5仕様も重要なオプション・キットとなった。

Ｆｗ190Ｄの実戦記録

Ｆｗ190Ｄシリーズは、その就役時期からしても、大戦初期～中期頃にかけての、Ｂｆ109Ｅ／Ｆ／ＧとＦｗ190Ａに象徴されるような、華々しい戦績とは無縁である。機体性能が優秀といっても、その高性能を存分に生かして空中戦を行なえる、熟練パイロットの数が激減し、敵機の性能も同等かそれ以上、しかも兵力差は、１対10以上という現実をまえにしては、それも当然であった。

実戦活動期間についても、１９４４年10月～１９４５年４月末までの約６ヵ月間しかない。

１９４４年８月末、Ｆｗ社コトブス工場で完成し始めた、〝長っ鼻ドーラ〟（Ｆｗ190Ｄ-９の愛称）を、最初に受領したのは、オルデンブルクに駐留して、本土防空にあたっていた、第54戦闘航空団第Ⅲ飛行隊（Ⅲ／ＪＧ54）であった。

最終撃墜数121機を記録するスーパー・エース、ローベルト・ヴァイス大尉に率いられたⅢ／ＪＧ54は、10月上旬にＦｗ190Ａ-８からＤ-９に機種改変をはじめ、さらにⅠ／ＪＧ２、Ⅲ／ＪＧ２、Ⅰ／ＪＧ26、Ⅱ／ＪＧ26の４個飛行隊が、これに続いた。

これら各飛行隊が、所要の慣熟訓練を終えて、実戦参加可能になったのは１９４４年11月末で、12月3日には、Ⅰ／JG26の数機のD-9が、他のA型とともに出撃して、イギリス機編隊をドイツ北西部上空で迎え撃ち、3機のタイフーン戦闘爆撃機を撃墜して初陣を記録した。

Ⅰ／JG26は、その後も12月5日にB-17 1機、17日にP-47 1機、P-51 1機、その他2機、23日にP-38とオースター観測機1機を撃墜するなど、D-9の実戦活動初期にしては、まずまずの成績を残した。

これは、JG26が、戦闘機隊のなかでは比較的中堅パイロットの占める率が高かったためでもあろう。

しかし、いっぽうで、18日にはⅡ／JG26の1機、23日には2機、24日には1機と、敵戦闘機に撃墜されるD-9も出て、状況の厳しさも痛感された。

▲連日、1000機前後という膨大な数で押し寄せる、米陸軍航空軍戦・爆連合編隊に対し、絶望的ともいえる迎撃を続けるドイツ戦闘機隊。Fw190D-9が就役したのは、まさにこんな状況下であった。写真は、爆弾投下した直後の、米陸軍マーチンB-26“マローダー”双発爆撃機の真下を、射撃後のFw190D-9(JG3所属機)が、離脱・航過する瞬間を捉えた劇的シーン。画面の下方に、落下してゆくB-26の爆弾が写っている。

最初のD-9受領部隊のⅢ／JG54は、12月下旬に、ドイツ北西部のクロッペンブルク・フリーゾイテ基地に移動して、近くのアハマー、ヘゼペ、ライネ基地に展開した。Me262、Ar234ジェット機部隊の、離着陸時上空掩護の任にあたったが、27日の、イギリス空軍第486飛行隊のテンペスト戦闘機との空中戦では、性能、パイロット錬度の差もあって4機が撃墜され、戦果1機という敗北を喫した。

29日午前には、低空を大挙して進入してきた、イギリス空軍スピットファイア戦闘機群を迎え撃ったが、この日も、空中戦はⅢ／JG54にとって分が悪く、D-9を70機も出撃させたにもかかわらず、6機を撃墜したものの、D-9 10機以上が撃墜され、パイロットの戦死も17名に達する大敗を喫した。

1945年1月1日早朝、新年最初の日を期して、ドイツ空軍戦闘機隊は、オランダ、ベルギー領内の連合軍側航空基地を大挙して襲い、銃撃によって在地機を破壊一掃するという計画のもと、〝ボーデンプラッテ作戦〟を発動した。

この作戦には、ほとんどすべての戦闘機隊が投入され、そ

▲氷雨のあとの水溜りが残る滑走路から、水しぶきをあげて出撃してゆく、JG2所属のFw190D-9。連合軍地上部隊を攻撃するのであろうか、胴体下面のETC504ラックには、250kg爆弾を懸吊している。

の総数は約900機、むろん、D-9装備の5個飛行隊も参加した。

しかし、奇襲が成功し、連合軍機約200機を破壊したが、対空砲火などによって約300機、出撃数のじつに⅓の機体と、パイロット237名が失われた。

戦死したパイロットのなかには、航空団司令官、飛行隊司令官、中隊長をはじめ、熟練者も多く含まれ、ただでさえ、戦力低下が深刻だったドイツ・レシプロ戦闘機隊は、この日を最後に、事実上の組織的作戦能力を失った。

そのため、以後敗戦に至るまでの4ヵ月余、ドイツ・レシプロ戦闘機は、その戦略的存在意義を失い、ただ、日常の出撃義務を果たすだけになった。

1945年1月14日、この日もドイツ本土上空には、米陸軍航空軍の戦爆連合編隊約1600機が押し寄せ、各地をしらみつぶしに叩きまくった。

ドイツ空軍戦闘機隊も、ありったけの数を出撃させて迎撃したが、質、量の差はどうにもならず、米軍機28機撃墜と引き換えに、各機種140機以上とパイロット107名の多数が失われ、

▲武運つたなく、ラインマイン飛行場に撃墜され、大破状態で敗戦を迎えた、もとStab/JG4所属のFw190D-9。胴体着陸の衝撃でちぎれ飛んだVS111プロペラの状況が、木製であることを示している。胴体後部のRVD帯（本土防空部隊識別帯）は、JG4を示す黒/白/黒。

ボーデンプラッテ作戦での損失と合わせ、有効戦力の大半が潰えたといってよい。

　この日の損失のなかには、初めて実戦に投入された、Ⅱ／ＪＧ301所属の悪（全）天候型仕様Ｄ-９／Ｒ11数機と、Ⅲ／ＪＧ２、Ⅰ、Ⅱ／ＪＧ26のＤ-９計35機も含まれていた。Ｄ-９の配備数だけは着実に増えていったが、これに搭乗するパイロットの練度はさらに低下してゆき、連合軍パイロットの撃墜スコア増加に貢献（？）した。

　２月13日、Ⅱ／ＪＧ301の２機、Ⅲ／ＪＧ54の２機、22日には、Ⅰ、Ⅱ／ＪＧ26の３機のＤ-９が被撃墜、25日にはⅠ、Ⅱ／ＪＧ２の５機が不時着損傷、Ⅰ、Ⅱ／ＪＧ26の２機が被撃墜、パイロット３名が戦死、28日には各隊合わせて10機のＤ-９が被弾・損傷という記録に、当時のドイツ戦闘機隊の状況が端的に示されている。

　１９４５年３月20日、ガーランド中将のあとを継ぎ、戦闘機隊総監に就任したゴードン・ゴロブ大佐は、昼間レシプロ戦闘機隊は、順次Ｂｆ109Ｋ-４型に更新するとともに、その後はＭｅ262、Ｈｅ162ジェット戦闘機に改変する、という内容の装備計画を発表した。

　しかし、すでにこの頃には、レシプロ戦闘機用の燃料も枯渇しかけていて、多くの部隊が活動停止状況にあり、工場から続々と送り出される新造機も、ただ空《むな》しく地上に留め置かれるだけであった。

　４月に入ると、もはやドイツの崩壊は時間の問題となり、いくつかのレシプロ戦闘機隊は解散に追い込まれたが、そんな中で、Ｄ-９を装備して積極的に活動していた部隊のひとつが、ガーランド中将率いる、有名なＭｅ262ジェット戦闘機隊、ＪＶ44内に編制された、通称

"Würger–Staffel"（モズ中隊）である。

いうまでもなく、超エリート部隊のＪＶ44の主力機Ｍｅ262の、離着陸時の上空掩護が目的であり、指揮官は、東部戦線のＪＧ52に長く在籍し、104機撃墜を記録していた、ハインツ・ザクゼンベルク少尉だった。

モズ中隊には、10数機のＤ-9と1機のＤ-11が配備され、うち5機ていどを常時可動状態に保つこととした。基地付近上空を低空で飛行するため、味方対空砲火に誤射されぬよう、機体下面を真紅に塗ったうえ、前後方向に、何本もの細い白色ストライプの識別塗装を施したのがユニークだった。

しかし、モズ中隊の活動は、編制後わずか2週間たらずで、事実上終わってしまった。主力機Ｍｅ262が、4月30日に、連合軍地上部隊によるミュンヘン陥落をうけて、リームからオーストリアのザルツブルクに後退し、その活動を事実上、停止したからである。

4月24日、ドイツ東部のプレンツラウに展開していたⅣ（Sturm）／ＪＧ3のオスカー・

▲"ドイツ空軍戦闘機隊の最後"を示す1カットで、同国北部のフレンズブルク基地にて敗戦を迎え、接収したイギリス軍により、方向舵とプロペラを取り外されて、スクラップ処分を待つFw190A、F、およびＤ群。画面の手前に2機のD-9が写っており、2機目のカウリング先端が黄に塗られていることに注目。

ロム中尉は、来襲したソ連空軍機を迎え撃つべく、D－9を駆って出動、護衛戦闘機群を難なく突破して、イリューシンIℓ－2シュトルモビク地上攻撃機にとりついた。

しかし、機銃を発射する寸前で、敵機の防御火器で被弾、エンジンが過熱したので離脱、その直後、愛機D－9は火災を発生して万事窮し、パラシュート降下で脱出、着地の際に頭部と顔面を負傷して、病院送りとなった。

ロム中尉自身にとって、これは戦闘機パイロットとしての最後の空戦となったが、同時にFw190D〝ドーラ〟にとっても、短いが、苦闘に終始した実戦活動の最後を印す、出来事のひとつであった。

祖国の無条件降伏は、これよりなお2週間ほど後のことだったが、すでにドイツ空軍の活動そのものは、ほとんど停止状態だった。

Ta152シリーズ

Fw190B、C、Dシリーズの開発が進められていた1942年はじめ頃、設計主務者クルト・タンク技師は、これらの液冷版改良型とは別に、機体の再設計をさらに徹底して高性能化を狙った、Fw190Ra－4なる計画名称の、新型戦闘機の開発を、航空省技術局に提案した。

Fw190Ra－4は、エンジンにJumo213A、またはDB603Aを予定し、胴体を延長して、降着装置を油圧式駆動にするなどの改良要領が盛り込まれ、タンク技師は、本型を

〃Begleitjäger《ベークライト・イエーガー》 2〃（護衛戦闘機）と位置付けしていた。

技術局は、この提案を了承し、改めてＴａ153の名称を与え、ほぼ時期を同じくしてメッサーシュミット社が開発していた、Ｍｅ209と競争試作させることにした。

Ｆｗ社の設計機にもかかわらず、接頭記号がＦｗではなく、タンク技師を示す〃Ｔａ〃に変わったのは、今や、ドイツ空軍にとってかけがえのない存在になった、同技師の貢献度に対し、技術局が特別に敬意を表したためである。番号がＦｗ190よりも若くなっているのは、タンク技師自身の設計数に基づいたためであろう。

しかし、Ｔａ153、Ｍｅ209の競争試作は、１９４３年５月に技術局からキャンセルされ、計画の再検討が命じられた。

この背景には、在英米陸軍航空軍による、ドイツ本土空襲の開始が大きく影響している。すなわち、漠然とした性能向上ではなく、迎撃戦闘機としての能力を最優先する設計に、改める必要性が生じてきたためである。

その結果、Ｔａ153はＴａ152と改称され、〃特殊高々度戦闘機〃という位置付けで、設計し直されることになった。なぜ番号がひとつ逆戻りしたのか、理由はよくわかっていない。

Ｔａ152は、Ｆｗ190Ｄシリーズと同じく、Ｊｕｍｏ213Ａエンジン（１７５０ｈｐ）を搭載するが、カウリングはさらに空力的にリファインされ、両側が後方にかけて幅が広くなり、排気管を包み込んで、主翼付け根のところで、筒型ダンパーからまとめて排出するようにした点が異なった。

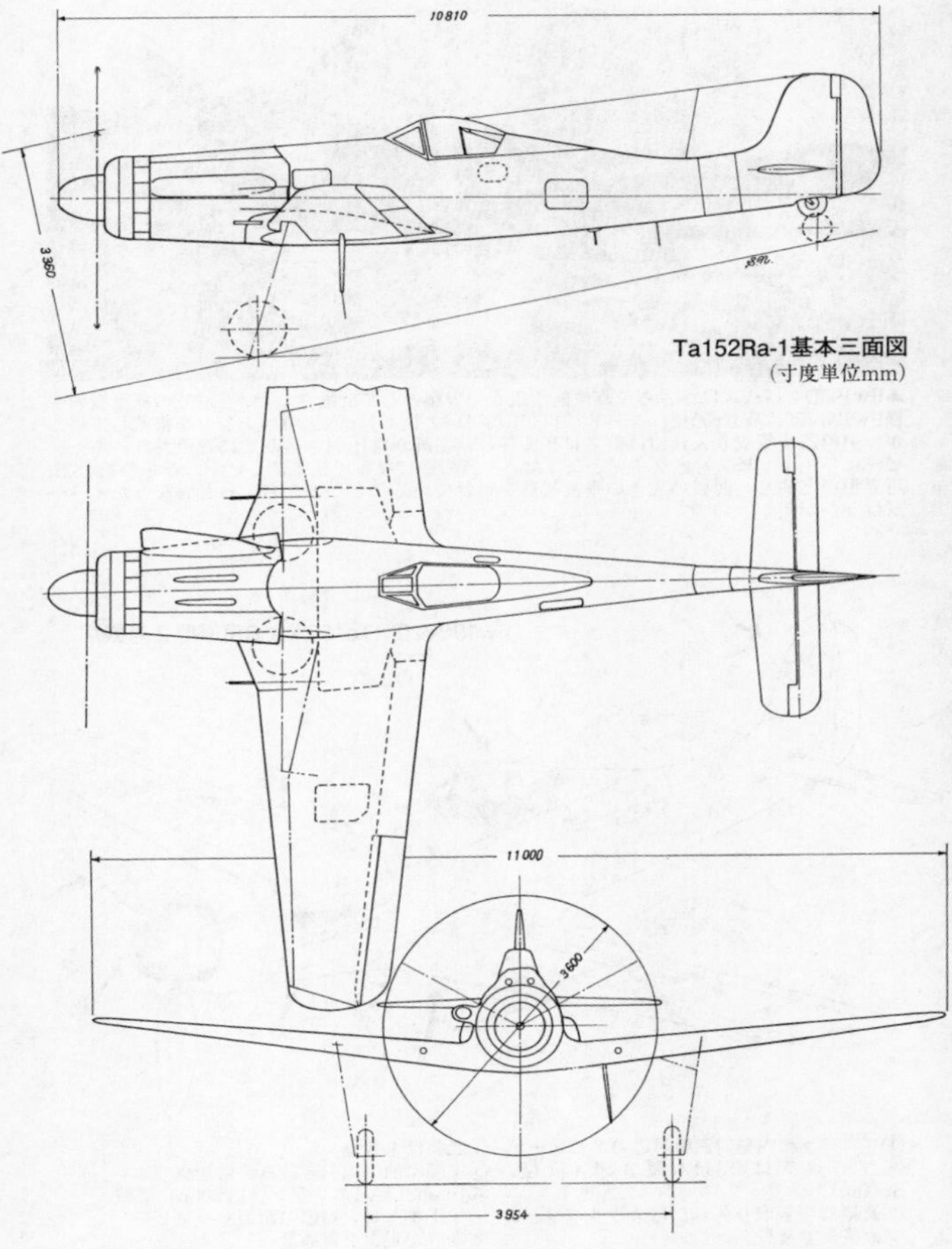

Ta152Ra-1基本三面図
（寸度単位mm）

▲Fw190Dをベースに、さらに高性能を狙う発展型として計画された、Ta152の原型機の1機Fw190V20、W.Nr0042、コード"TI+IG"。D-9と同じJumo213Aエンジンを搭載しているが、過給器空気取り入れ口は前方に長く伸び、主脚が油圧引き込み式に変更され、キャノピーは与圧キャビン対応タイプとなった。主翼の陰になって見えにくいが、のちのTa152H用原型機と同じ、面積の大きい垂直尾翼を付けていることなど、ちょっと異なったイメージはうかがえる。

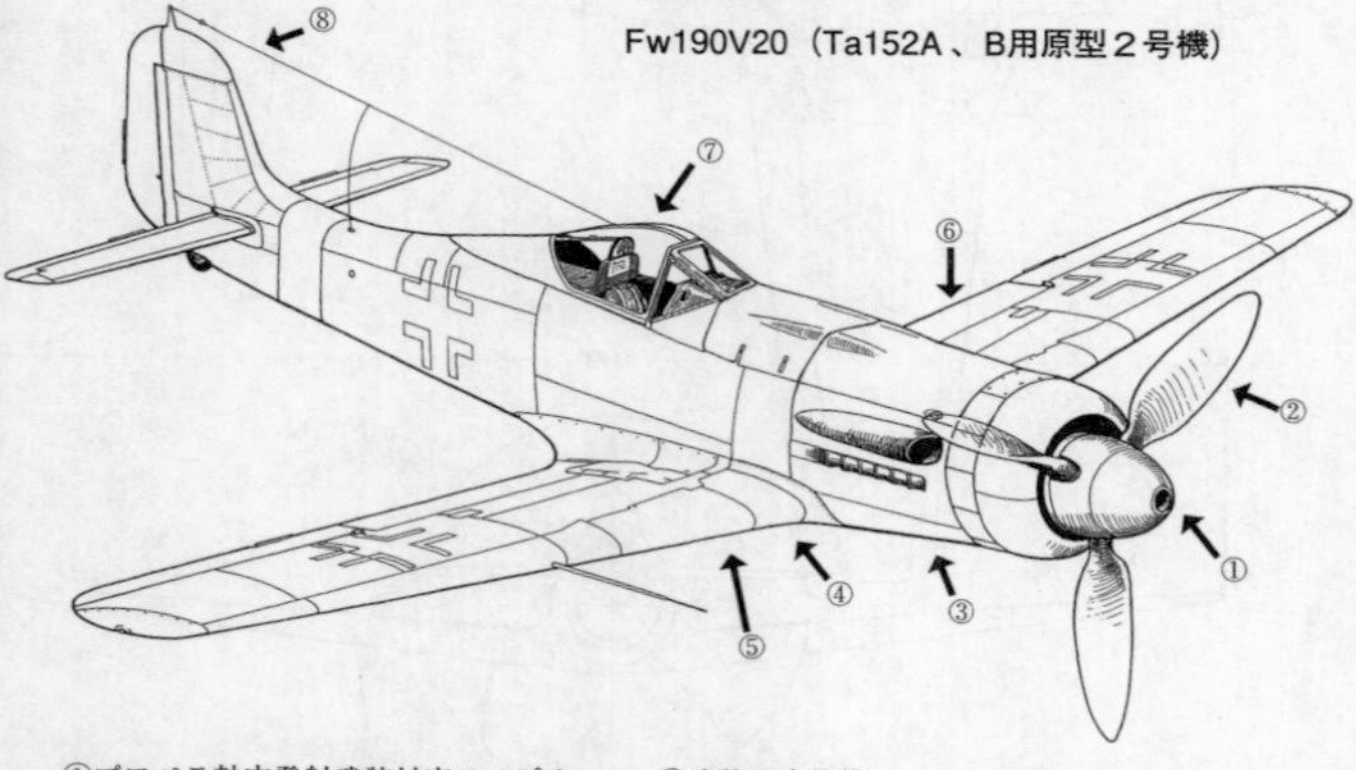

①プロペラ軸内発射武装対応のスピナー
②プロペラはVS111木製３翅（直径3.500m）
③過給器空気取り入れ口はカウルフラップ直後まで延長
④武装は未装備
⑤主脚は油圧式引き込み法に変更
⑥Jumo213A-1エンジン（1,750hp）搭載
⑦与圧キャビン対応の新型キャノピー
⑧垂直安定板を再設計

▲本機も、Ta152用原型機として3機造られたうちの1機、Fw190V21、W.Nr0043、コード"TI+IH"。V20と同じく、Jumo213Aエンジンを搭載しているが、カウリングは、排気管をすっぽりと覆う形に変わり、後方に排気ガスをまとめて排出する、筒状ダンパーを取り付けるなどの改修が加えられている。この状態が、生産型Ta152Aシリーズの基本形になるはずであったが、結局、Aシリーズはキャンセルされて陽の目を見なかった。

Fw190V21（Ta152A、B用原型3号機）

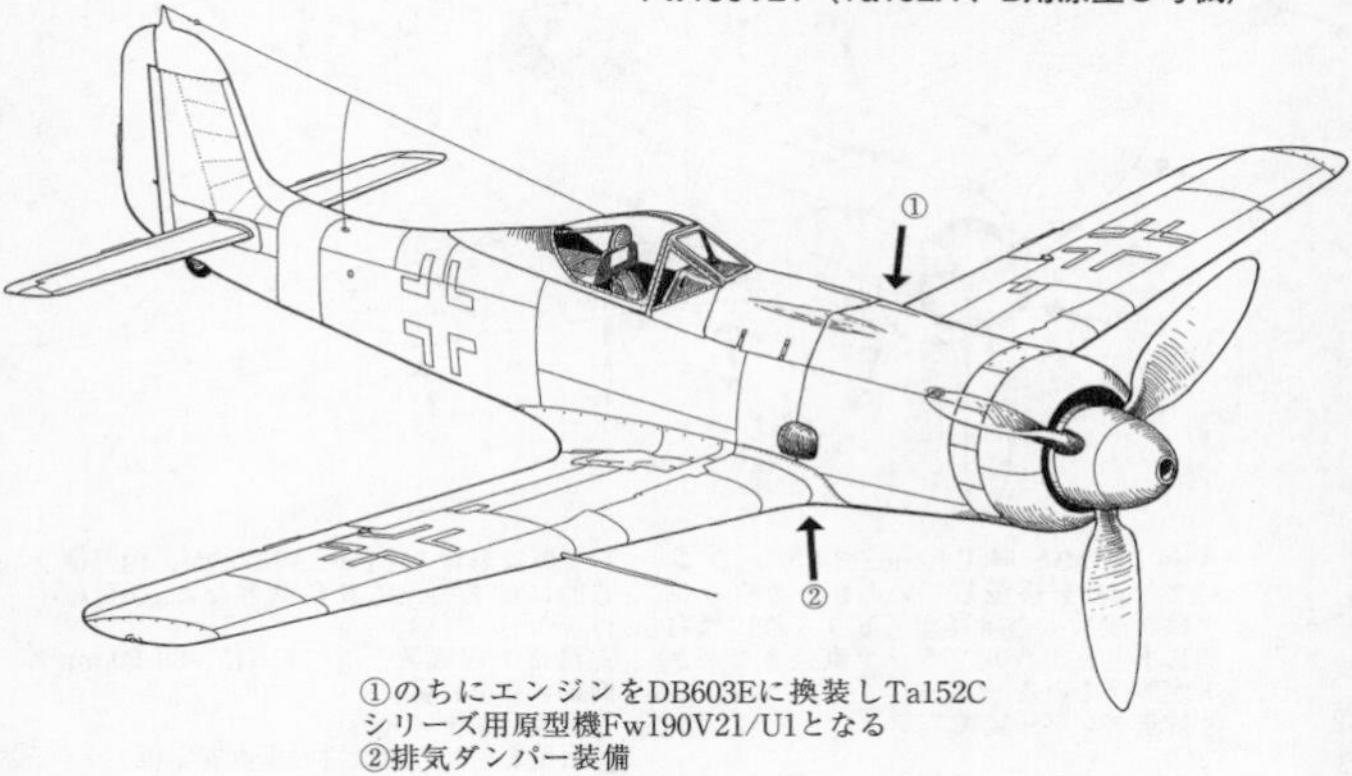

①のちにエンジンをDB603Eに換装しTa152Cシリーズ用原型機Fw190V21/U1となる
②排気ダンパー装備

主翼は、Ｆｗ190Ｄと寸度、形状ともほとんど同じだが、内部構造を一新し、燃料タンクを設置可能にしたことが大きく異なる。垂直安定板はＦｗ190系よりも面積を増した新設計のものに変更、降着装置は、Ｔａ153のそれを引き継ぎ、油圧式駆動とした。

Ｔａ152は、とりあえず3種のメイン・バージョンが予定され、標準戦闘機型はＴａ152Ｒａ-1、高々度戦闘機型はＴａ152Ｒａ-2、地上攻撃機型はＴａ152Ｒａ-3の試作名称を付与されたが、ほどなく、それぞれがＴａ152Ａ、Ｔａ152Ｈ、Ｔａ152Ｂの制式型式名称に変更された。

もっとも、Ｊｕｍｏ213Ａエンジンを搭載するＴａ152Ａは、Ｆｗ190Ｄシ

Ta152A、A-2（計画）

①プロペラはVS9木製３翅（直径3.600m）
②プロペラ軸内発射武装としてMK108（A-1）、またはMK103（A-2）30mm機関砲１門を装備

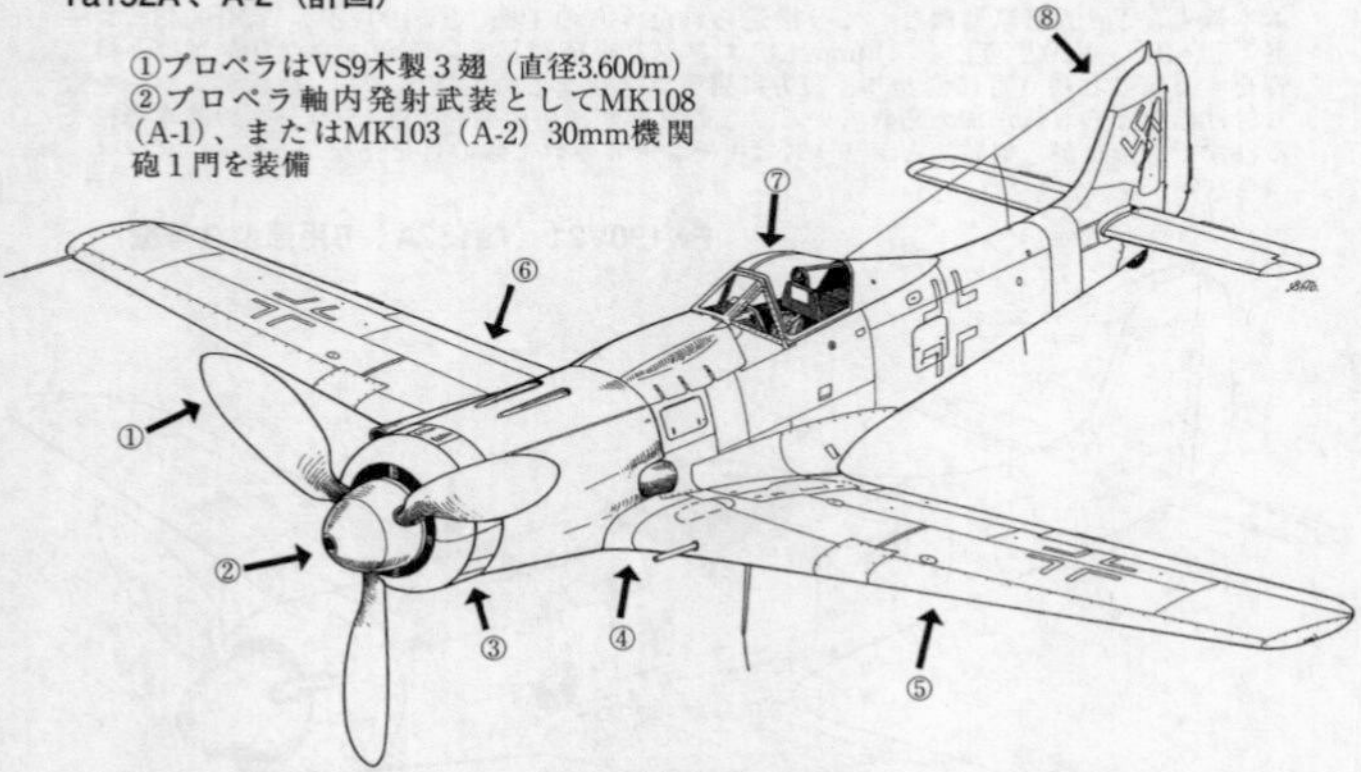

③Fw190D-9と同じJumo213Aエンジン（1,750hp）を搭載しているが、カウリングは新設計。過給器空気取り入れ口は右側にあり、カウルフラップ直後までダクトが伸びている
④排気ダンパー装備
⑤主翼は形状こそFwと同じだが、内部構造的にはまったく新設計となる。（全幅11.000m）
⑥機首上部武装としてMG151/20 20mm機銃×２を装備
⑦新設計キャノピー
⑧面積を増した新設計の垂直安定板

リーズと比較して、空力的にも性能的にもさほどメリットがないため、Ｆｗ190Ｖ19、20、21の３機の原型機が１９４３年７月、11月、１９４４年３月に、それぞれ完成したものの、早々にキャンセルされ、ダイムラー・ベンツＤＢ603系エンジンを搭載する、Ｔａ152Ｃに切り換えられた。

型式名称が、Ａ、Ｂ、ＣからＨにとんでいるのは、Ｆｗ190Ｄ、Ｆ、Ｇが存在するため、これと混同しないよう配慮したことによる。これら各型の開発状況を辿れば、以下のようになる。ただし、必ずしも型式名称順に開発が行なわれたわけではない。

●Ｔａ152Ｂ

地上攻撃機バージョンで、当初に計画された３型式のうちでは、優先

Ta152B-1、B-2（計画）

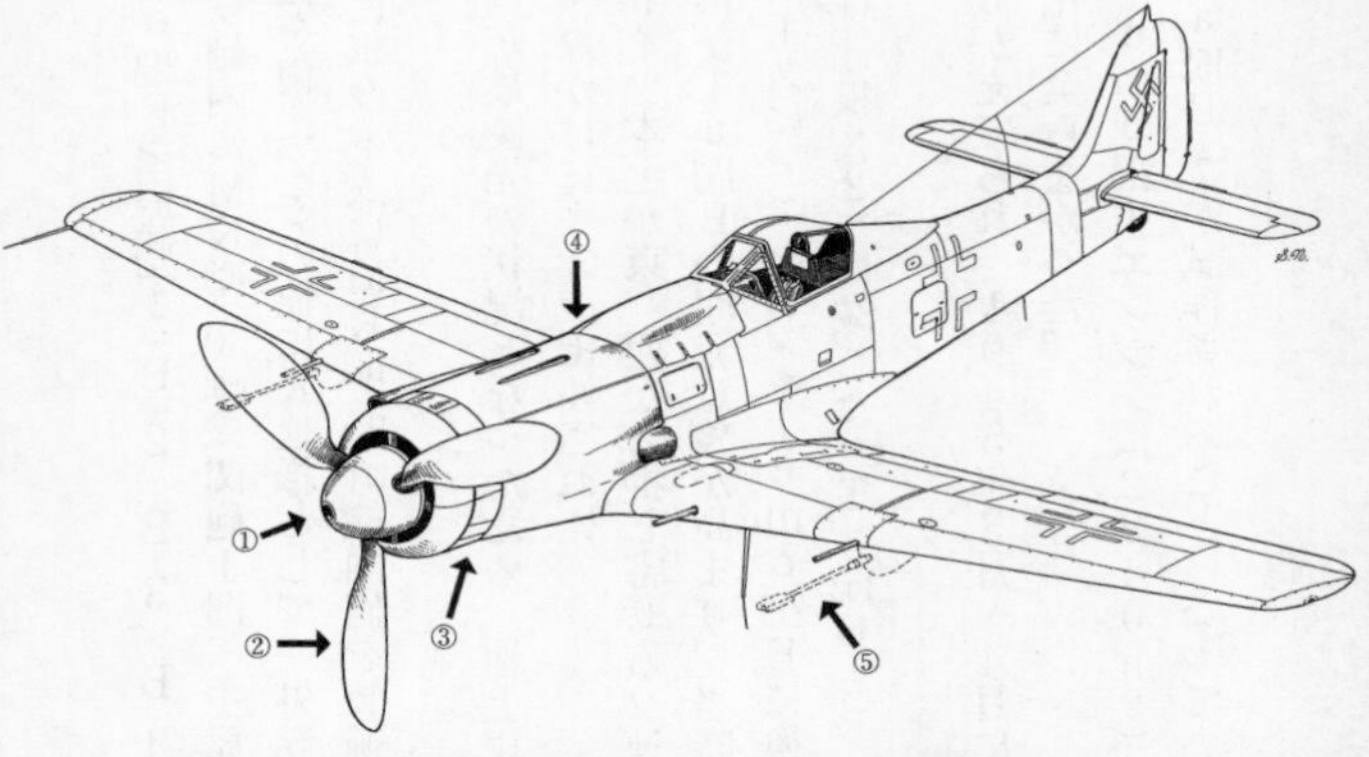

①プロペラ軸内発射武装はMK108（B-1）、またはMK103（B-2）30mm機関砲×１
②プロペラはVS9木製３翅
③Ta152Aのエンジンを Jumo213E（2,050hp）に換装
④機首上部武装はMG151/20 20mm機銃×２
⑤外翼武装はMG151/20 20mm機銃×１、または下面にMK103 30mm機関砲×１（ポッド装備）

度は最も低かった。

Ｊｕｍｏ213Ｃを搭載するＢ-１、Ｊｕｍｏ213Ｅを搭載するＢ-２、Ｂ-３、Ｂ-４の４種のサブ・タイプが予定され、武装は、プロペラ軸内にＭＫ108 30㎜機関砲１門、主翼付け根、および外翼内にＭＧ151／20 20㎜機銃各１挺を備え、この他にＲ仕様として、外翼のＭＧ151／20をＭＫ108に換装し、もしくは、同下面にポッド式にＭＫ103 30㎜機関砲を装備できるという、破壊力抜群の火力をもつはずだった。

しかし、１９４４年に入ると、本土防空が最優先の状況となったため、地上攻撃機型Ｔａ152Ｂの開発意義はほとんどなくなり、同年なかばにキャンセルされた。

もっとも、１９４５年１月になって、ドイツ本土が東、西から押し寄せるソ連、連合軍地上部隊の攻勢に晒される状況になると、再びＴａ152Ｂの開発意義が高まり、当時生産開始間近のＴａ152Ｃシリーズのうち、Ｃ-３をベースに、エンジンをＪｕｍｏ213Ｅに換装し、武装をＭＫ103 ３門（プロペラ軸内×１、主翼付け根×２）に減じた、Ｔａ152Ｂ-５／Ｒ11が計画された。

原型機には、Ｔａ152Ｖ19、20、21の３機が充てられ、１９４５年３月～４月にかけて完成したものの、ほどなく敗戦を迎え、実用化に至らなかった。

なお、計画では、Ｂ-５／Ｒ11に続きＪｕｍｏ213Ｊエンジン（２２４０ｈｐ）を搭載し、ＶＳ19 ４翅プロペラを組み合わせた、Ｔａ152Ｂ-７が試作されることになっていた。

●Ｔａ152Ｃ

キャンセルされたＴａ152Ａシリーズにとって代わった標準戦闘機型。ＤＢ603系エンジンを搭載し、新設計の標準主翼を組み合わせた。プロペラは、Ｊｕｍｏ213系搭載型と同じく、幅広いブレードの木製３翅だが、メーカーが異なる、ＶＤＭ系である。

原型機に予定されたのは、当初、Ｔａ152Ａシリーズ用原型機として造られた、Ｊｕｍｏ213Ａエンジン搭載のＦｗ190Ｖ19、20、21の３機で、うちＶ20、Ｖ21の２機が、１９４４年８月にＤＢ603Ｌエンジン（２１００ｈｐ）への換装作業に着手され、それぞれＶ20／Ｕ１、Ｖ21／Ｕ１と改称した。

しかし、Ｖ20／Ｕ１は、その直後に米陸軍航空軍機による空襲で被爆・焼失してしまい、Ｖ21／Ｕ１だけが完成した。

このＶ21／Ｕ１のテスト結果に基づき、機体も最初からＴａ152用のそれを用いた、新しい原型機３機、すなわちＴａ152Ｖ６、Ｖ７、Ｖ８が、１９４４年12月～翌年１月にかけて完成した。

Ｔａ152Ｃの性能は、高度１万ｍ付近で最大速

▲Fw社ゾラウ工場で完成した、Ta152C用実質原型機の１号機V6、W.Nr110006、コード“VH＋CY”。DB603LAエンジンを搭載した機首まわりのアレンジは、Jumo213系搭載のTa152H型などとは、かなり異なっている。

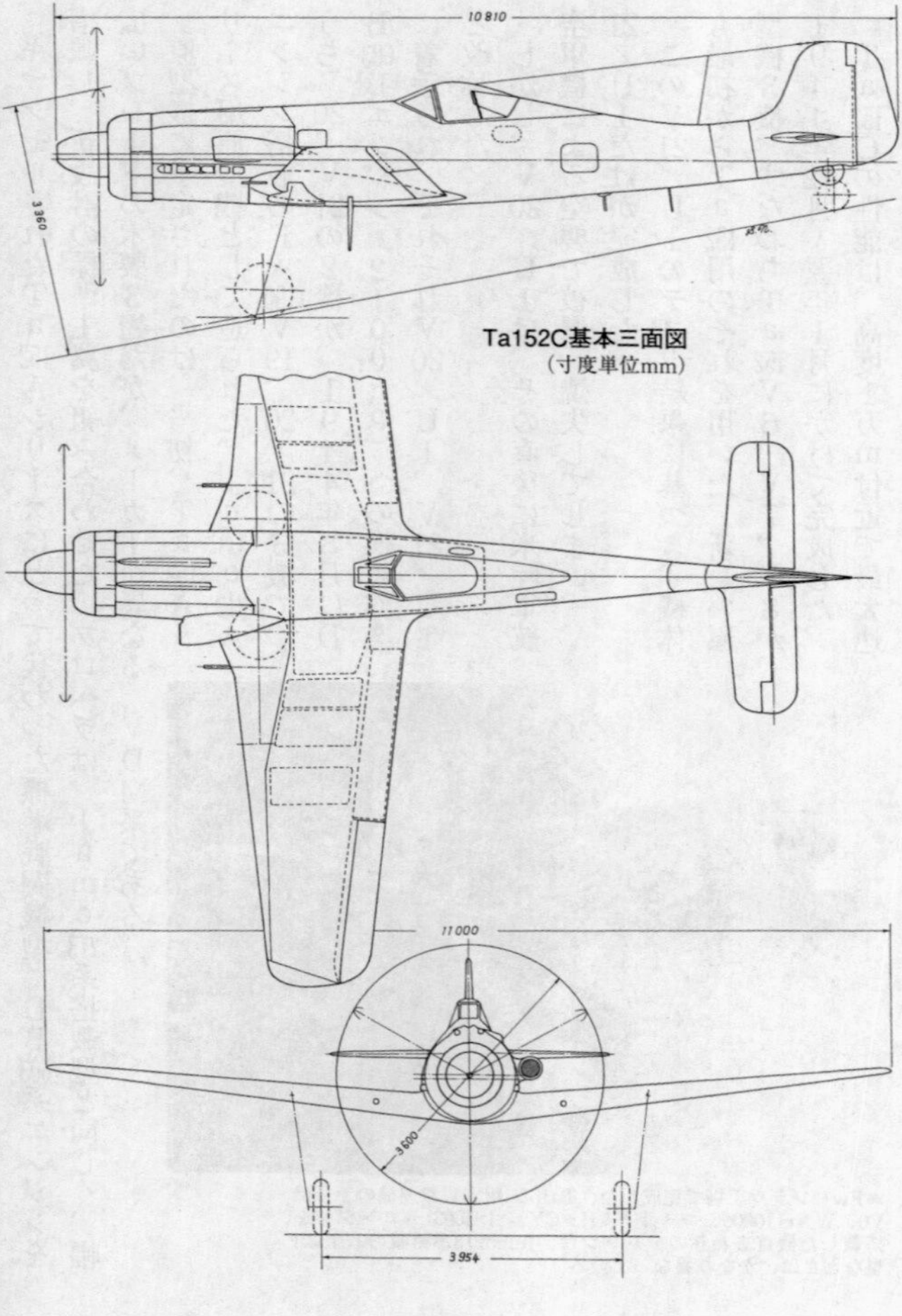

Ta152C基本三面図
（寸度単位mm）

Ta152C-0、C-1中、低高度戦闘機型

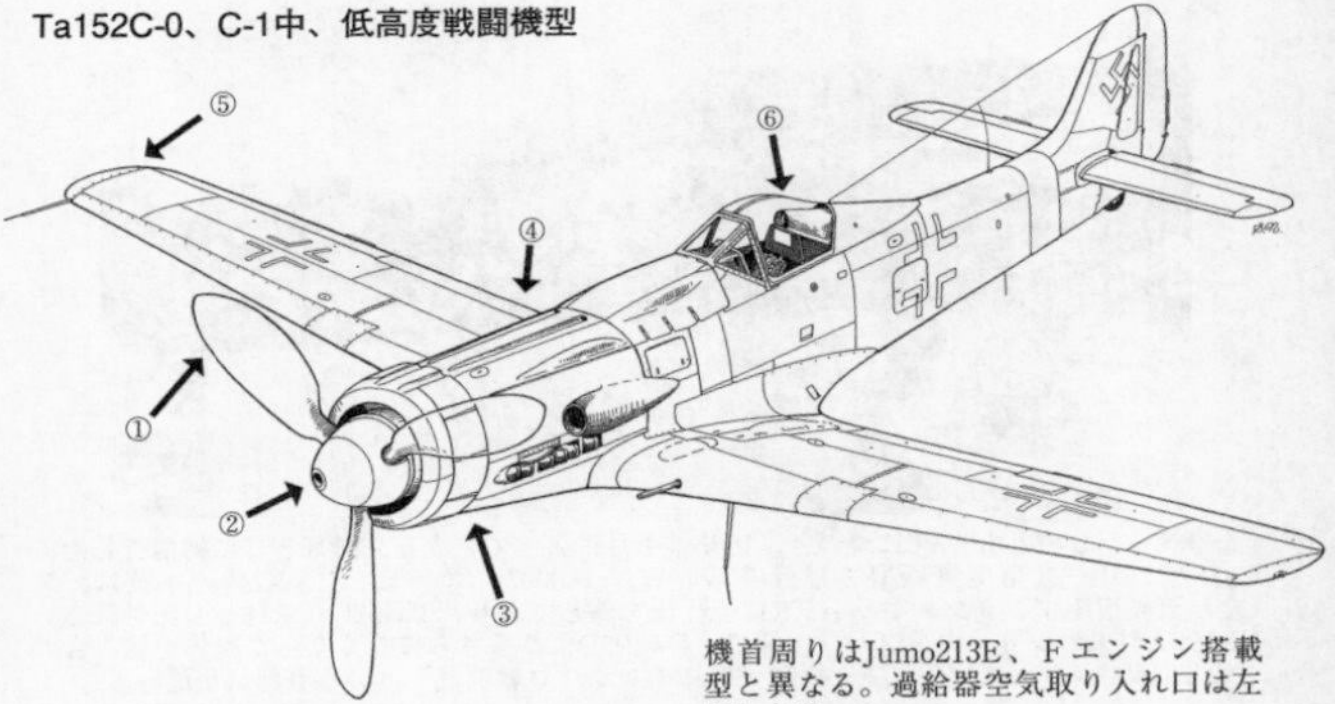

①プロペラはVDM-VP木製３翅（直径3.600m）
②プロペラ軸内発射MK108 30mm機関砲×１を装備
③DB603LAエンジン（2,100hp）搭載。機首周りはJumo213E、Ｆエンジン搭載型と異なる。過給器空気取り入れ口は左側にある
④機首上部にMG151/20E 20mm機銃×２を装備
⑤主翼は全幅11.000mのショートスパン・タイプ
⑥非与圧キャビン

Ta152C-1/R14雷撃戦闘機型（計画）

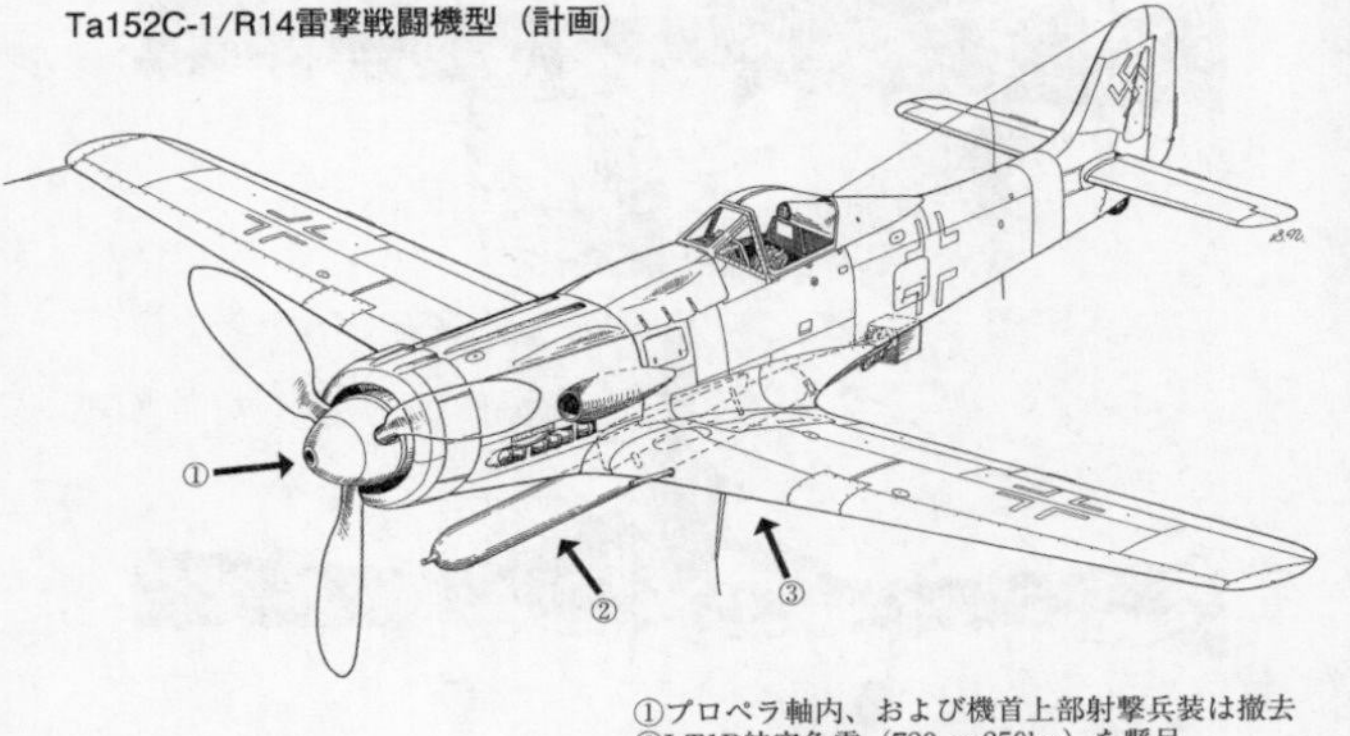

①プロペラ軸内、および機首上部射撃兵装は撤去
②LT1B航空魚雷（780 ～ 850kg）を懸吊
③ETC504、またはSchloβ504専用ラック

〔このページ3枚とも〕V6につづき、1945年1月に入って完成し、同月8日に初飛行した、Ta152Cシリーズ用実質原型2号機のV7、W.Nr110007、コード“CI×XM”。本機は、悪（全）天候用オプション・キット“R11”仕様を施しており、Ta152C-0/R11とも記される。Fw190A以来のショート・スパン主翼に、Fw190Dよりもさらに長くなった胴体を組み合わせたTa152Cシリーズは、見るからに“究極のレシプロ戦闘機”という雰囲気が漂う。

Ta152C-1精密五面図

左側面図

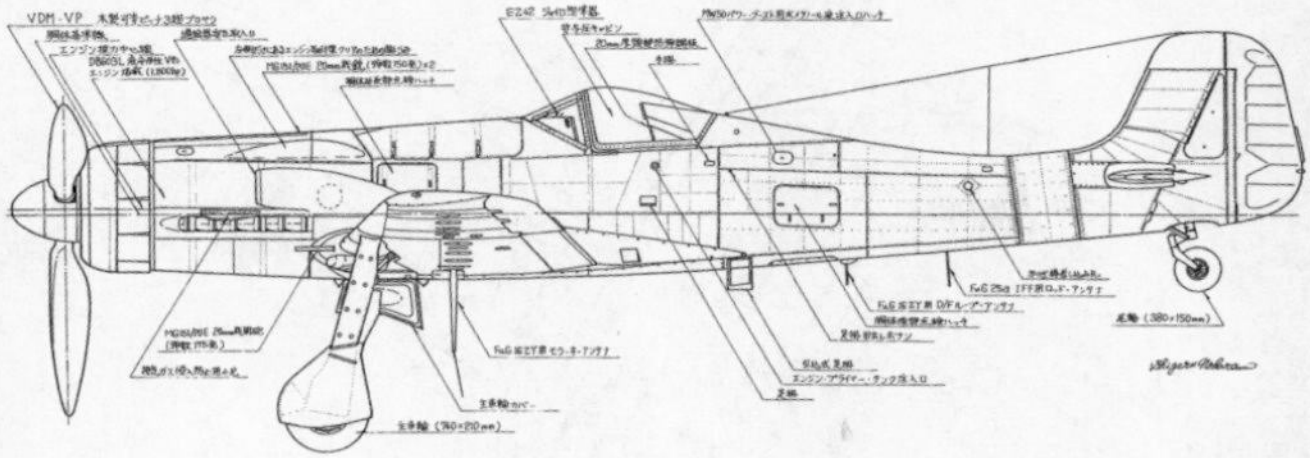

右側面図

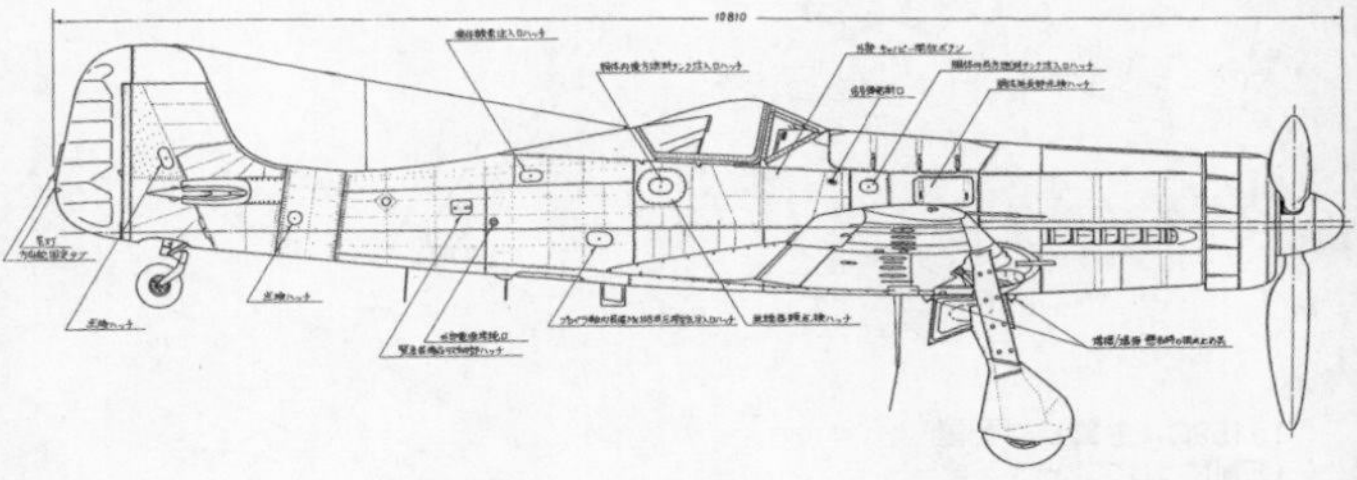

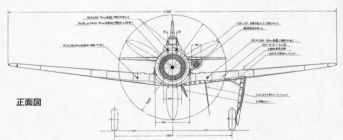

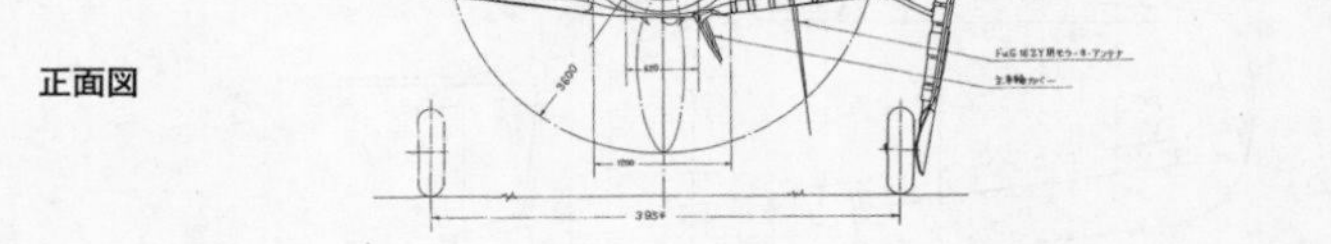

正面図

C-1上面図

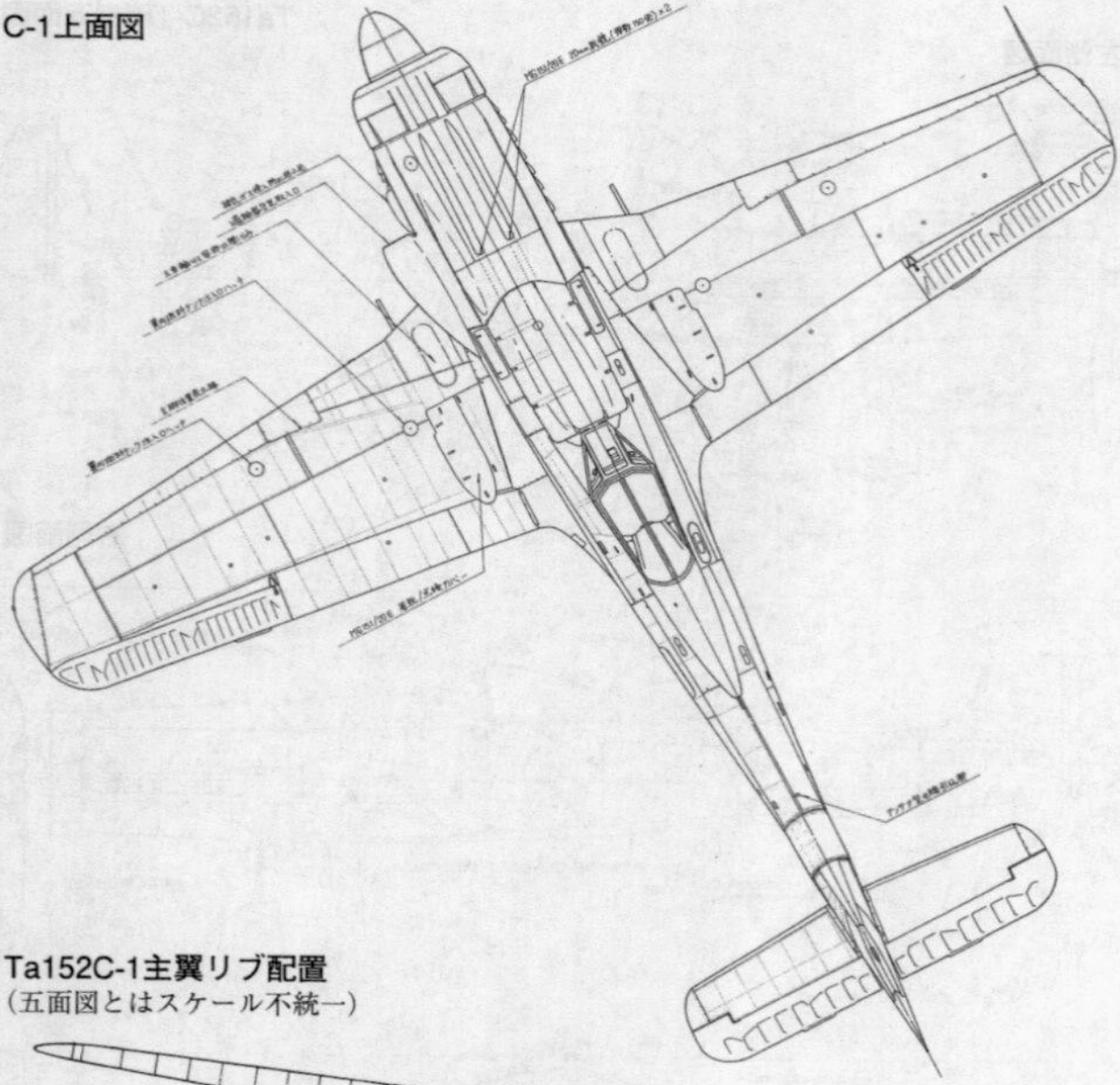

Ta152C-1主翼リブ配置

（五面図とはスケール不統一）

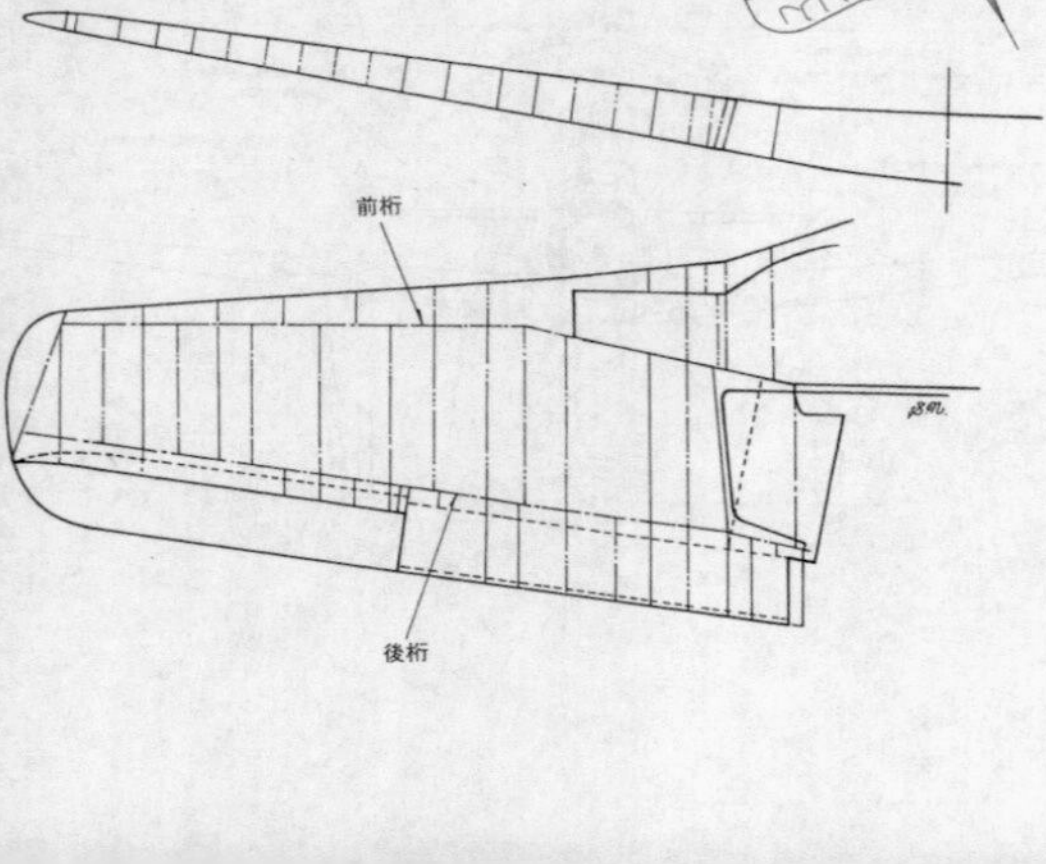

C-1下面図

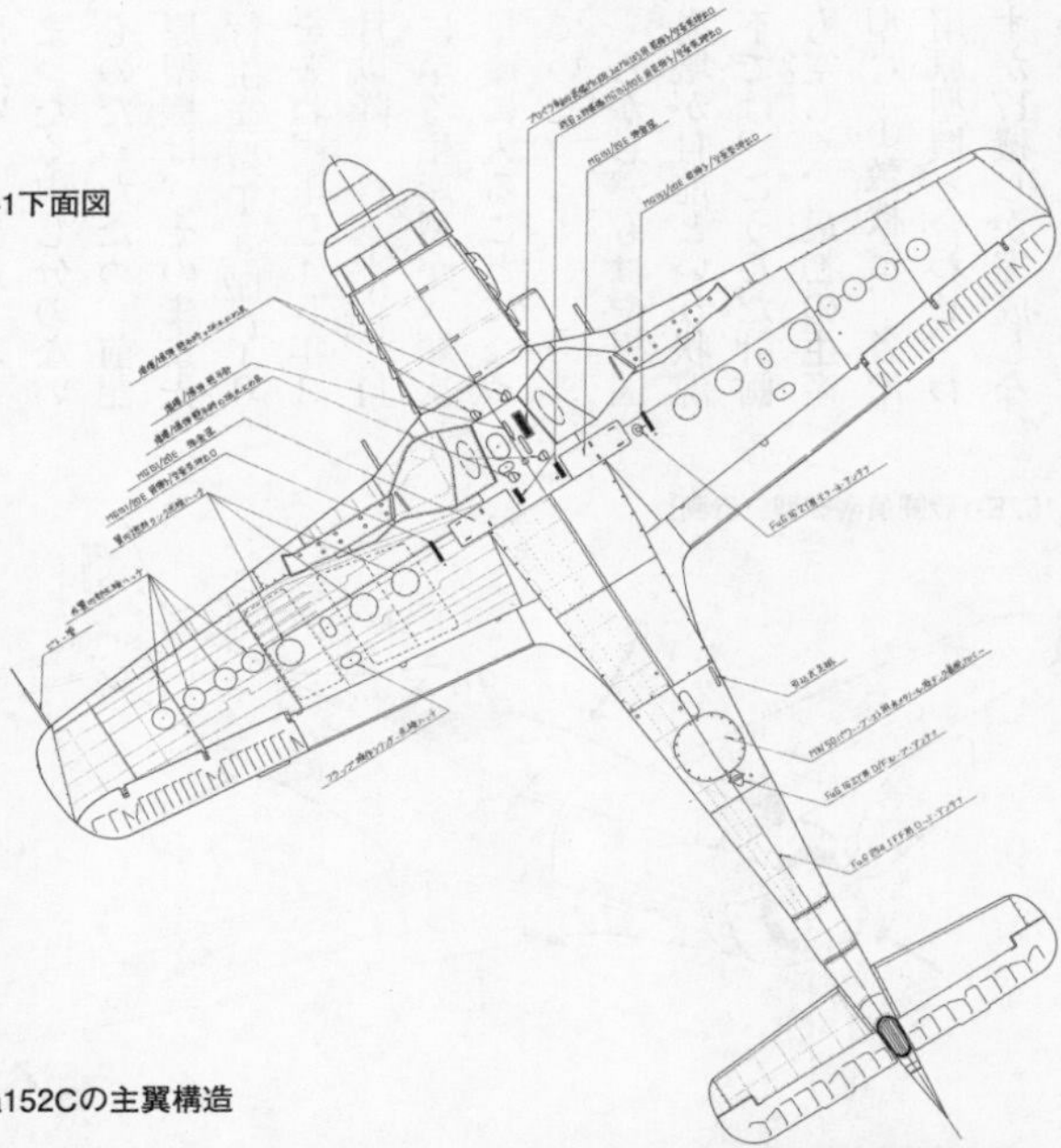

Ta152Cの主翼構造

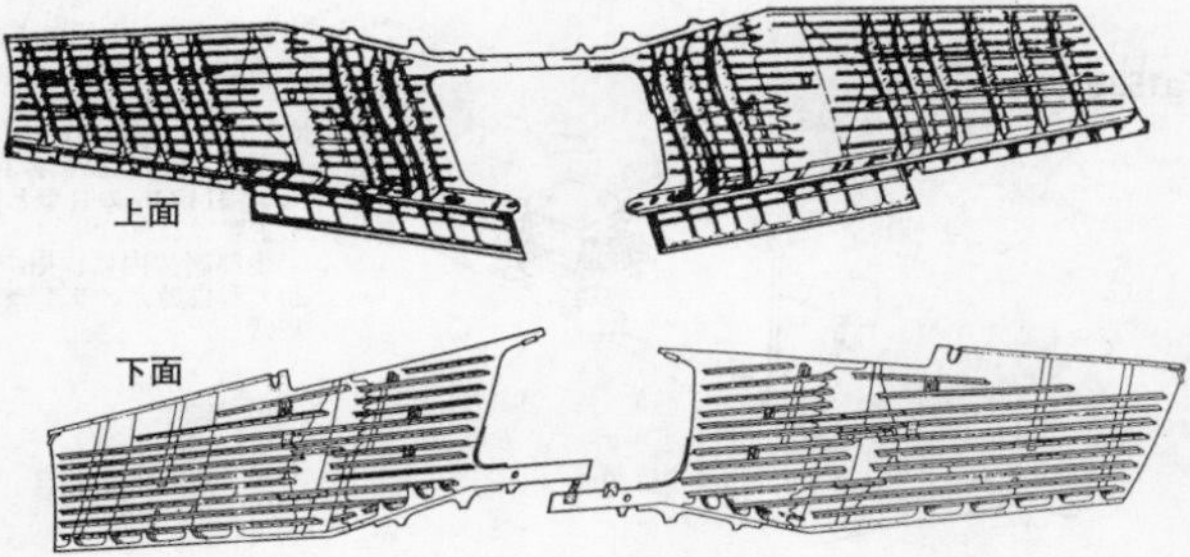

度730km／hに達する、まったく申し分のないものだったため、前記原型機は、そのまま先行生産型Ta152C－0を兼ね、1945年3月以降、C－1～C－11に至る生産型が、順次量産に入ることになっていた。

しかし、もはや祖国崩壊が目前という状況下では、こうした計画も空《むな》しく、最初の生産型C－1数機と、各型用原型機と合わせ、わずか17機しか完成しなかった。

Ta152E-1戦闘偵察機型（計画）

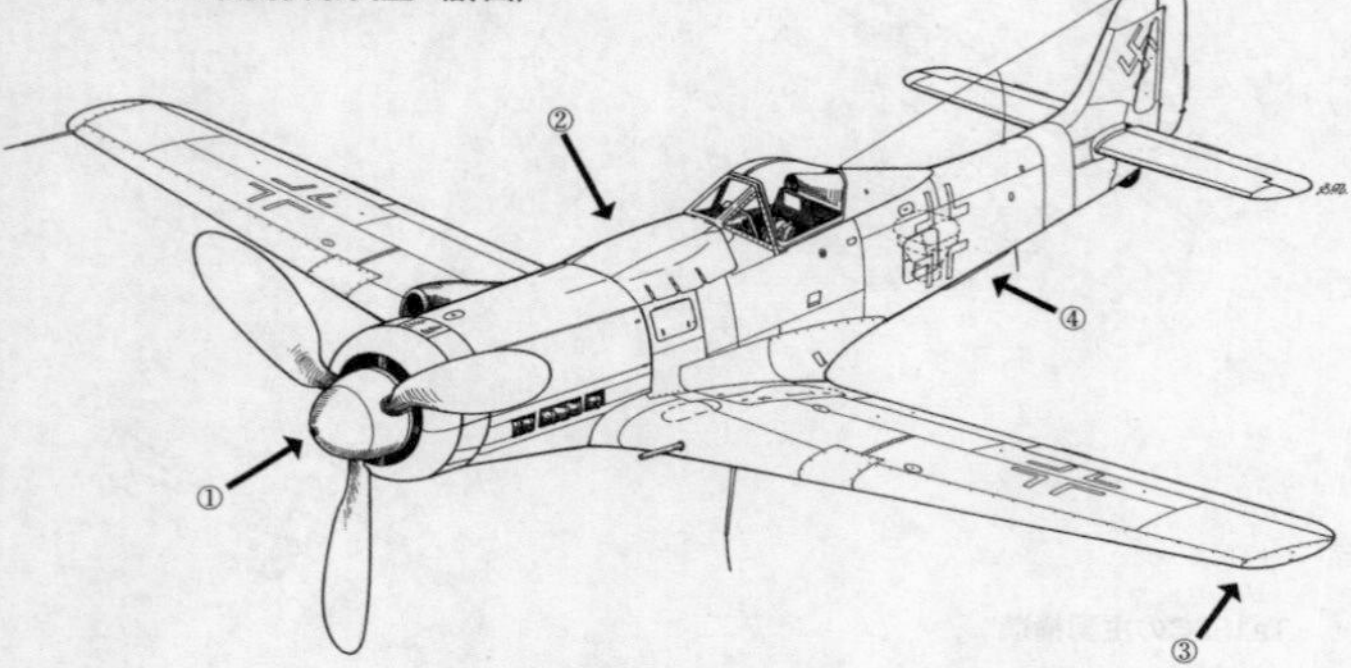

①武装はH型と同じまま
②エンジンも含め、機体ベースはHシリーズ
③E-1は全幅11.00mの、C型と同じ主翼、E-2型は全幅14.44mのH型と同じ主翼
④後部胴体内に、Rb75/30大型自動カメラ1台を装備

Ta152Eのカメラ装備

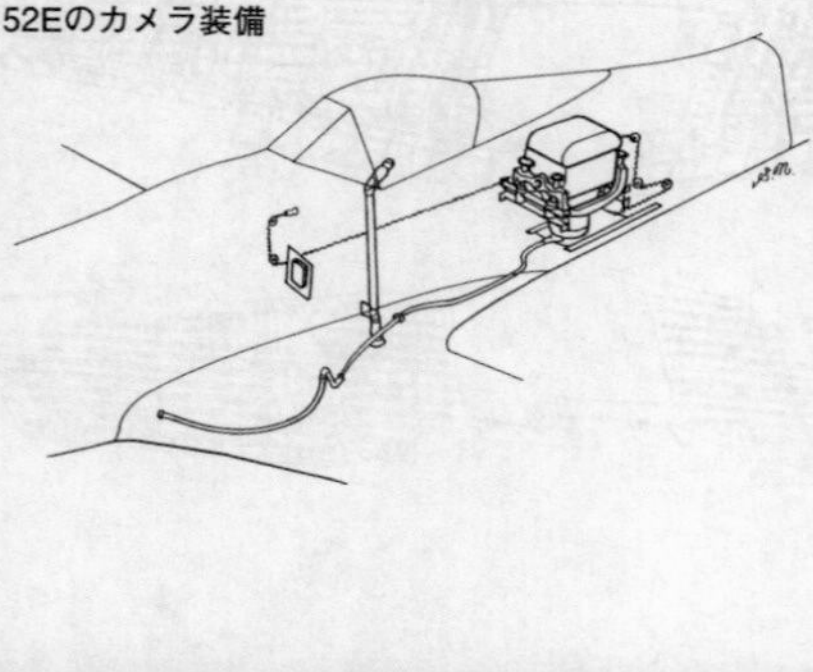

これらCシリーズ各型のうち、注目されるのは、Fw190D-12／R14と同じ要領で、LT1B魚雷を懸吊可能とした、雷撃戦闘機型のTa152C-1／R14が計画されていたこと。

●Ta152E

Fw190Dと重複するTa152Dは欠番となり、C型に続いたのはTa152Eである。戦闘偵察機型バージョンで、エンジンはJumo213Eを搭載、E-0とE-1が標準翼付きに、E-2が、後述するTa152Hと同じ、全幅14・44mの延長翼付きとされた。カメラは、後部胴体内にRb75／30を垂直方向に向けて1台装備する。

しかし、偵察機型を新しい量産型として用意しなくとも、既存のC、H型を流用すればすむことがわかり、原型機3機（Ta152V9、V14――E-1用、V26――E-2用）のテストを行なったあと、1945年2月に計画はキャンセルされた。

●Ta152H

Ta152開発のメイン・バージョンともいうべき、高々度戦闘機型である。そのせいもあって設計作業は最も先行して進められた。

エンジンはJumo213E（1750hp）を搭載し、ユンカースVS9木製3翅プロペラを組み合わせ、全幅14・44mの延長主翼と、与圧キャビンを備えたことが、他のTa152各型と異なる点。

原型機は、キャンセルされたFw190Cシリーズ用のうちから、Fw190V29、30、32、33の4機が転用され、所要の改造を施されて、それぞれV29／U1、V30／U1、V32／U1、

Ｖ33／Ｕ1となった。

最初に完成したのはＶ33／Ｕ1で、１９４４年7月12日に初飛行に成功したが、翌日には事故で失われた。

このあと、8月6日にＶ30／Ｕ1、9月23日にＶ29／Ｕ1、11月にＶ32／Ｕ1の順で完成し、加えて、Ｖ18／Ｕ1が10月にはＴａ152Ｈ用原型機として再改造され、Ｖ18／Ｕ2と改称して、テスト・プログラムに組み込まれた。

これら原型機によるテストでは、高度1万２０００ｍ付近で、ＭＷ50パワーブースト装置使用により、最大速度750㎞／ｈ、さらに上昇して1万３８００ｍ付近でも、737㎞／ｈという、レシプロ戦闘機としては限界値に近い高速を出せることが確認された。

空軍は、この高性能に満足はしたものの、すでにＭｅ262ジェット戦闘機の配備が進んでいる状況下、レシプロ高々度戦闘機の存在価値は以前ほど高くなく、Ｔａ152Ｈの生産は、Ｆｗ社のコトブス、および

▲試作機番号では、Ta152用原型機として１号機にあたる、Fw190V29/U1、W.Nr0054、コード“GH＋KS”。しかし、完成したのは３番目で、1944年９月23日。

Fw190V30/U1（Ta152Hシリーズ用原型機）

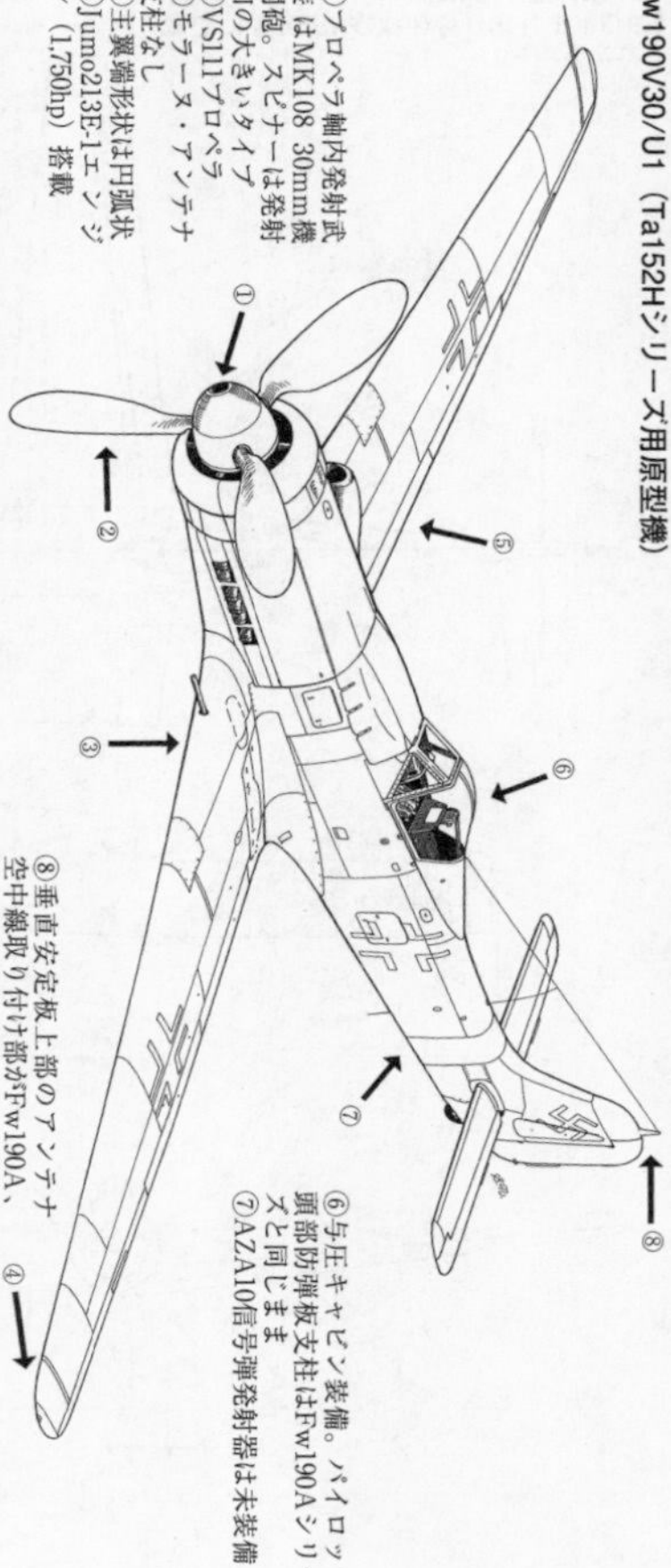

⑥与圧キャビン装備。パイロット頭部防弾板支柱はFw190Aシリーズと同じまま
⑦AZA10信号弾発射器は未装備

⑧垂直安定板上部のアンテナ空中線取り付け部がFw190A、Dシリーズと同じまま

①プロペラ軸内発射武装はMK108 30mm機関砲。スピナーは発射口の大きいタイプ
②VS111プロペラ
③モラーヌ・アンテナ支柱なし
④主翼端形状は円弧状
⑤Jumo213E-1エンジン（1,750hp）搭載

◀Ta152H用原型機としては、2番目の完成機となったFw190V30/U1、W.Nr0055、コード"GH+KT"。外観こそ、のちの生産型H-1にほぼ近いが、上図に示したように、細部はかなり異なっている。本機も含めたV29、30、32、33の4機の原型機は、1941年にFw190A-1として完成し、各種の装備テスト機として使われたのち、Fw190Cシリーズ、さらにはTa152H用原型機となり、当初とはまったくの別機に"変身"した。

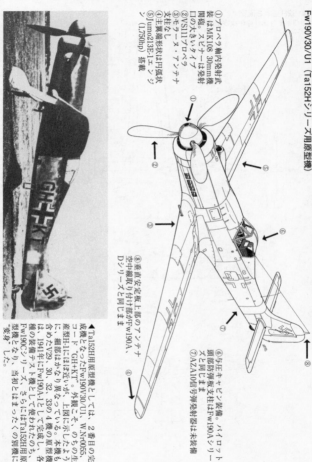

Ta152H基本３面図
（1945年１月16日付仕様書No291号に記載されたもの）

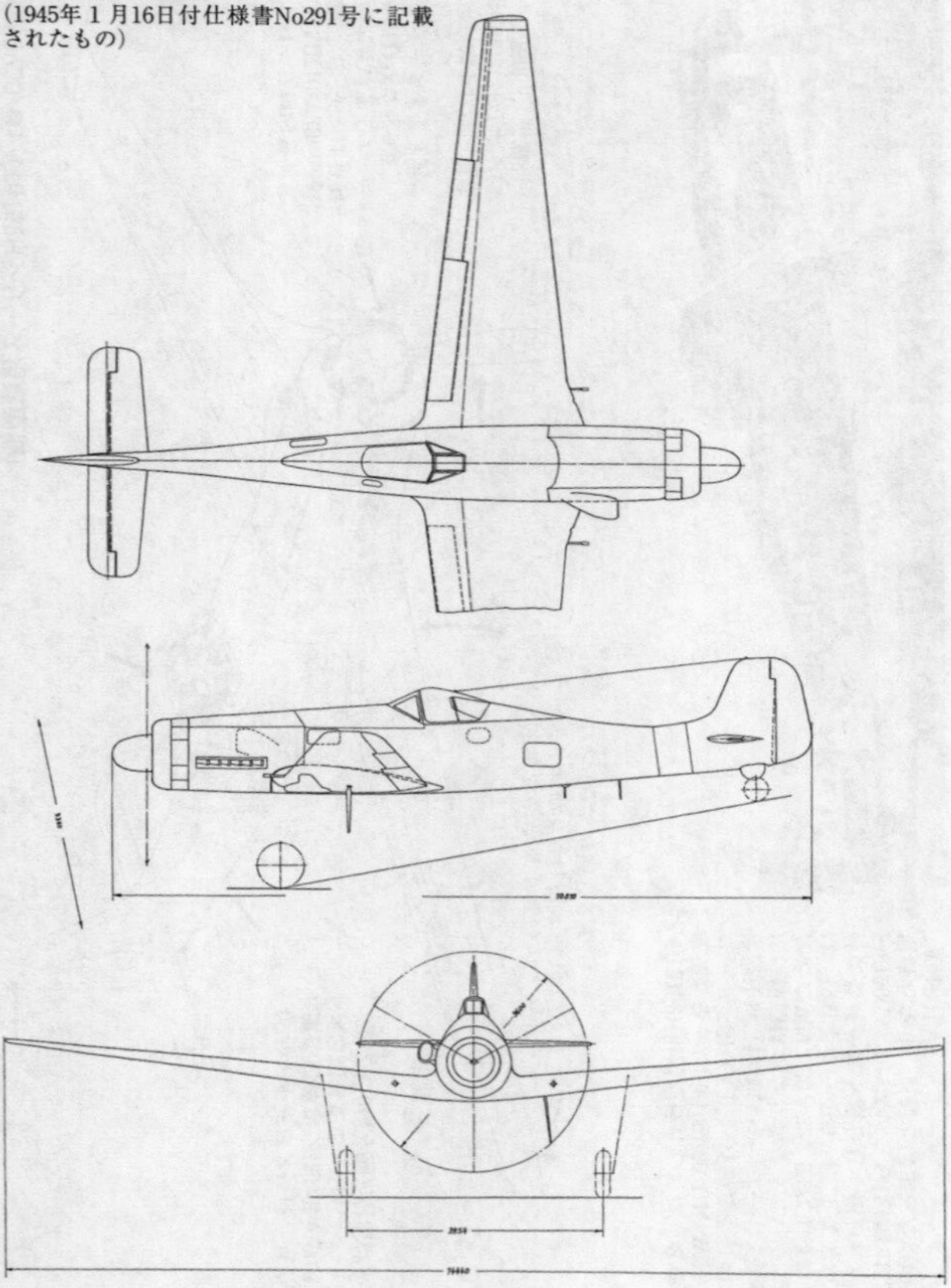

Ta152H-1高々度戦闘機型生産機

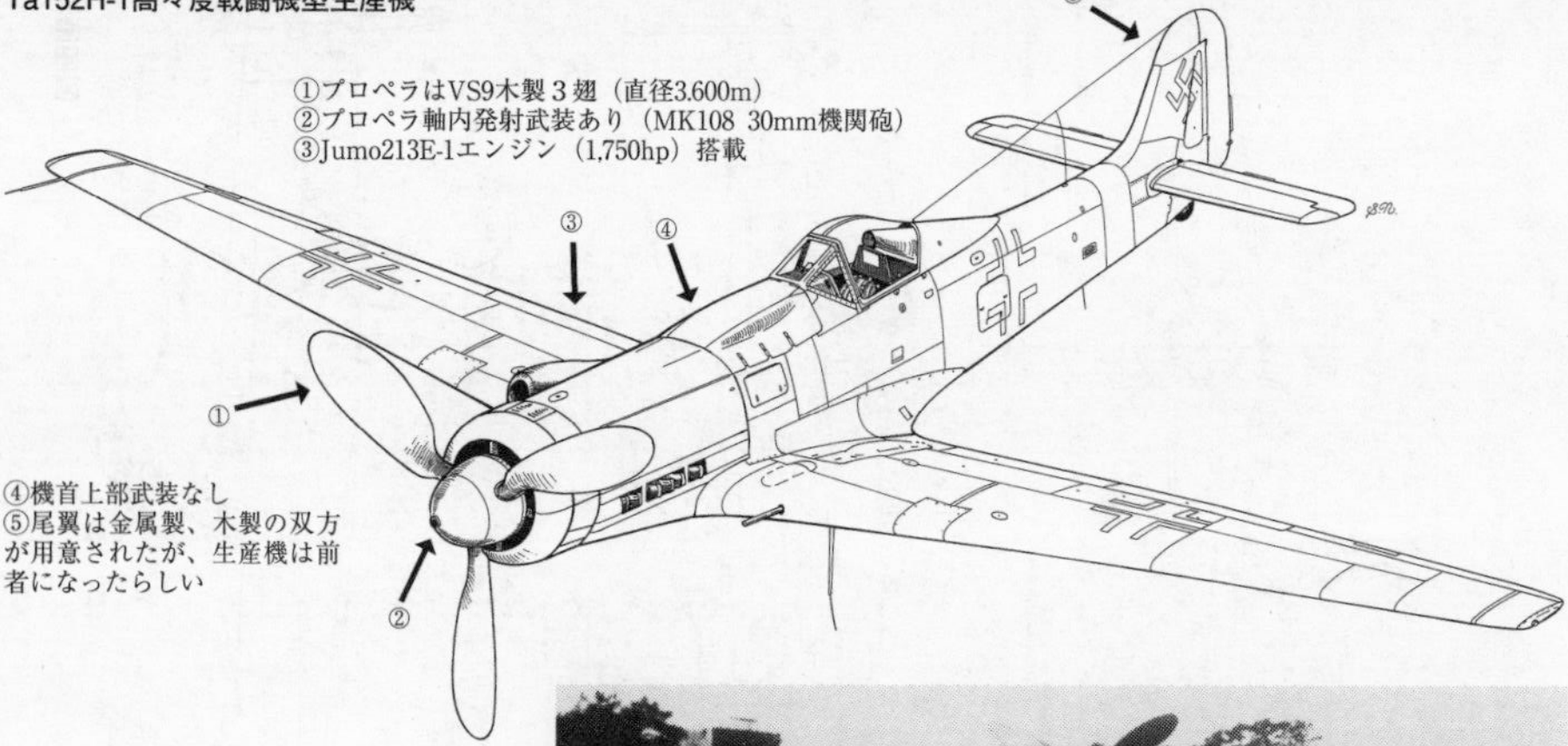

①プロペラはVS9木製３翅（直径3.600m）
②プロペラ軸内発射武装あり（MK108 30mm機関砲）
③Jumo213E-1エンジン（1,750hp）搭載
④機首上部武装なし
⑤尾翼は金属製、木製の双方が用意されたが、生産機は前者になったらしい

▶1944年12月、寒々としたFw社ゾラウ工場で完成した直後の、Ta152Hシリーズの先行生産機H-0、W.Nr150003。異様に細長く見える主翼が、高々度戦闘機という雰囲気を醸し出している。本機は、レヒリンの空軍実験センターに配備され、実用試験担当の第152実験隊の所管となった。

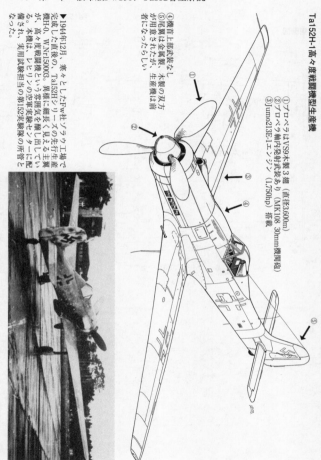

Ta152H-1精密五面図

左側面図

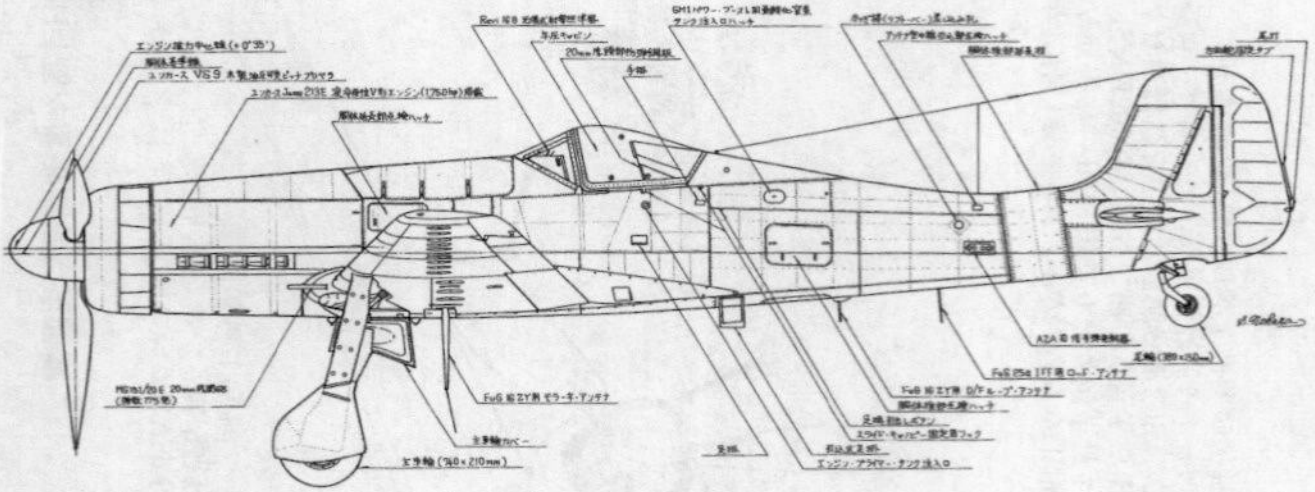

右側面図

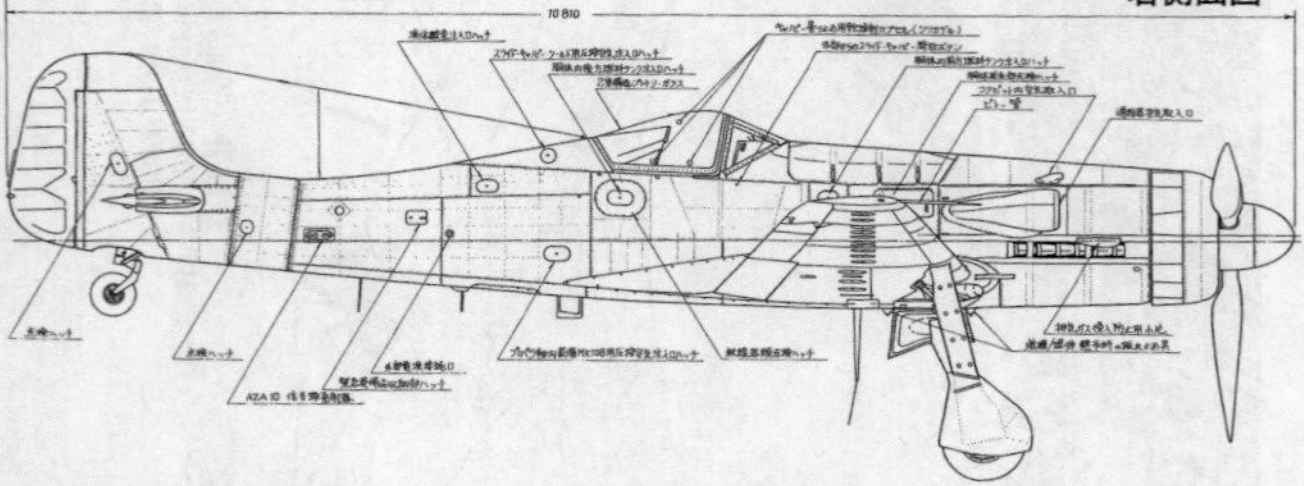

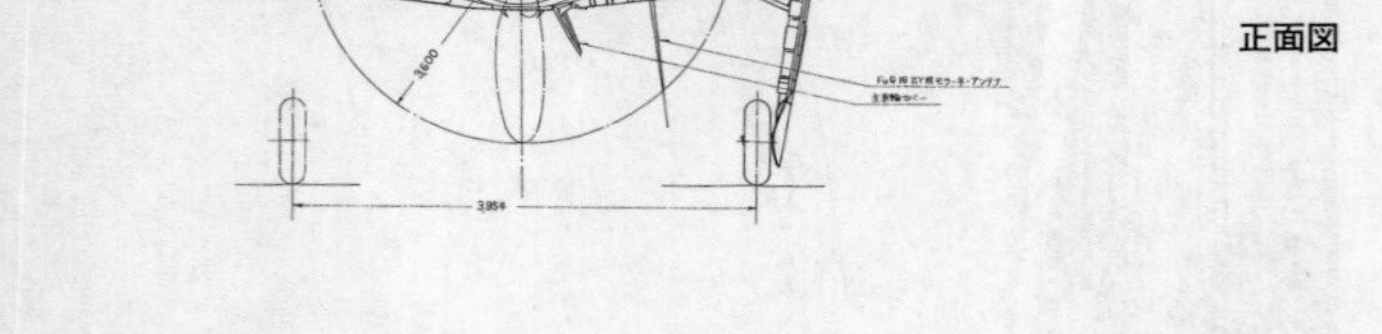

正面図

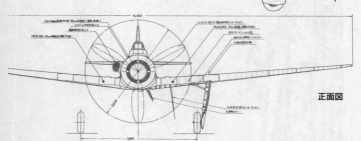

大戦末期、日本でもアメリカ陸軍航空軍の四発超重爆ボーイングB-29に対抗できる、排気タービン過給器装備の高々度戦闘機を実現しようと、陸、海軍航空本部、および各航空機メーカーが血眼になって奮闘したが、結局は、どれも満足な完成品とならずに終わってしまった。航空工業技術レベルの差といってしまえばそれまでだが、Ta152Hが排気タービン過給器に頼ることなく、機械駆動式過給器により、13,000mまで上昇し、パワーブースト装置を駆使し、750km/hもの快速を実現していたことを考えると、その感がまたひとしおである。

上面図

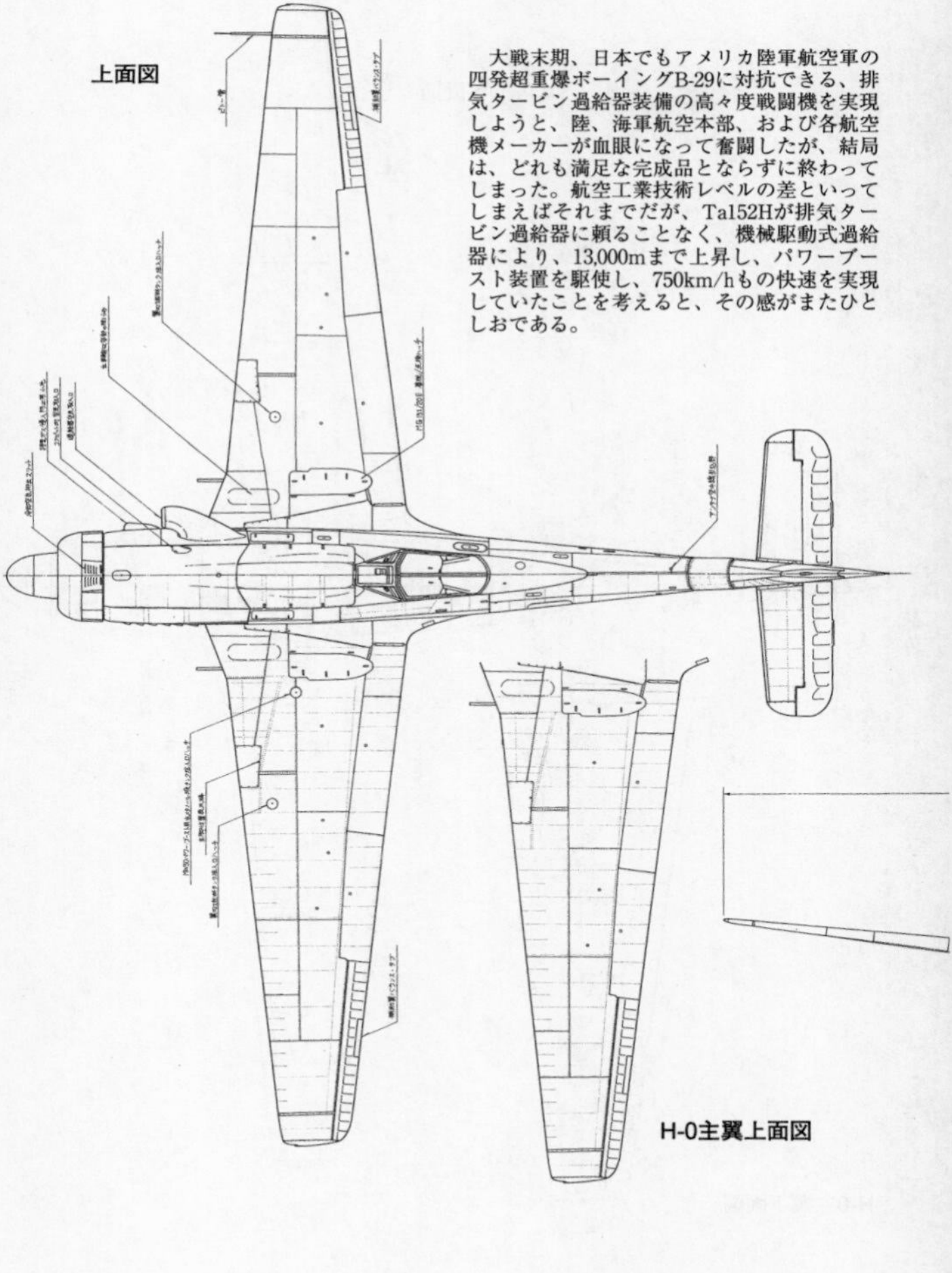

H-0主翼上面図

下面図

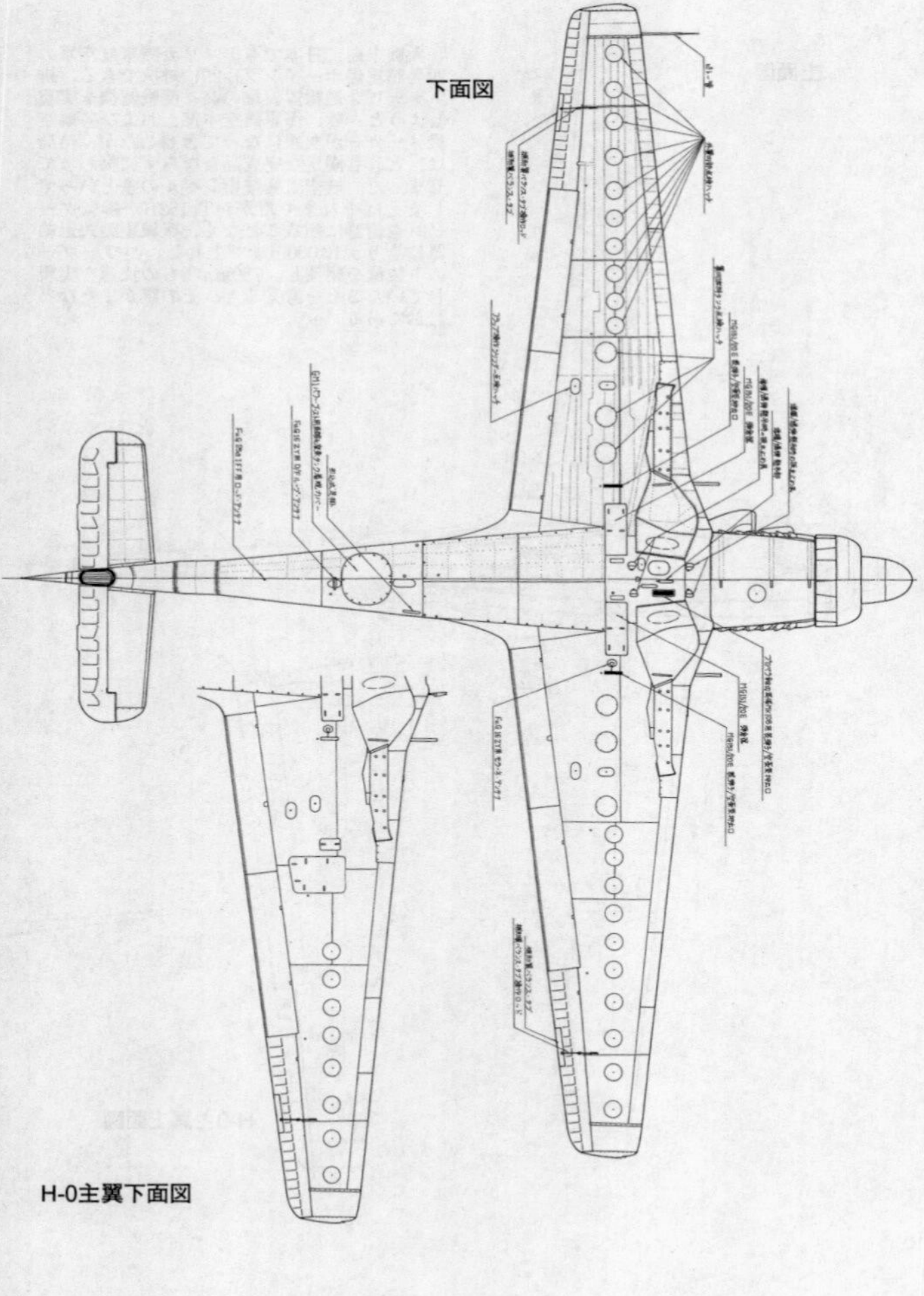

H-0主翼下面図

▲計18機つくられた先行生産機、Ta150H-0の第５号機として、1944年12月に完成したW.Nr150005。写真は、ゾラウ工場で完成後、尾部をジャッキ・アップして機体を水平にし、コンパスの調整を行なっているところ。本機は、このあとユンカース社に送られ、エンジンのテスト・ベッド機として使われている。わずか42機しか完成しなかったTa152H-0、H-1の、ドイツ側で撮影した全姿写真としては、これまでにたった10枚程度しか残っておらず、本写真のようにクリアーなカットは、その意味でも貴重な１枚。

▲巻頭のカラー写真で紹介した機体と同じ、もとStab/JG301所属のTa152H-0、W.Nr150010、機番号“グリーンの４”が、アメリカに到着後、ライト・フィールド基地にてエンジン試運転中のシーン。バックファイアをおこし、排気管から炎が噴き出しているのがすさまじい。

▼所要の調査、テストを終了し、RAF国籍標識をバルカンクロイツに描き直したうえで、記録用写真に収められた、上写真のTa152H-0、W.Nr150010。巻頭のカラー写真と同じときのものである。本機は、その後NASM所管となり、現在も同施設の倉庫内に、分解した状態で保管されている。

〔このページ３枚〕ドイツ降伏の直前、エアフルト・ノルト基地のハンガー内にあって、進攻してきたアメリカ地上軍により接収された、Ta152 H-1、W.Nr150167。本機は、計24機完成したH-1の、最後の３機（W.Nr 150167 ～ 150169）のうち、唯一JG301に配備されなかった機体で、一説には、偵察機型H-10への改造予定機になっていたらしい。

▲〔上２枚〕デンマーク国境に近い、シュレスヴィヒ・ホルシュタイン地方の各飛行場は、ドイツ敗戦当時、多くの空軍機が連合軍、ソビエト軍の進攻を逃れて退避してきていた。写真もそうしたうちの１機で、レック基地にあってイギリス軍に接収された、もとStab/JG301所属のTa152H-1、W.Nr150168、機番号“グリーンの９”。写真は、戦後の1945年11月、イギリス本土のファーンボロ基地にて開催された、鹵獲ドイツ機展示会時のもので、国籍標識、機番号、胴体帯（黄/赤）がリタッチされてはいるものの、塗装はオリジナルを維持している。

▼これもレック基地でイギリス軍に接収された、もとStab/JG301所属のＴａ152Ｈ-１、Ｗ.Ｎｒ150169、機番号“グリーンの６”(？)。本機は、計24機完成したTa154H-1の最終号機だった。

Ta152H Jumo222エンジン搭載型（計画）

①プロペラはVS19木製4翅（直径3.600m）
②ユンカースJumo222Eエンジン（液冷星型24気筒、2,500hp）搭載。機首上部兵装（MG151/20×2）あり

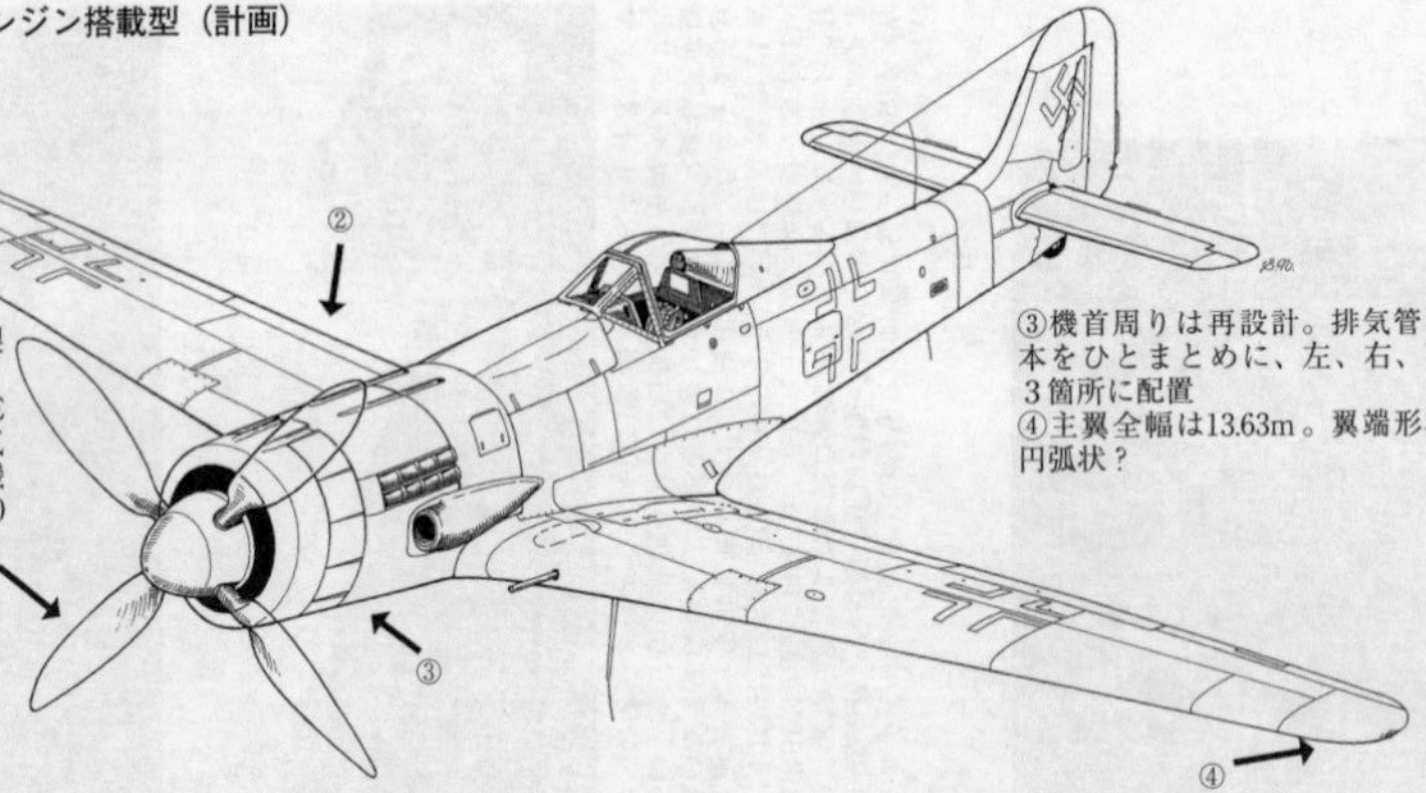

③機首周りは再設計。排気管は8本をひとまとめに、左、右、下の3箇所に配置
④主翼全幅は13.63m。翼端形状は円弧状？

Ta152用 "Rüstsatz"

※実際にはR11とR31以外は適用しなかった。

●R1
外翼内にMG151/20 20mm機銃各1門を装備。

●R2
外翼内にMK108 30mm機関砲各1門を装備。

●R3
外翼下面にMK103 30mm機関砲各1門をポッド式に装備。

●R11
Fw190Dシリーズ用のR11と同じ装備の悪（全）天候戦闘機仕様。

●R14
Fw190Dシリーズ用のR14と同じ装備の雷撃機仕様。

●R21
R11仕様に、高圧水メタノール液噴射装置を追加した、悪（全）天候戦闘機仕様。

●R31
C-1型では、水メタノール液タンクとして、左主翼内の内側、中間燃料タンクを用いる仕様。H-1型では高圧水メタノール液噴射装置を用い、GM-1パワーブースト装置を撤去した仕様。

ゾラウ工場にて、限定的に行なうのみにとどめた。

性能的には、Ｔａ152Ｈより劣るＦｗ190Ｄ-9が、この時点でもなお、数社の工場でフル生産が続いていたのと好対照である。

そのため、Ｔａ152Ｈは、先行生産機のＨ-0が18機、生産型Ｈ-1が24機、合わせてわずか42機しか造られず、実質的に、1945年4月の時点で、その生産は終わった。

Ｈ-1に続き、無線機を変更したＨ-2、キャンセルされたＥシリーズの代替となる偵察機型のＨ-10、-11、-12、および、Ｊｕｍｏ222エンジン搭載型などが予定されていたが、実機は完成することなく終わった。

●Ｔａ152Ｓ

Ｆｗ190Ｓシリーズと同じく、タンデム式複座化した戦闘練習機バージョンである。改造の要領もまったく同じ。

Ｔａ152Ｃ-1／Ｕ1をベースにしたＳ-1、Ｔａ152Ｈをベースにした S-2が予定され、1945年4月からブローム・ウント・フォス社、8月以降はルフトハンザ航空のプラハ支所（チェコスロバキア）にて、量産に入ることになっていたが、ドイツ敗戦までに完成機が引き渡されたという記録はない。

結局、Ｔａ152はＣ、Ｈ型、それに各型用原型機24機を合わせて、計67機しか完成しなかった。Ｆｗ190Ｄシリーズを凌駕する高性能機とはいえ、ジェット時代が幕開けようとしていた時期には、その存在価値も薄らいでしまったということである。

Ta152S-1練習機型（計画）

①機体ベースはTa152C-1/U1
②武装はそのまま残す

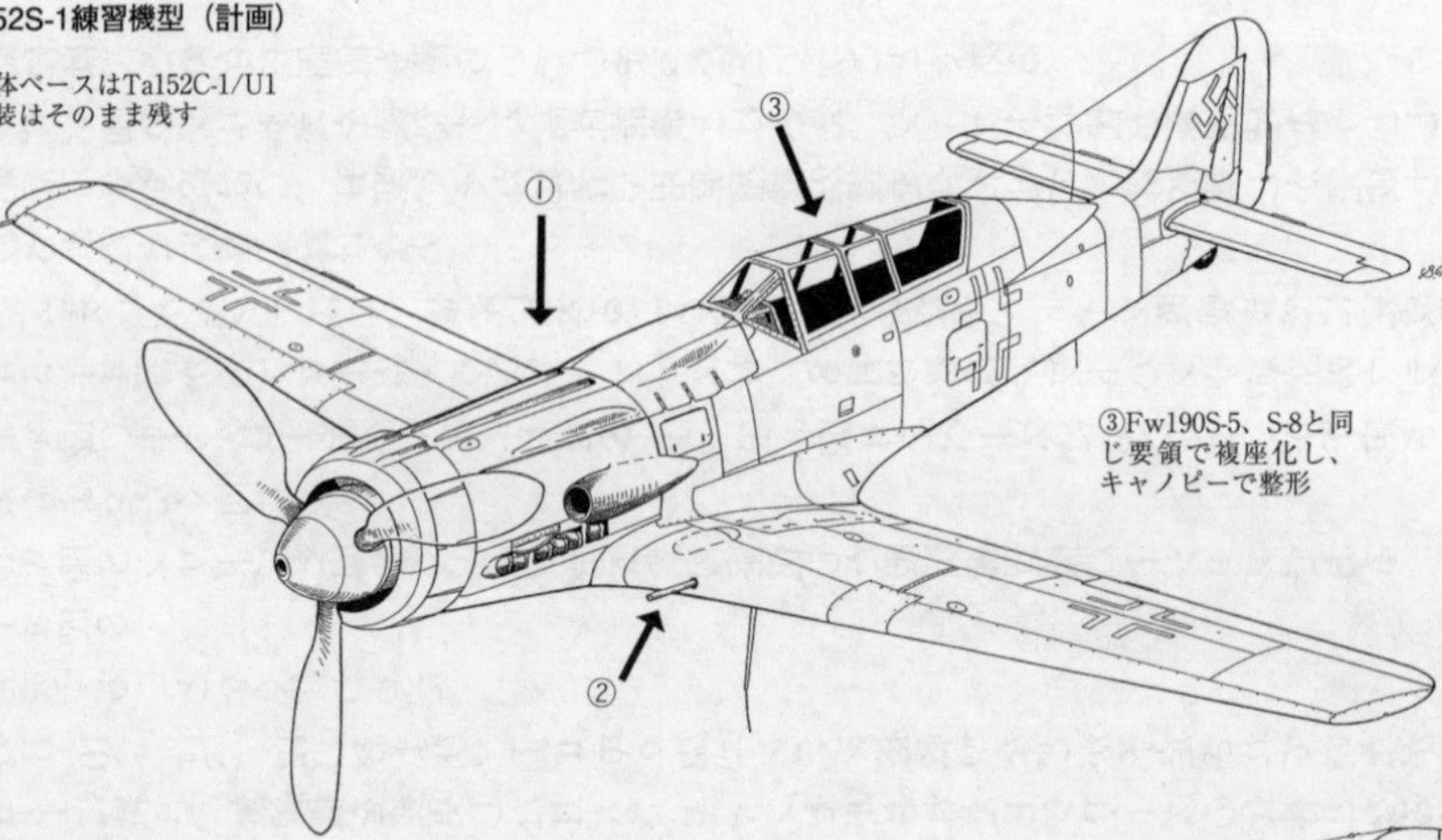

③Fw190S-5、S-8と同じ要領で複座化し、キャノピーで整形

Ta152S-1側面図

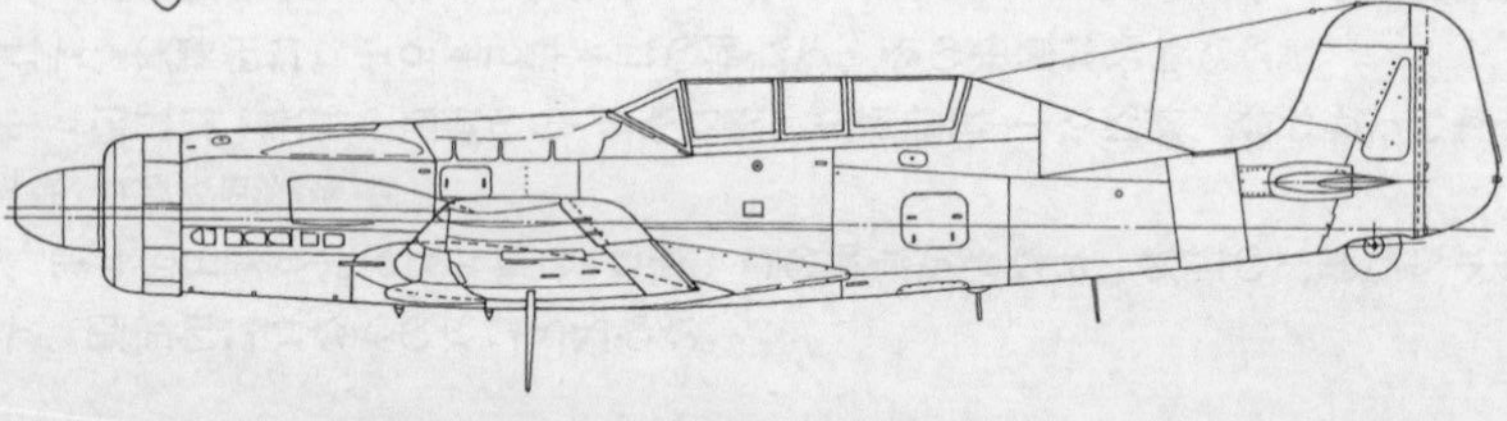

Ta152の実戦記録

　Fw190Dシリーズに続いて、実戦配備が急がれたTa152だが、最初に生産に入った高々度戦闘機型Hシリーズの、先行生産機H-0は、1944年12月に、まず実用テストを担当する第152実験隊（レヒリンの空軍実験センター内に発足）に配属され、年内に4機、翌1945年2月上旬までに6機が引き渡されて、種々の審査をうけた。

　そして、最初の装備部隊に指定された、第301戦闘航空団第Ⅲ飛行隊（Ⅲ／JG301）が、首都ベルリン南方のルッカウに近いアルテノ基地にて、Ta152H-0、および生産型H-1計11機を受領したのは、1945年1月27日であった。

　Ⅲ／JG301は、短期間の慣熟訓練を行なったのち、2月に入ると実戦出撃を始め、2月21日夕刻、ヨーゼフ・カイル曹長は、機番号〝3〟のTa152H-1に搭乗して2回目の迎撃に上がり、首都ベルリン上空にて、米陸軍航空軍のB-17四発重爆1機を撃墜し、Ta152による初戦果を記録した。

　しかし、飛行性能でP-51、P-47を凌ぐTa152Hといえども、空を覆うほどの大編隊で来襲する敵機に対し、戦果を記録するのは容易なことではなく、装備機数が10数機、出撃可能機が数機というⅢ／JG301の現状では、目覚しい活躍を望むのは無理であった。

それでも、カイル曹長は4月10日にP－47 1機、13日には宿敵P－51 1機を含め、敗戦までに5機撃墜を果たし、Ta152パイロットとしては唯一のエースになった。

また、飛行学校でAr96練習機による訓練教程の教官を務めていた、ヴァルター・ローズ曹長は、1945年3月に、JG301の航空団本部小隊に転じてTa152Hライダーとなり、4月24日、機番号〃4〃（グリーン）のH－0に搭乗して単機出撃し、ベルリン上空に来襲した、ソ連空軍のYak－9戦闘機群に空戦を挑み、首尾よく2機撃墜し、無事に帰還した。

さらに、ローズ曹長は4月25日、30日にも、ベルリン上空で各1機ずつYak－9戦闘機を撃墜し、Ta152Hによる戦果を4機として、自身の空戦歴にピリオドをうった。

なお、ローズ曹長の生涯戦績は、教官職以前のⅣ（Sturm）／JG3在籍中も含め、出撃回数66回、撃墜数38機で、うち四発重爆が22機を締めるという、本土防空戦のエキスパ

▲Fw社ゾラウ工場にて完成した直後のTa152H-0、W.Nr150003。1944年12月上旬の撮影。H-0、および生産型H-1が、最初の装備部隊（実戦部隊）III./JG301に引き渡されたのは、翌1945年1月下旬のことで、計11機が空輸された。

ートのひとりであった。

前記2名の他に、Ta152Hによる撃墜を果たしたパイロットとして確認されているのは、ヴィリー・レシュケ曹長で、4月24日のP-47 2機を含め、数機を撃墜したようだ。

レシュケ曹長も、JG300在籍中を含めて、22機撃墜、うち18機が四発重爆という、本土防空戦のエキスパートのひとりであり、カイル、ローズ曹長らとともにTa152Hの高性能を生かしきれる、数少ない実力者であったから、その戦果もむべなるかなといえる。

しかし、Ta152Hによる実績は、ほとんどこの3人によるものくらいで、東西からソ連、連合軍地上部隊がベルリンに迫ったため、JG301はアルテノからノイシュタット・グレーヴェ、ハーゲナウに移動、5月はじめにはデンマーク国境に近いレックク基地まで後退

1945年４月時点における
Fw190D、Ta152装備部隊一覧

Stab/JG2	Fw190D-9
I./JG2	Fw190D-9
II./JG2	Fw190D-9
III./JG2	Fw190D-9
Stab/JG3	Fw190D-9
IV./JG3	Fw190D-9
Stab/JG4	Fw190D-9
II./JG4	Fw190D-9
Stab/JG6	Fw190D-9
II./JG6	Fw190D-9
Stab/JG11	Fw190D-9
I./JG11	Fw190D-9
Stab/JG26	Fw190D-9
I./JG26	Fw190D-9
II./JG26	Fw190D-9
III./JG26	Fw190D-9
JV44	Fw190D-9、D-11
III./JG54	Fw190D-9
Stab/JG300	Fw190D-11
II./JG300	Fw190D-9、D-11
Stab/JG301	Ta152H-1
I./JG301	Fw190D-9、D-9/R11
II./JG301	Fw190D-9、D-9/R11
III./JG301	Fw190D-9、Ta152H-1
Stab/EJG2	Fw190D-9
II./EJG2	Fw190D-9
III./KG（J）27	Fw190D-9/R11

し、ここで敗戦を迎えた。

敗戦当時、ＪＧ301が保有していたＴａ152は数機ていどと思われ、うち2機は就役したばかりのC－1／R11とされているが、本型による実戦出撃はなかったようだ。

高性能機の真価

Ｆｗ190Ｄ、Ｔａ152は、確かにドイツ空軍最後のレシプロ戦闘機に相応《ふさわ》しい高性能機であり、同時期の日本陸、海軍戦闘機が、実用性の確かな2000ｈｐ級エンジンに恵まれず、四式戦『疾風』、局戦『紫電改』の両〝決戦機〟が、最大速度600㎞／ｈ前後の性能を維持するのに汲々としていた事実を思うと、彼我の航空工業技術力の隔差を今さらながら実感してしまう。念のために、これら両機を含めた、大戦末期の各国主力戦闘機との性能比較表をＰ．91に掲げておいたので参照されたい。

ただ、機体の優秀さが、即、現下の戦力的価値に直結するかとなると、これは別問題で、とりわけ、ドイツ空軍の場合は、Ｆｗ190Ｄ、Ｔａ152が実戦投入、および、就役開始した頃には、すでにＭｅ262ジェット戦闘機が実戦に参加し始めていた状況であり、レシプロ戦闘機の運用法そのものに変化が生じていたので、なおさらであった。

当時、ドイツ上空には、連日1000機の四発重爆、護衛戦闘機という、途方もない連合軍機編隊が押し寄せてくる状況下にあり、これらを迎撃するには、もはやＭｅ262でないと歯が立たない。

しかし、Ｍｅ262は空中ではレシプロ機に対して無敵だったが、機動力の緩慢な離着陸時を襲われると、あっけないほどにモロい。

したがって、Ｍｅ262の離着陸時は、つねに味方のレシプロ戦闘機がカバーしてやる必要があった。この任務にあてられたのがＦｗ190Ｄであり、最後はＴａ152Ｈがこれに加わった。

しかし、こうした低空での戦闘には、Ｔａ152Ｈの高々度戦闘機としての装備はまったく無用のもので、与圧キャビン、延長主翼をもたない、中・低高度型のＴａ152Ｃが生産、開発の中心になったのは当然であった。

となると、Ｔａ152ＣとＦｗ190Ｄの違いはあまりなく、Ｆｗ190Ｄ-9に続いて量産されるはずだったＤ-11、-12、-13、およびＤ-15があれば充分に用は足りたことになる。

とりわけ、Ｔａ152Ｃと同じＤＢ603系エンジンを搭載することになっていたＤ-15は、名称こそ違え、内容も、また性能もＴａ152Ｃに限りなく近くなったのだから……。

こうした点を突き詰めてゆくと、Ｔａ152をわざわざ開発しなくとも、Ｆｗ190Ｄの改良で充分に事は足りたことになってしまうが、これは結果論であって、当時の戦況推移をことごとく見通すことなど不可能だったから、あれこれ論じても仕方がない。

いずれにしろ、Ｆｗ190Ｄ、Ｔａ152は、登場が遅きに失したとはいえ、当時、世界をリードしていたドイツ航空工業技術レベルの高さを、あらためて我々に知らしめる機体といえる。

Fw190D/Ta152と同時代レシプロ単発戦闘機の性能比較一覧表

項目／機体名称	エンジン出力 (hp)	最大速度 (km/h)	巡航速度 (km/h)	上昇力 (m/分)	実用上昇限度 (m)	航続距離 (km)	射撃兵装
Fw 190 D-9	1,750	686	518	6,000/ 7. 1	11,100	810	13 mm×2、20 mm×2
Fw 190 D-12	1,870	730	580	8,200/ 9. 0	12,500	750	20 mm×2、30 mm×1
Ta 152 C	2,100	750	550	8,000/10. 2	12,300	1,140	20 mm×4、30 mm×1
Ta 152 H	1,750	750	500	8,000/12. 6	14,800	1,540	20 mm×2、30 mm×1
P-47 D-26	2,000	681	547	7,625/11. 0	12,810	1,658	12.7 mm×8
P-51 D	1,450	703	583	9,150/13. 0	12,779	3,700	12.7 mm×6
スピットファイアMkXIV	2,035	711	586	1,397/ 1. 0	13,115	740	12.7 mm×2.20 mm×2
ホーカー テンペストV	2,180	711	——	4,570/ 5. 0	11,125	2,462	20 mm×4
グラマンF 8 F-1	2,100	698	262	1,393/ 1. 0	11,855	3,160	12.7 mm×4
ヴォート F4U-4	2,100	718	346	6,100/ 6. 8	12,680	2,510	12.7 mm×6
疾風	2,000	624	380	5,000/ 6.43	10,500	2,500	12.7 mm×2、20 mm×2
紫電改	1,990	594	370	6,000/ 7.36	10,760	2,392	20 mm×4
烈風	2,200	627	——	6,000/ 6. 1	10,900	1,430+全力30分	20 mm×4

フォッケウルフFw190B/C/D、Ta152各型諸元表

	Fw190B-0(計画)	Fw190C-0(計画)	Fw190D-9	Fw190D-12	Fw190D-14	Ta152C-1	Ta152H-1
全幅 (m)	10,500	12,300	10,500	10,500	10,500	11,000	14,440
全長 (m)	8,850	9,500	10,192	10,192	10,422	10,810	10,810
全高 (m)	3,950	3,950	3,360	3,360	3,360	3,380	3,360
主翼面積 (m^2)	18.30	20.3	18.30	18.30	18.30	19.50	23.30
エンジン名称	BMW801D-2	DB603AA	Jumo213A-1	Jumo213E-1	DB603E	DB603LA	Jumo213E
離昇出力	1,700	1,750	1,750	1,870	1,800	2,100	1,750
使用プロペラ	VDM9-12067A	VDM	VS111	VS9	VDM-VP	VDM-VP	VS9
使用燃料	B4	B4	B4	C3	B4	C3	B4
自重 (kg)	2,728	3,440	3,249	3,269	3,440	3,799	3,920
全備重量 (kg)	3,850	4,107	4,270	4,400	4,351	5,631	5,220
最大速度(km/h)	690	685	686	730	710	750	750
巡航速度(km/h)	600	600	518	580	620	550	500
実用上昇限度(m)	11,500	13,000	11,100	12,500	11,750	12,300	14,800
航続距離 (km)	600	430	810	750	800	1,140	1,540
着陸速度(km/h)	158	164	167	170	170	175	155
武装	MG151/20×2	MG17×2 MG151/20×2	MG131×2 MG151/20×2	MK108×1 MG151/20×2	MG151/20×3	MG151/20×4 MK108×1	MG151/20×2 MK108×1
備考	A-3/U7のデータによる	V16のデータによる ※主翼はノーマルなまま					

第二章　Ｆｗ190Ｄ／Ｔａ152の機体構造

第一章で述べたように、Ｆｗ190Ｄシリーズは、エンジンの換装にともなう機体側の改造部分は、機首まわりを除けば、胴体後部と垂直安定板の延長材追加と、主翼中央前部下面整形覆の新設計、および主翼内部縦通材の強化くらいのもので、他は基本的に空冷型Ａシリーズ（Ａ-8）と同じである。

したがって、本章ではＤシリーズの構造解説、および図版については、これら変更部分のみに限定し、主としてＴａ152に焦点を絞った内容にしたことを御了承いただきたい。

ただし、米国の博物館に現存する実機の、細部ディテール写真は、ひととおりの部分はカバーし、外観を把握できるようにした。この点、Ｔａ152のほうは、現存実機が分解状態なうえに、写真撮影可能なのが胴体部分のみという事情もあり、図版中心の構成にならざるを得なかった。

もっとも、序文にも記したように、初公表のマニュアル図も少なからず挿入したので、Ｔａ152フリークの人た

Fw190D-9のＡシリーズとの機体相違部分
（アミ部分）

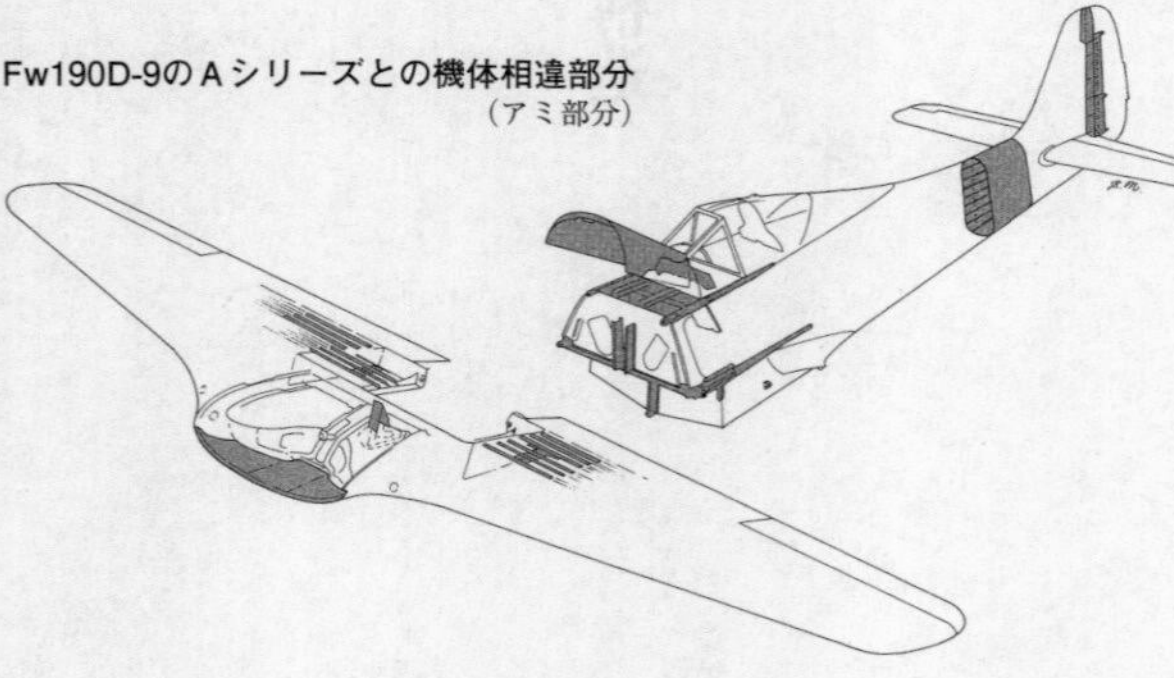

ちにも、それなりに納得していただけるものと自負している。

一般構造

●Fw190Dシリーズ

Fw190Dの機体構造のうち、Aシリーズと異なるのは右下図に示したアミの部分。Jumo213エンジン支持架は、空冷BMW801と同じく胴体第1隔壁に取り付けられるが、エンジンじたいが長くなったため支持架が取り付けられる胴体縦通材に、より大きな負担がかかるようになったのを考慮し、コクピット付近から前方の縦通材に補強を施し、上部左、右および下部左、右縦通材を結ぶ横材にも同様の処置を施している。

直径が小さくなったカウリングに合わせる必要から、キャノピー前方の機銃覆も再設計された。

機首が長くなったぶん、重心位置も前方へ移り、これを矯正するため胴体後部と尾部ユニット取付位置（第14隔壁）の間に、長さ50cmの延長材を組み込んで胴体を後方に伸ばしたほか、垂直安定板後縁と方向舵前縁の間にも長さ約15cmの延長材を組み込み、垂直尾翼全体の面積を拡大している。

主翼も基本構造はAシリーズと全く変わらないが、中央部下面の空白になる部分（BMW801の下部排気管のあったところ）を塞ぎ、後縁寄りの付根内部に縦通材を追加、前桁中央部のエンジン下部支持架取付部を補強した点が異なった。

Fw190D-9胴体内部配置図

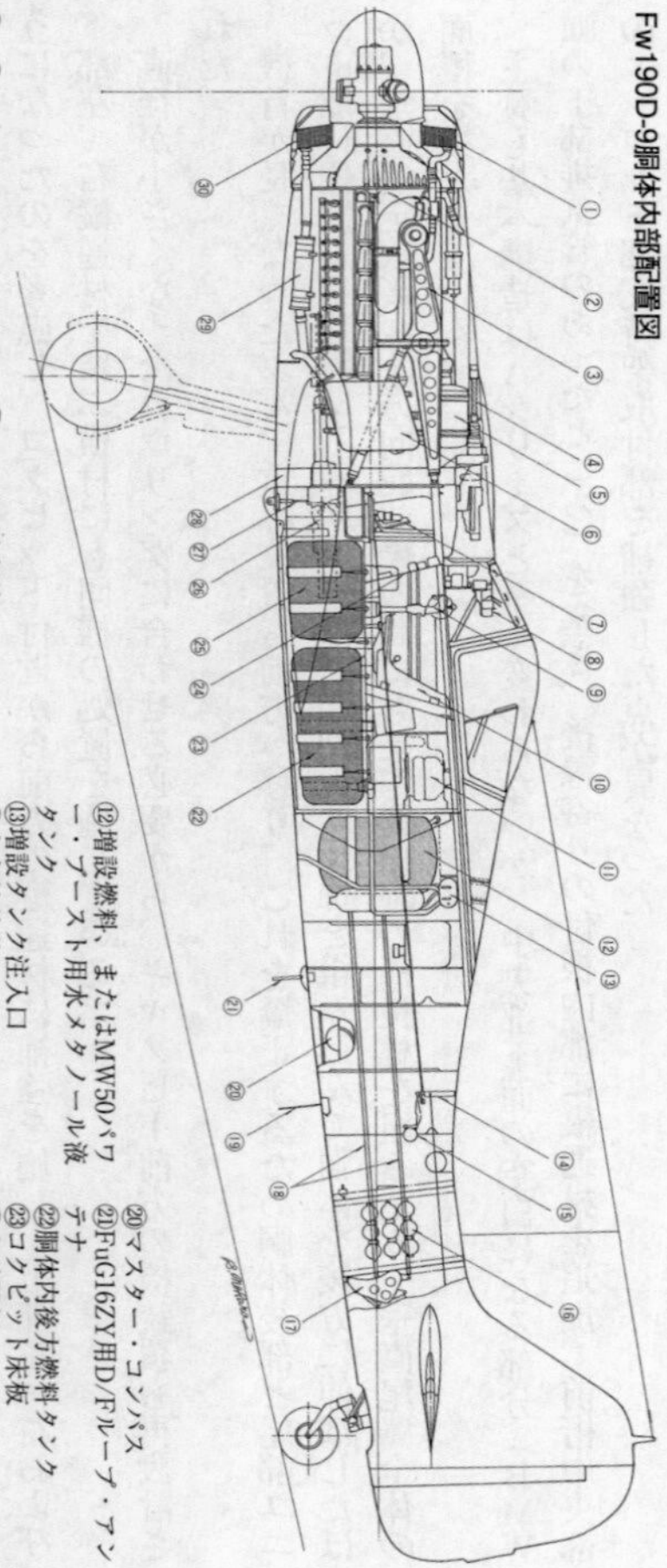

①、㉚ラジエーター
②ユンカースJumo213A-1液冷倒立V型12気筒エンジン（離昇出力1,750hp)
③エンジン取付架
④MG131　13mm機銃×2（弾数各475発）
⑤エンジン冷却液タンク
⑥潤滑油タンク
⑦方向舵ペダル
⑧Revi16B光像式射撃照準器
⑨操縦桿
⑩座席
⑪無線機（FuG16ZY、FuG25a）
⑫増設燃料、またはMW50パワー・ブースト用水メタノール液タンク
⑬増設タンク注入口
⑭方向舵差動ユニット
⑮かつぎ棒差し込み孔
⑯酸素ボトル
⑰昇降舵差動ユニット
⑱昇降舵操作桿
⑲FuG25a IFF用ロッド・アンテナ
⑳マスター・コンパス
㉑FuG16ZY用D/Fループ・アンテナ
㉒胴体内後方燃料タンク
㉓コクピット床板
㉔主計器板
㉕胴体内前方燃料タンク
㉖主翼付根MG151/20E 20mm機銃取付位置
㉗主翼前桁取付位置
㉘MG131装弾子/空薬莢排出筒
㉙熱交換器

胴体内部艤装は右図のようになっており、エンジン関係以外はA−8とほとんど変わっていないが、増設タンクの直後にあった酸素ボトルが、後部延長材内に移動し、ＦｕＧ25ａＩＦＦ用ロッド・アンテナが、わずかに後方に寄るなどの小さい変更はみられる。

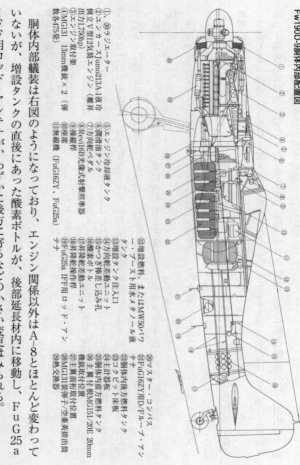

Fw190D-9胴体細部

▶▼以下p.100までは、現存する唯一のFw190D-9として貴重な存在の、アメリカ空軍博物館（オハイオ州デイトン市所在）保管・展示機、W.Nr601088の尾翼を含めた、胴体各部クローズ・アップ。右、下の２枚は、機首を左、右真横より見る。一見、空冷エンジン搭載機のような印象を与える独特のフォルムで、先端の環状ラジエーターを包むカウリングは、意外に丸みが強い。カウルフラップは全閉位置。

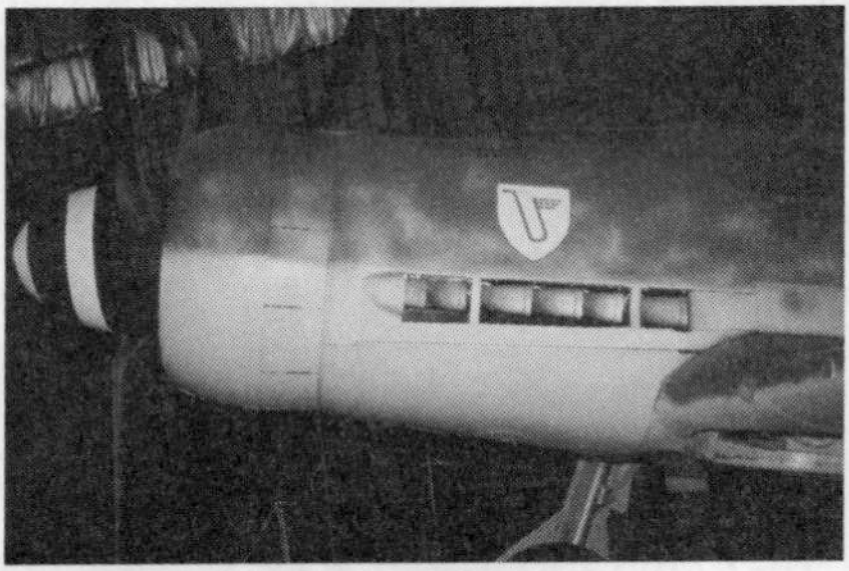

▶正面より見る。本機は比較的オリジナル度が高いが、この写真で明らかなように、プロペラは同じユンカースのVS系だが、Ju87などが使用したVS11を転用しているため、若干印象を損ねている。

▶▼機首付近を左、右後方より見る。MG131 13mm機銃収納部パネル、および右側の過給器空気取り入れ口の張り出し具合などが把握できる。右側の排気管列の中央部上方には、過給器空気取り入れ口に排気ガスが入り込まぬよう、小さいフィンが取り付けてある。

それにしても、エンジン取付架を兼ねる胴体最前部の1番フレームから後方は、空冷型のAシリーズとまったく同じ断面形であるはずなのに、このアングルから見ても、液冷Jumo213Aエンジンを包む、機首まわりとのつながりの不自然さはいささかも感じられず、改めてクルト・タンク技師以下Fw社設計スタッフの手際のよさに恐れ入ってしまう。

▶機首右側の過給器空気取り入れ口、および排気管付近のクローズアップ。前者の形状は、意外にデリケート。

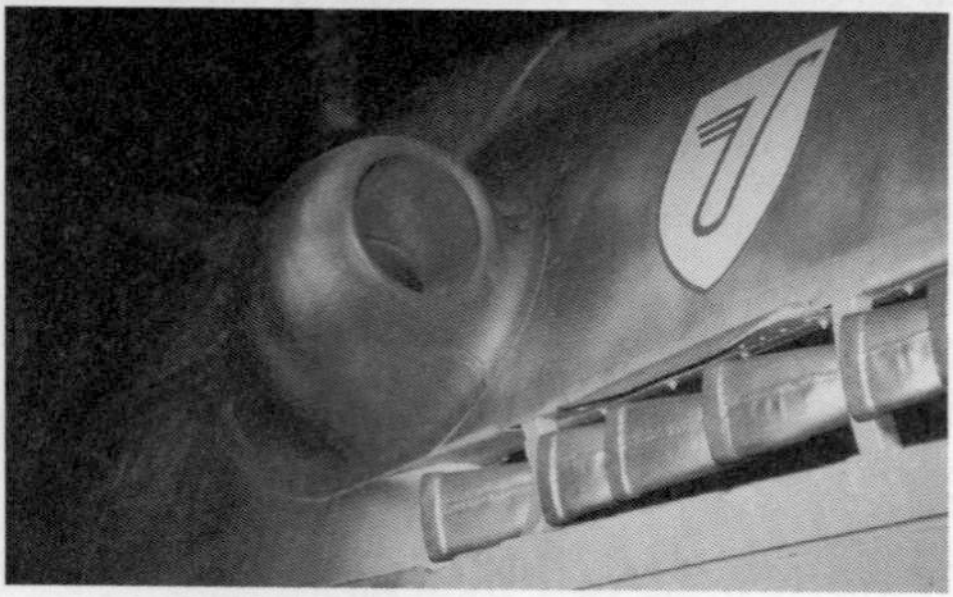

▲▶胴体中央部付近の右(上写真)、および左側。右側＞形マークの上の大型ハッチは、無線機類点検用、その右と、画面右端の黄色の三角形部分の長円形ハッチは、燃料注入口。左側のコクピット横、上方の丸穴は、エンジン・プライマー・タンクの注入口、その下方の長形ハッチは、バネ式の足掛け。＜形マークの右上方、黄色の三角形がある長円形ハッチは、増設燃料タンク、もしくはMW50用パワーブースト装置用の、水メタノール液タンクの注入口である。本機の可動キャノピーは、膨らみの大きい新タイプだが、オリジナル部品が欠落していて、複製品を取り付けてあるため、内部の防弾鋼板支持架も含め、やや原形と異なっている。

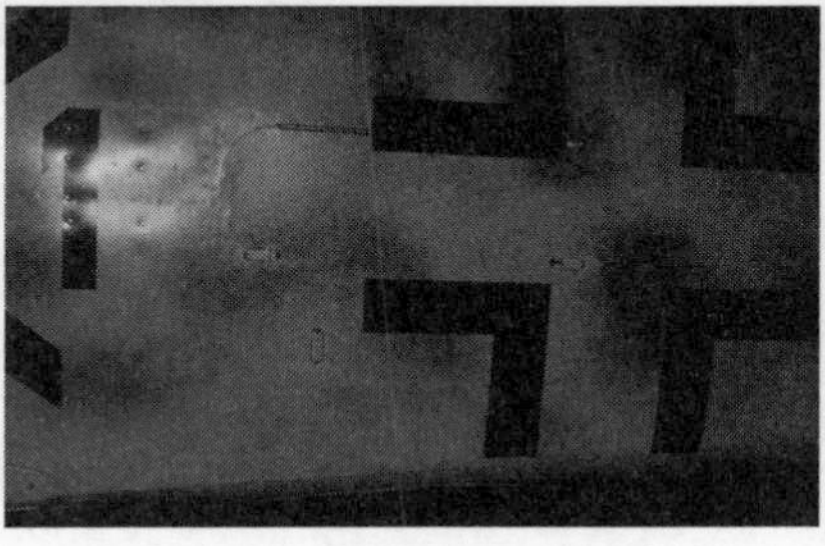

▶胴体左側の国籍標識付近にある、内部点検用扉。空冷型A-5以降、まったく変わっていない。上辺がヒンジになっており、4ヵ所のスナップ・ピンを押してロックを外せば、上方に開くことができる。このあたりの内部床面には、DFループ・アンテナ基部、マスター・コンパスなどがある。

◀左後方から見た胴体。垂直尾翼前方の延長材部分の幅は、上部で39cm、下部で41cmしかなく、かなり細く絞り込まれていることがわかる。

▲◀胴体後部、および尾翼を右（左写真）および左側から見る。胴体延長材、垂直安定板増積部分を除けば、A型のパーツをほとんどそのまま流用している。

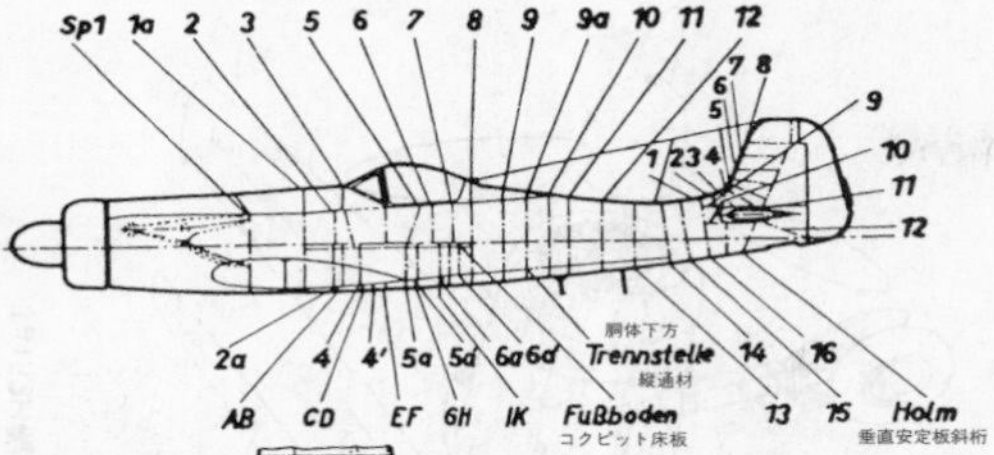

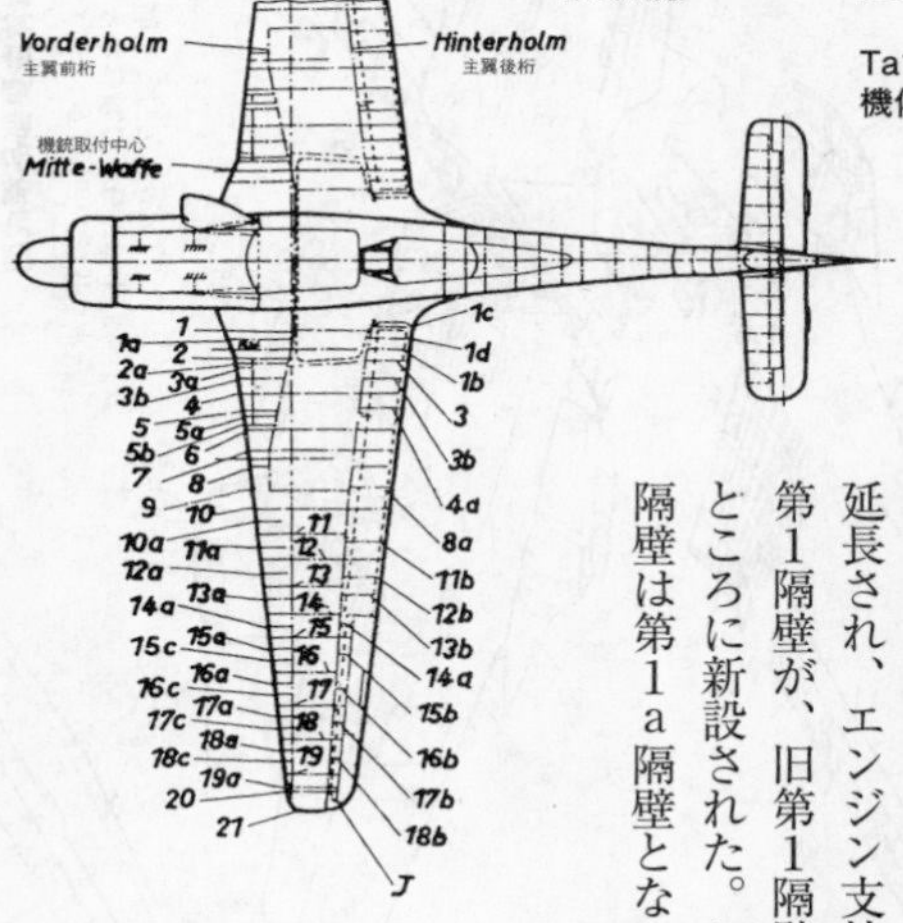

Ta152H
機体骨組図

●Ta152

〈胴体〉

Ta152の胴体骨組みは上図に示すとおり、第1a隔壁から第14隔壁までは、Fw190Dと基本的に変わらないが、機首はさらに前方へ延長され、エンジン支持架が取り付けられる第1隔壁が、旧第1隔壁より77・2cm前方のところに新設された。これにともない旧第1隔壁は第1a隔壁となった。第1a隔壁と第1隔壁間は上、下、左、右4本の胴体縦通材を延長するような形をとり、主翼前桁取付位置の下部縦通材と、第1a隔壁取付位置の上部縦通材間を斜材で補強している。

Ta152H機体主要部品構成図

①VS9プロペラ②Jumo213Eエンジンを含む機首③右主翼本体④右補助翼⑤右フラップ

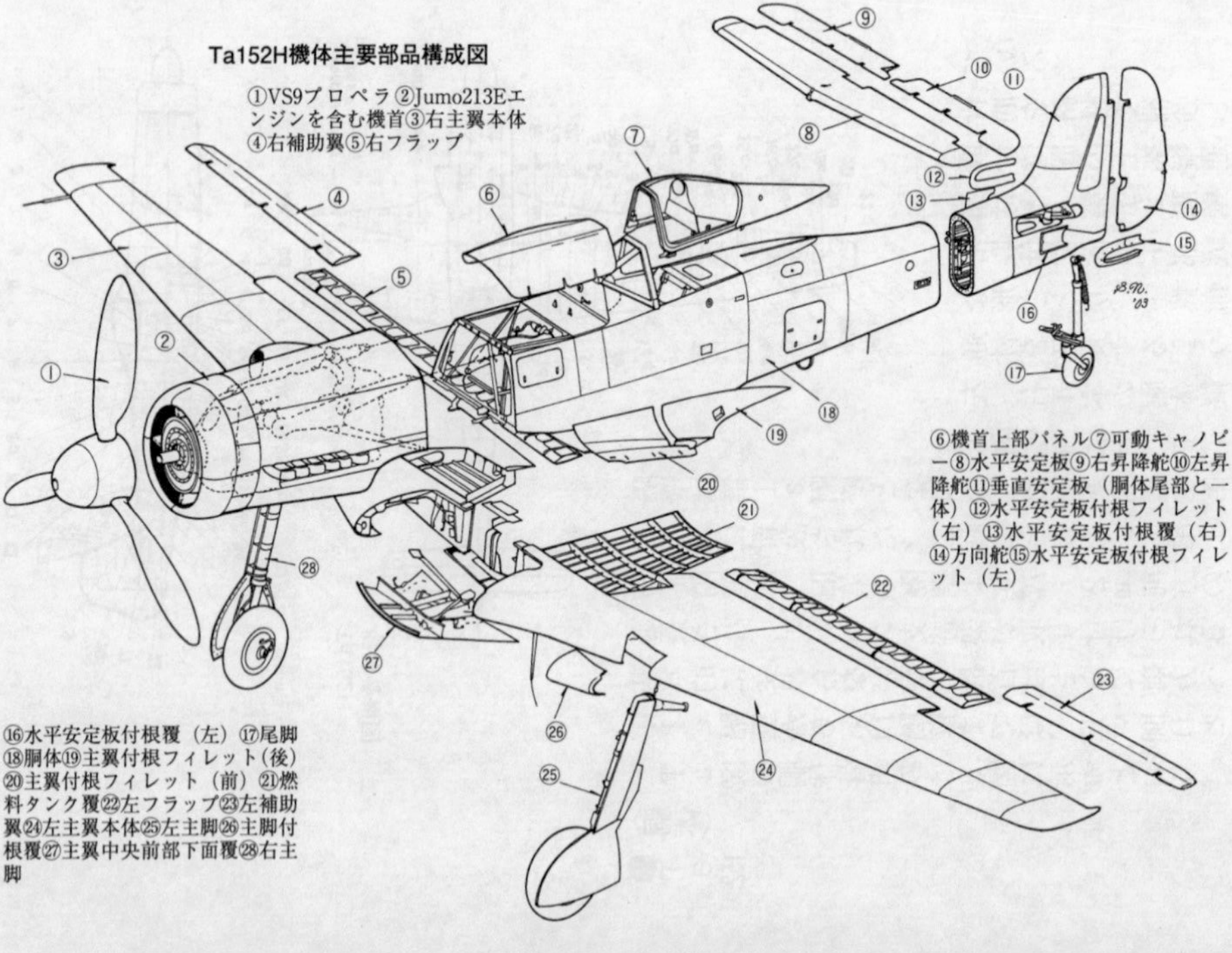

⑥機首上部パネル⑦可動キャノピー⑧水平安定板⑨右昇降舵⑩左昇降舵⑪垂直安定板（胴体尾部と一体）⑫水平安定板付根フィレット（右）⑬水平安定板付根覆（右）⑭方向舵⑮水平安定板付根フィレット（左）

⑯水平安定板付根覆（左）⑰尾脚⑱胴体⑲主翼付根フィレット（後）⑳主翼付根フィレット（前）㉑燃料タンク覆㉒左フラップ㉓左補助翼㉔左主翼本体㉕左主脚㉖主脚付根覆㉗主翼中央前部下面覆㉘右主脚

Ta152H機体骨組み線図

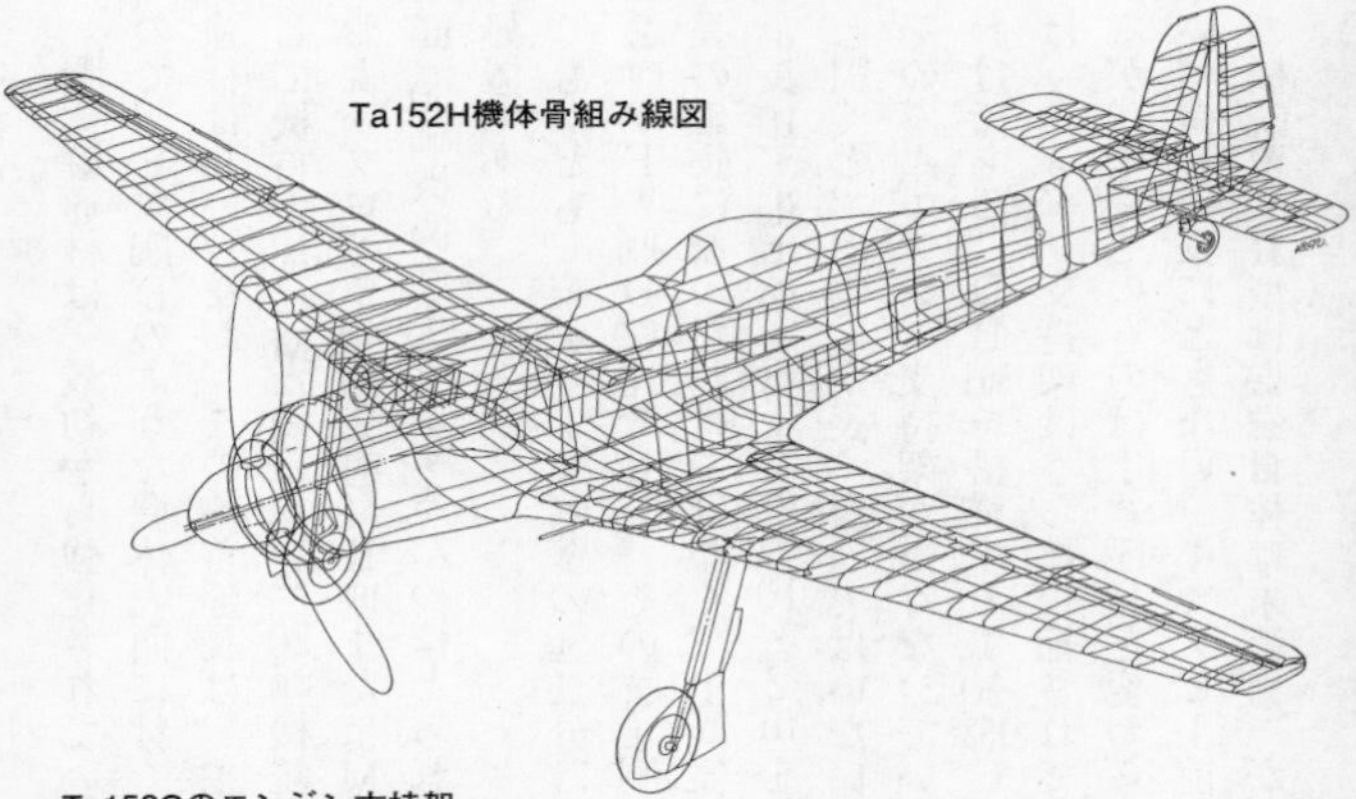

Ta152Cのエンジン支持架、
胴体前部骨組
（寸度単位mm）

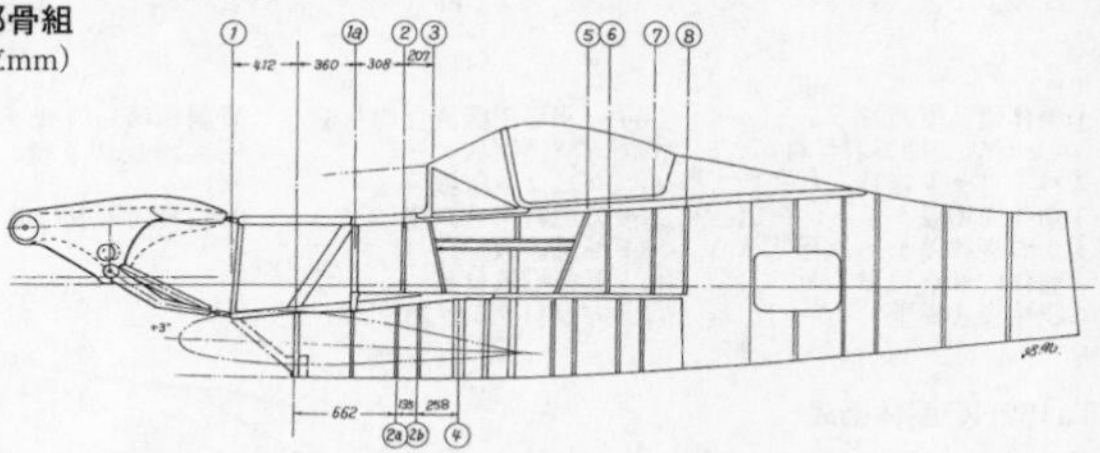

Ta152H-0のエンジン支持架、胴体前部骨組
（寸度単位mm）

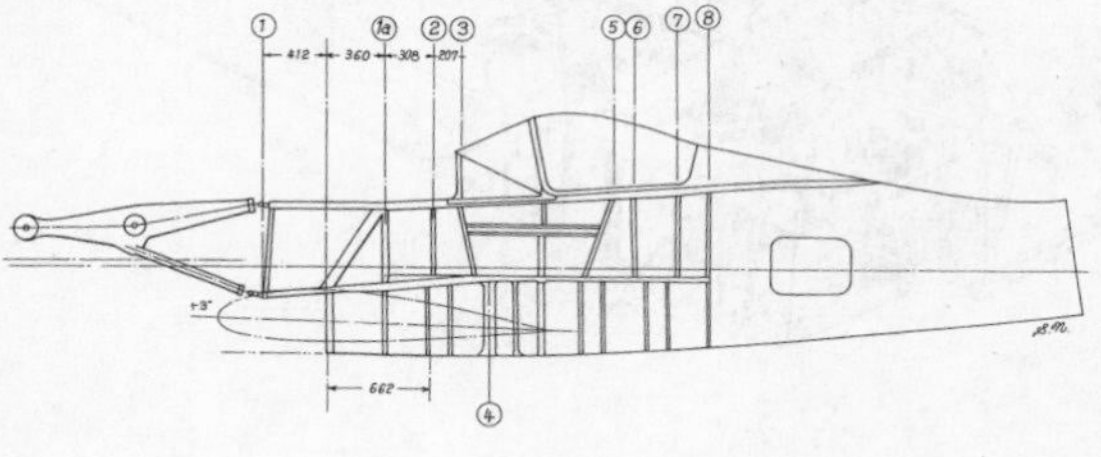

胴体縦通材は、最初から強化されているので、Ｆｗ190Ｄのような機体表面に付く補強材はない。なお、この機首延長は、主として機首上部にＭＧ151／20Ｅ 20㎜機銃、およびプロペラ軸内発射ＭＫ108またはＭＫ103 30㎜機関砲を装備するためにとられた処置である。

もっとも、第1～1ａ隔壁の延長分77・2㎝がＦｗ190Ｄに比較して、そのまま胴体長の延長になったわけではなく、Ｔａ152の全長10・810ｍからＤ-9の約10・2ｍを差し引くと、61㎝しか長くなってはいない。そのぶんエンジン支持架が短くなっているわけである。ＤＢ603を搭載するＴａ152Ｃでは、エンジン支持架はさらに短縮されているが、全長そのものはＴａ152Ｈと変わらない。機首延長にともない、キャノピー前方の機銃覆（Ｈ型は機銃自体は未装備）が再

①胴体延長縦通材（エンジン支持架取付材）
②パイロット雑具入れ孔
③胴体内増設タンク注入口
④かつぎ棒差し込み孔
⑤胴体内部点検扉
⑥胴体第８隔壁（与圧/非与圧区画仕切り壁）
⑦後方防弾鋼板
⑧コクピット床板
⑨後方燃料タンク室
⑩下部計器板
⑪主翼後桁取付部
⑫前方燃料タンク室
⑬胴体第1a隔壁（与圧/非与圧区画仕切り壁、兼防火隔壁）
⑭主翼前桁取付部

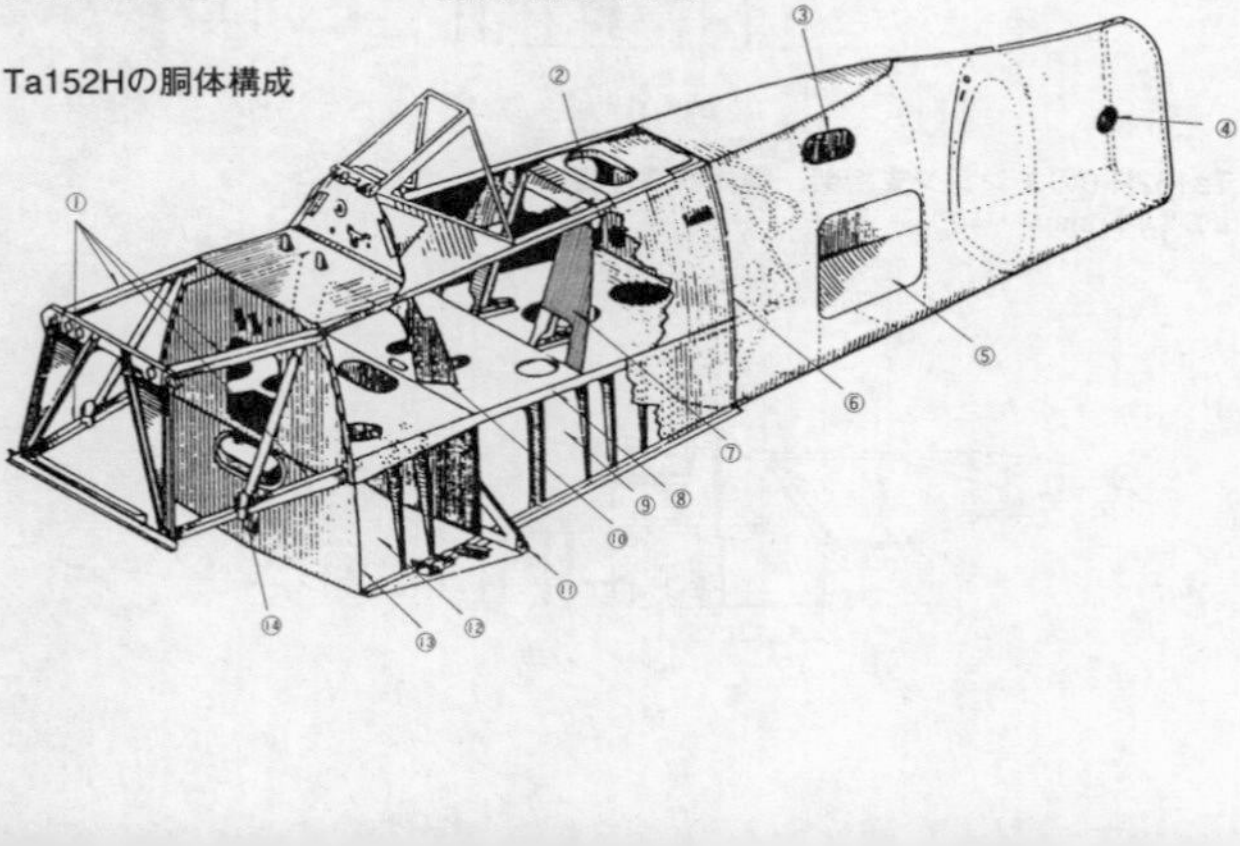
Ta152Hの胴体構成

設計されて大きくなり、延長部分にあたる第1～1a隔壁間の左、右外鈑には、プロペラ軸内発射MK108の弾丸装填（左側）および点検のための扉が新設された。

Fw190Dと骨組みは基本的に同じと記したが、Ta152Hは与圧キャビン装置をもつため、コクピットを含む第1a～8隔壁間の胴体内上半分は完全な気密を保つように再設計されており、P.108図にみられるように、コクピット内床板に設けられた燃料タンク室の点検蓋の形状からもそれが分かる。

与圧キャビンの下は燃料タンク室に充てられており、前、後2個のタンクを内包するのはFw190A以来同じだが、機首延長にともなって主翼取付位置も前進（主桁取付位置で35cm）したため、前方タンクをそのまま前に移し、余ったスペースは後方タンク容量を拡大（292ℓから362ℓ入りに）して埋めている。

Ta152Cの胴体内部配置も、機首を除き、与圧キャビン装置をもたない以外はH型とほとんど変わらない。

Ta152C-1胴体内部配置図

①軸内砲ブラスト・チューブ
②VDM-VP木製可変ピッチ３翅プロペラ(直径3.60m)
③潤滑油冷却器
④ダイムラー・ベンツDB603LA　液冷倒立V型12気筒エンジン（離昇出力2,100hp）
⑤エンジン取付架
⑥過給器

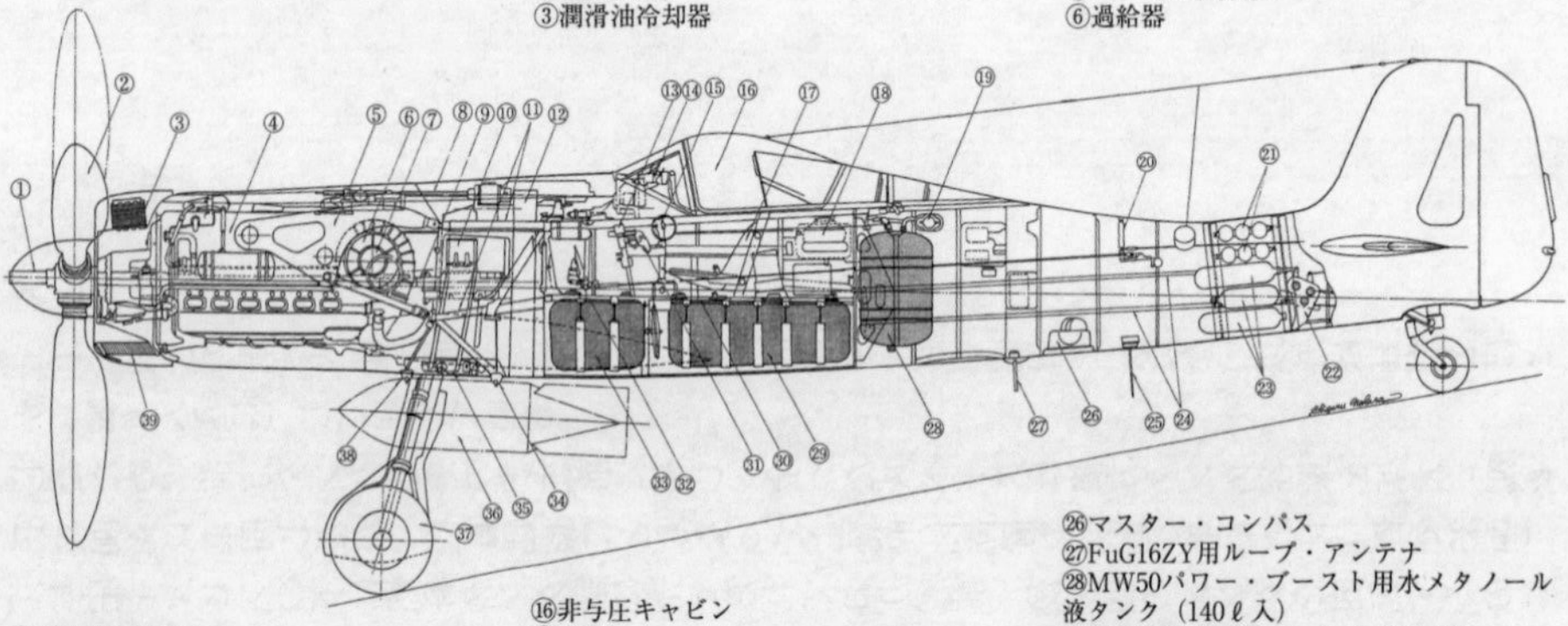

⑦過給器空気取入口
⑧機首上部MG151/20E 20mm機銃×２（弾数各150発）
⑨プロペラ軸内発射MK108 30mm機関砲(弾数90発)
⑩MK108装弾子/空薬莢排出筒
⑪機首延長材（ストリンガー）
⑫MG151/20E装弾子/空薬莢排出筒
⑬主計器板
⑭Revi16B光像式射撃照準器、またはEZ42ジャイロ式射撃照準器
⑮操縦桿
⑯非与圧キャビン
⑰座席
⑱無線機（FuG16ZY、FuG25a、またはFuG125）
⑲水メタノール液注入口
⑳方向舵差動ユニット
㉑酸素ボトル
㉒昇降舵差動ユニット
㉓プロペラ軸内発射MK108用圧搾空気ボンベ
㉔昇降舵操作桿
㉕FuG25a、またはFuG125用ロッド・アンテナ
㉖マスター・コンパス
㉗FuG16ZY用ループ・アンテナ
㉘MW50パワー・ブースト用水メタノール液タンク（140ℓ入）
㉙胴体内後方燃料タンク（362ℓ入）
㉚コクピット床板
㉛信号弾発射ピストル
㉜方向舵ペダル
㉝胴体内前方燃料タンク（233ℓ入）
㉞増槽/爆弾懸吊時の後方振れ止め
㉟ETC503A－1ラック
㊱増槽、または爆弾（図はSC500 500kg通常爆弾懸吊時を示す）
㊲主車輪（740×210mm）
㊳増槽、または爆弾懸吊時の前方振れ止め
㊴ラジエーター

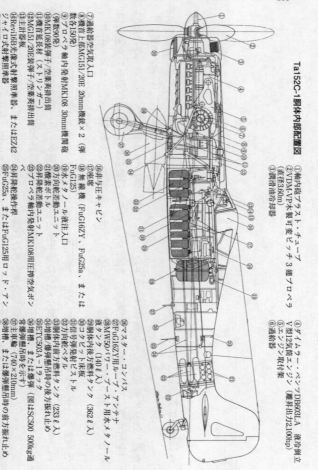

Ta152H-1胴体内部配置図

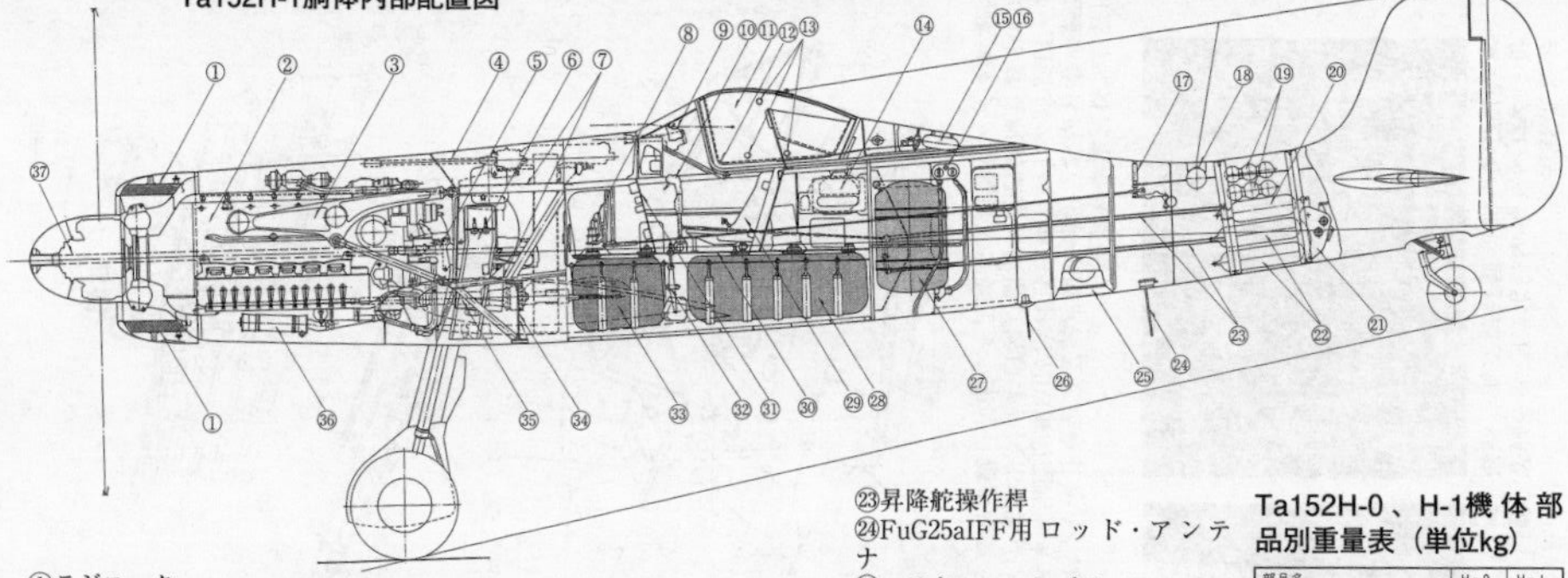

①ラジエーター
②ユンカースJumo213E液冷倒立V型12気筒エンジン（離昇出力1,750hp）
③エンジン取付架
④機首上部MG151/20E 20mm機銃（計画のみ）
⑤プロペラ軸内発射MK108 30mm機関砲（弾数90発）
⑥MK108装弾子/空薬莢排出筒
⑦機首延長材（ストリンガー）
⑧方向舵ペダル
⑨Revi16B光像式射撃照準器
⑩操縦桿
⑪与圧キャビン
⑫密閉用ゴム・シールド付２重構造プレキシ・ガラス
⑬キャノピー・ガラス曇り止め用乾燥剤カプセル（シリカゲル）
⑭無線機（FuG16ZY、FuG25a）
⑮ゴム・シールド膨張用圧搾空気ボンベ
⑯亜酸化窒素注入口
⑰方向舵差動ユニット
⑱アンテナ空中線引込部ユニット
⑲酸素ボトル（パイロット用）
⑳GM-1パワー・ブースト装置用亜酸化窒素送管のための圧搾空気ボンベ
㉑昇降舵差動ユニット
㉒MK108装弾用圧搾空気ボンベ
㉓昇降舵操作桿
㉔FuG25aIFF用ロッド・アンテナ
㉕マスター・コンパス
㉖FuG16ZY用D/Fループ・アンテナ
㉗GM-1パワー・ブースト装置用亜酸化窒素タンク（85ℓ）
㉘胴体内後方燃料タンク（362ℓ）
㉙座席
㉚コクピット床板
㉛主計器板
㉜主翼後桁取付位置
㉝胴体内前方燃料タンク（233ℓ）
㉞主翼前桁取付位置
㉟主翼付根MG151/20E 20mm機銃位置（弾数175発）
㊱熱交換器
㊲軸内砲ブラスト・チューブ

Ta152H-0、H-1機体部品別重量表（単位kg）

部品名	H-0	H-1
胴　体	412	412
降着装置	245	245
垂直尾翼（金属性）	136	136
水平尾翼	35	33
主　翼	629	654
エンジン	1822	1822
カウリング	170	248
艤装品（標準）	224	247
艤装品（適応）	233	233
バラスト	14	1
空虚重量	3920	4031
パイロット（装具込み）	100	100
燃料（胴体前方）	172	172
燃料（胴体後方）	268	268
燃料（胴体第３タンク）	85	—
燃料（翼内４個タンク）	—	296
GM1用亜酸化窒素85ℓ	—	104
MW50用水メタノール液70ℓ	—	64
潤滑油	55	55
翼内MG151／20E（弾数175発含む）	77	77
プロペラ軸内MK108（弾数90発含む）	50	50
搭載物小計	807	1186
全備重量	4727	5217

胴体後部部品構成

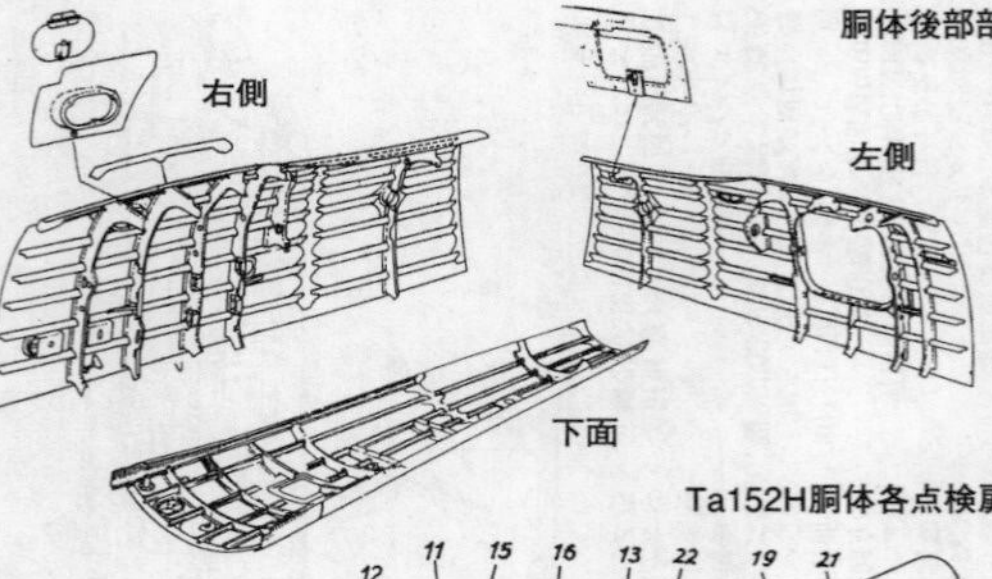

Ta152H胴体各点検扉配置図

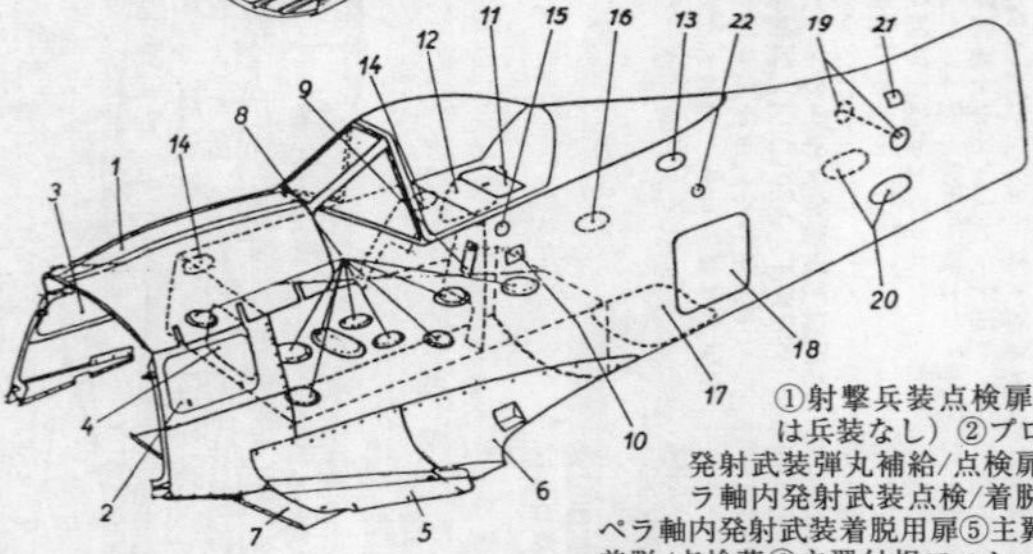

①射撃兵装点検扉（Ta152Hは兵装なし）②プロペラ軸内発射武装弾丸補給/点検扉③プロペラ軸内発射武装点検/着脱扉④プロペラ軸内発射武装着脱用扉⑤主翼付根武装着脱/点検蓋⑥主翼付根フィレット⑦胴体内燃料タンク着脱覆⑧コクピット床部各種点検蓋⑨操縦舵面固定具収納部蓋⑩手掛⑪パイロット雑具収納扉⑫無線機点検扉⑬亜酸化窒素注入口蓋⑭燃料注入口蓋⑮プライマー燃料注入口蓋⑯プロペラ軸内発射KM108機関砲用弾丸装填圧搾空気注入口蓋⑰増設タンク着脱孔蓋⑱胴体内部点検扉⑲担ぎ棒差し込み孔⑳AZA10信号弾発射器装備部㉑アンテナ空中線引込部㉒外部電源接続部

▲Ta152H-0の機首延長部左側。機銃覆とプロペラ軸内発射MK108の弾丸装填/点検扉。

▲Ta152H-0の機首延長部左側の主翼付根部。

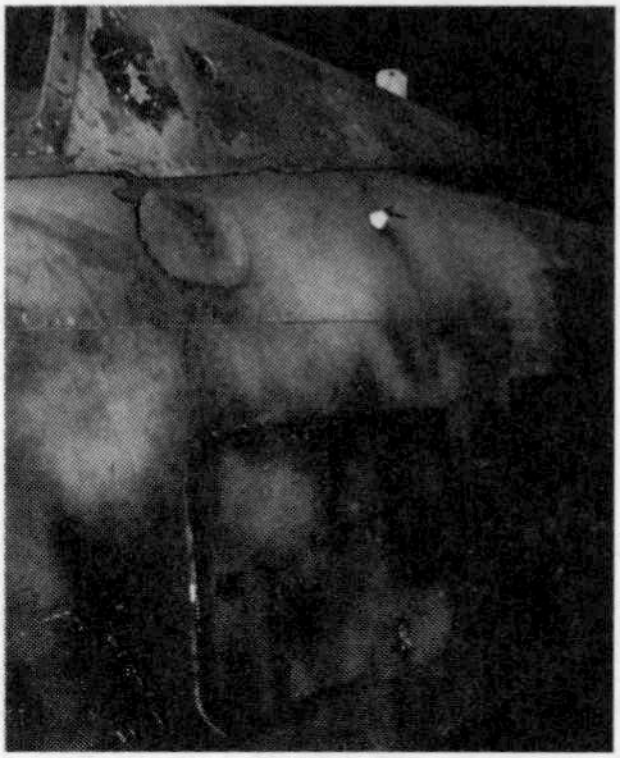

▲［上左］Ta152H-0の胴体中央部左側の主翼付根部。前、後フィレットの継ぎ目が主翼後桁の取付部。後方フィレットに見える四角い凹みは乗降用ステップ。

▲Ta152H-0コクピット左側の胴体外鈑。画面上方の円形穴は、エンジン・プライマー・タンク注入口。その下の四角形パネルは乗降用ステップ、右上方は同手掛け。

◀Ta152H-0胴体左側点検扉付近。点検扉の上方に見える長円形扉は胴体内第3タンク注入口。H-1ではこのタンクをGM-1パワー・ブースト装置用亜酸化窒素タンクとして用いたが、H-0は通常の燃料タンクとして使用した。

▶Fw社工場で完成した直後のTa152Hの胴体後部左側。まだ塗装も施されておらず、外鈑、リベット・ラインまでが明瞭にわかる。点検扉は開いた状態。延長材直前の黒っぽい部分が、前ページ図の19、20、21である。

〈主翼〉

Ｔａ152Ｒａ-1、Ｒａ-2と称していた基本デザインの段階で、本機は標準翼と高々度用延長翼の2型式が考慮されており、内部構造は全く新設計に改められていた。Ｆｗ190Ｄに比較して最も変化したのがこの主翼である。

Ｔａ152Ａ、Ｂ、Ｃに適用された標準翼は、全幅11・0ｍとＦｗ190Ｄまでの主翼（10・506ｍ）に比較して、わずかに大きくなっており、形状、取付角、上反角、翼厚比などこそ変わらないが、リブ配置を含めた内部構造は大きく変化した。

多数の縦通材にリブと表面外皮を一体にして製作した上、下面を〝モナカ〟式に接合する独特の組み立て方式は相変わらずだが、内翼内に片側3個ずつの燃料タンク（内側より各70、80、77ℓ入り）を収めるようにしたことが特筆され、これにともない下面外鈑には

Ta152C主翼構造図

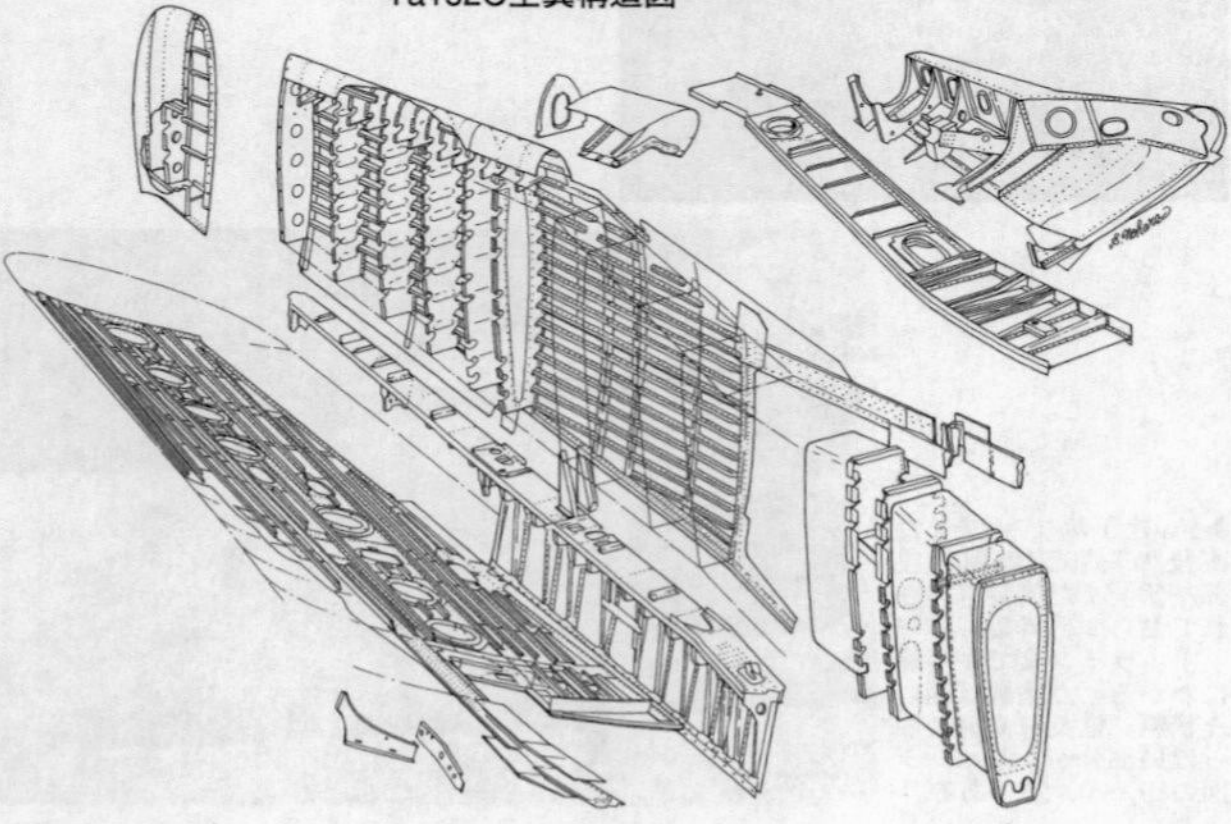

Ta152Hの主翼骨組み線図

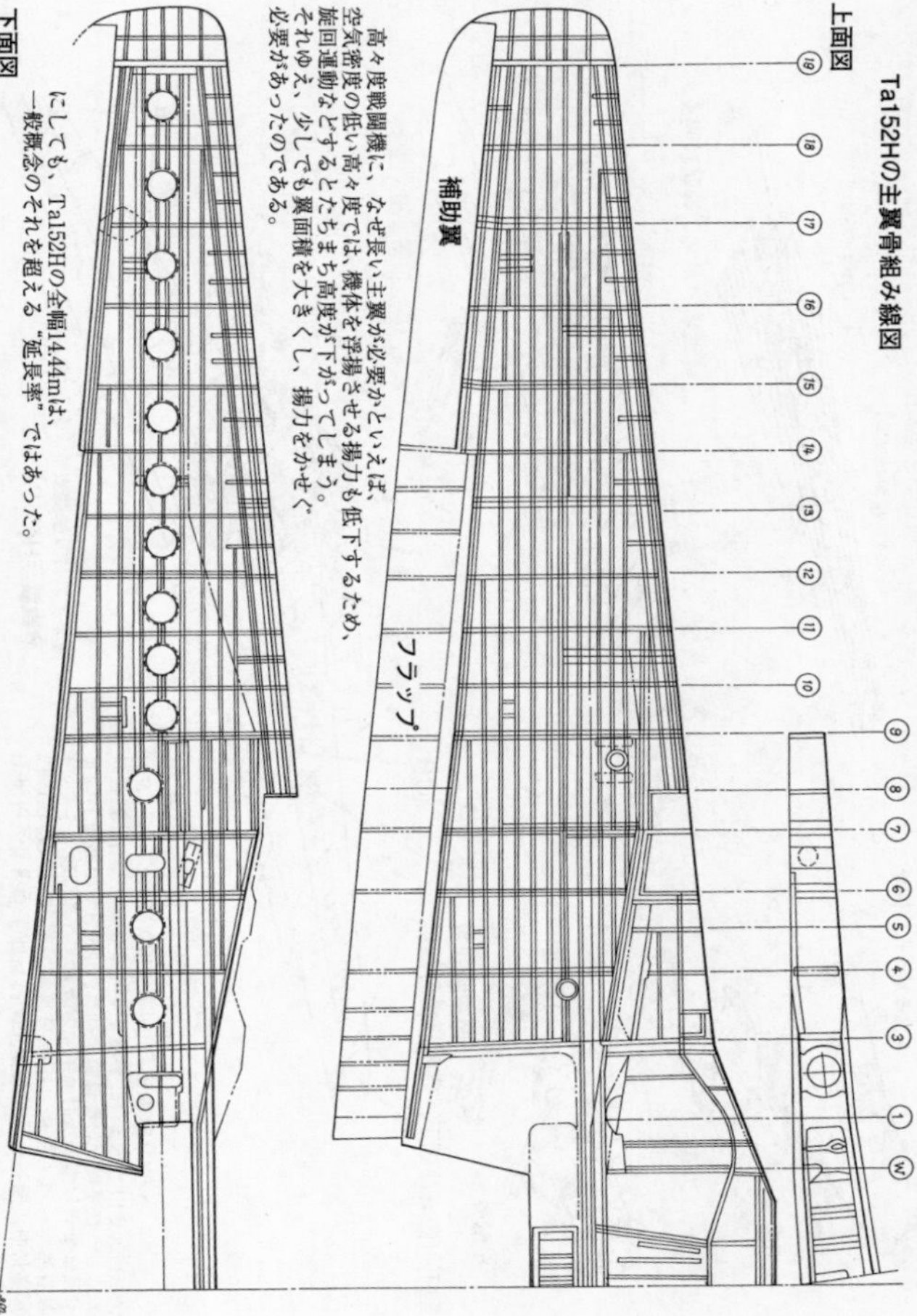

高々度戦闘機に、なぜ長い主翼が必要かといえば、空気密度の低い高々度では、機体を浮揚させる揚力も低下するため、旋回運動などするとたちまち高度が下がってしまう。それゆえ、少しでも翼面積を大きくし、揚力をかせぐ必要があったのである。

にしても、Ta152Hの全幅14.44mは、一般概念のそれを超える"延長率"ではあった。

Ta152H主翼構成

※破線部分は下面側

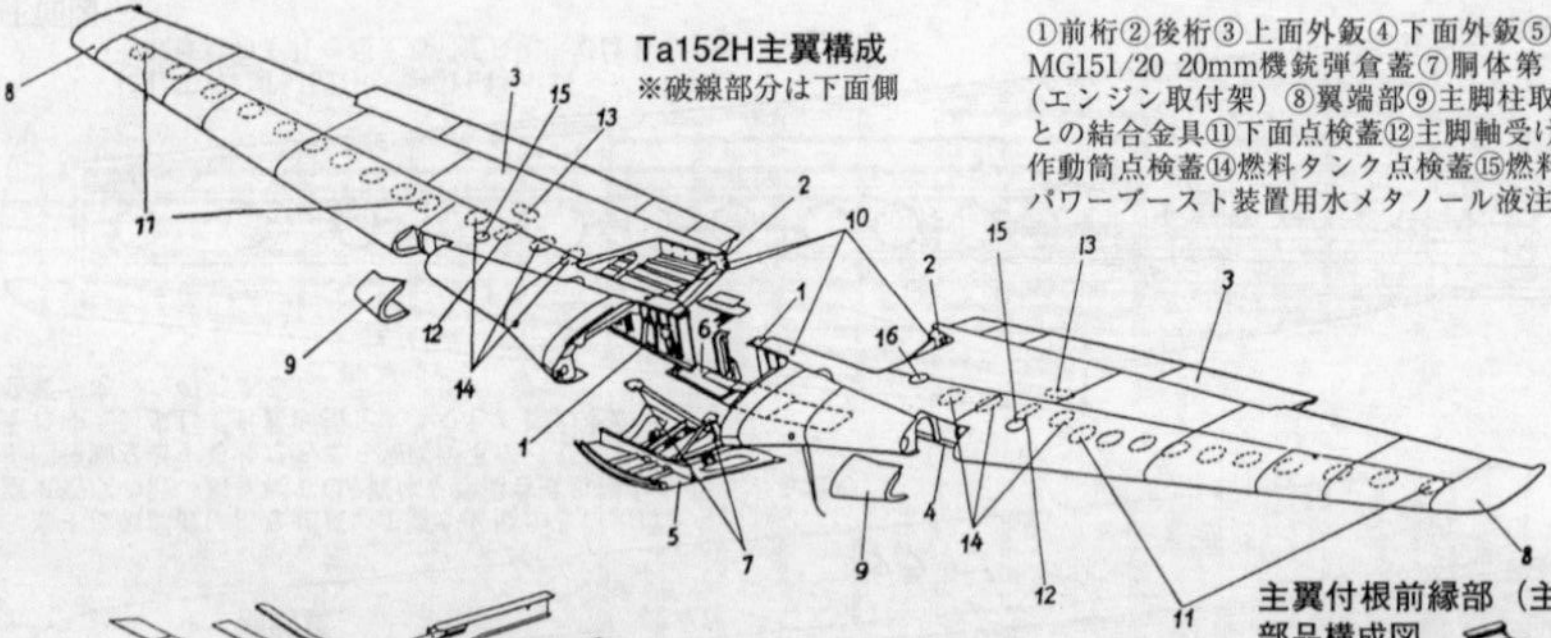

①前桁②後桁③上面外鈑④下面外鈑⑤中央部下面外鈑⑥MG151/20 20mm機銃弾倉蓋⑦胴体第1フレーム支持枠(エンジン取付架)⑧翼端部⑨主脚柱取付部前縁覆⑩胴体との結合金具⑪下面点検蓋⑫主脚軸受け点検蓋⑬フラップ作動筒点検蓋⑭燃料タンク点検蓋⑮燃料注入口蓋⑯MW50パワーブースト装置用水メタノール液注入口ハッチ

リブ配置

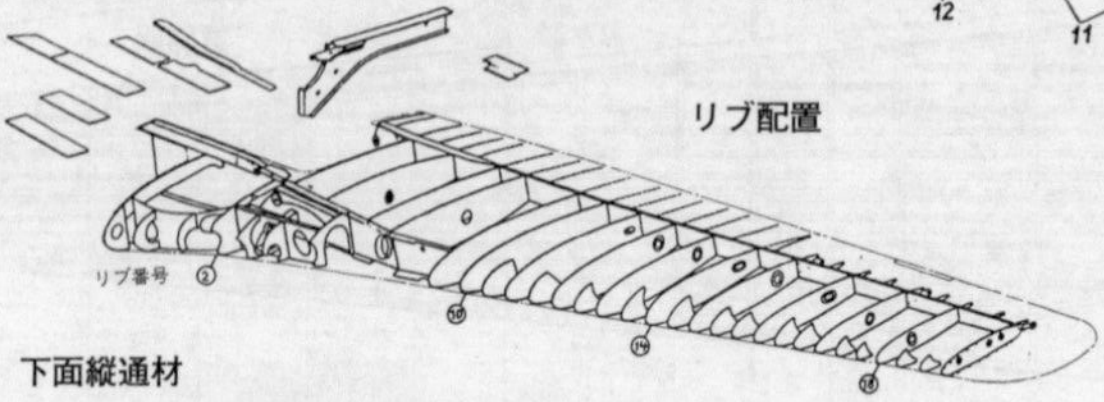

下面縦通材

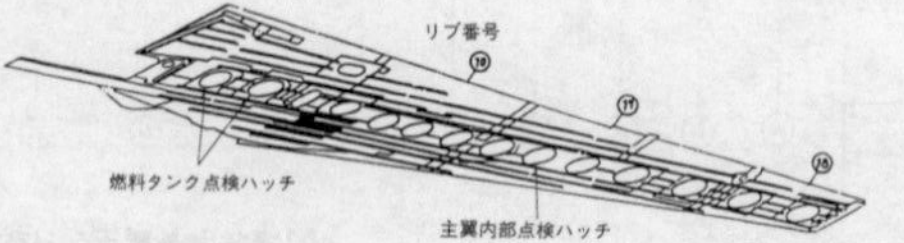

主翼付根前縁部（主脚収納部）上面部品構成図

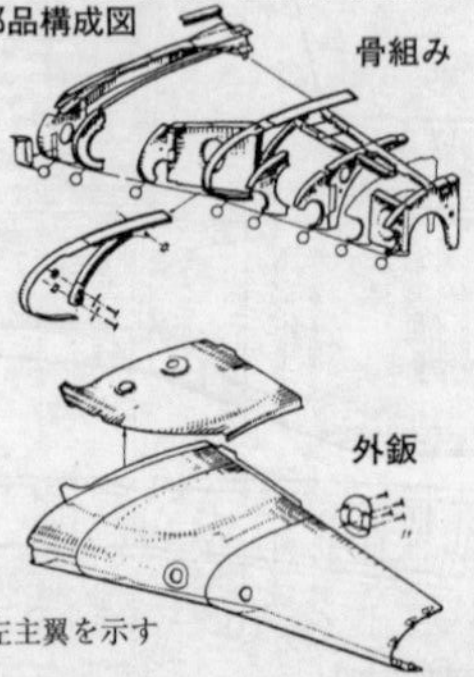

※図は左主翼を示す

点検用蓋が追加された。外翼下面の補助翼操作桿点検蓋なども、従来の長円形から直径20㎝の真円蓋を等間隔で一列に並べて配置するようにしたことも目立つ変化。

実際に装備した機体は造られなかったが、Ta152Ra-1の兵装／燃料タンク配置図、およびTa152C-0、W.Nr110007の写真などを見ればわかるように、この新型主翼の主脚外側にも翼内砲装備が可能だった。

Ta152Hに適用された全幅14・44mの主翼は、この標準翼を延長したもので、第14リブまでの本体骨組みは同じだが、そ

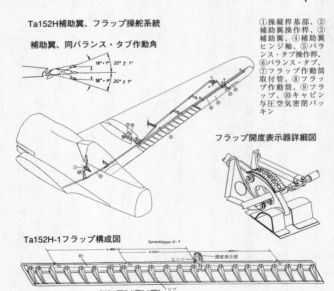

Ta152H補助翼、フラップ操舵系統

補助翼、同バランス・タブ作動角

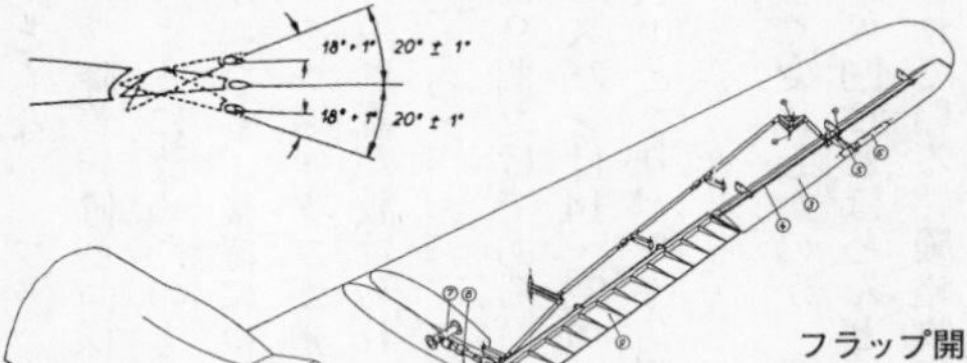

①操縦桿基部、②補助翼操作桿、③補助翼、④補助翼ヒンジ軸、⑤バランス・タブ操作桿、⑥バランス・タブ、⑦フラップ作動筒取付管、⑧フラップ作動筒、⑨フラップ、⑩キャビン与圧空気密閉パッキン

フラップ開度表示器詳細図

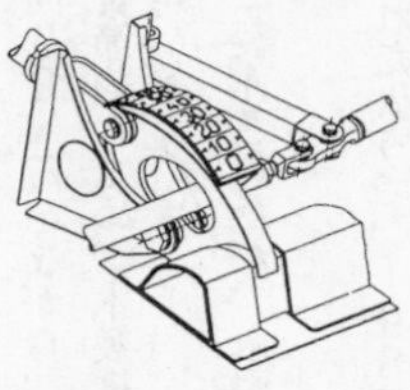

Ta152H-1フラップ構成図

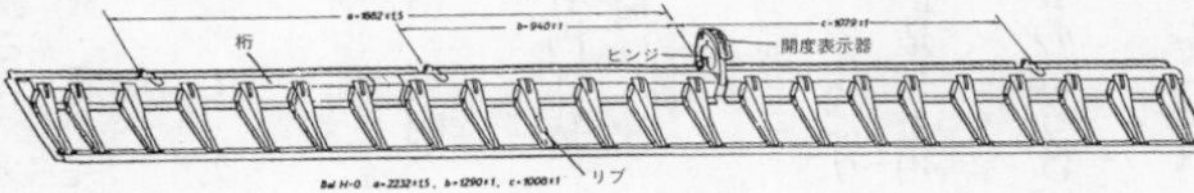

れより外側は新設計となった。主翼延長にともない、フラップは内、外2枚に分割され、スパン7・7ｍあまりの長大なものとなった。降着装置と同様に、フラップの操作を、電気モーターから油圧シリンダーによって行なうように改めたのもＦｗ190Ｄとの相違点。

補助翼も標準翼のものとは寸度、形状が異なり、後縁には従来の固定タブにかわって、より操舵をスムースにする、ロッド操作のバランス・タブが追加された。

延長された部分の翼下面にも直径20㎝の円形蓋が設けられ、Ｈ型は燃料タンクの3個を含めて計13個の円形蓋がずらっと並ぶことになった。ただし、先行生産機のＨ-0は、翼内タンクを装備しなかったため、この円形蓋は9個だけである。

ちなみに、当初の設計案では、延長翼のスパンは14・82ｍとされており、翼端も円弧状になっていたが、のちに少し短縮して14・44ｍとなり、やや角張った形に改められた。

〈尾翼〉

主翼と同じく、Ｆｗ190Ｄに比較して大きく変化したのが、垂直安定板を含めた尾部ユニットであろう。垂直安定板の面積自体は、Ｆｗ190Ｄとほとんど同じ2・77㎡ながら、形状はリファインされ、内部構造が完全に新設計されている。戦略物資節約のため、木製構造案も用意され、両者はＰ.117図に示すように骨組配置、外板構成が全く異なった。

金属製のほうは、Ｆｗ190Ｄと同じく胴体後部延長材と別個に製作されたが、木製のほうは、この部分も含めて一体にして造られた。

時局がら、この木製尾部は先行生産機Ｈ-0の段階で導入されたようで、１９８７年9月、

NASMポール・E・ガーバー施設取材の折に、筆者は倉庫内のTa152H-0 W.Nr150010の尾部を実際に見、また手で触れて木製を確認した。

むろん、当時の逼迫した状況の中で、全てが予定どおり進行したとは考えられないが、少なくともゾラウ工場で完成した後半のH-0は、木製尾部の可能性が大である。

方向舵はFw190Dと全く同じ。

〈水平尾翼〉

寸度、形状、構造ともにFw190Dと変わらないが、尾部ユニット同様、木製が用意され、この場合は内部リブ配置が細かくなっている。木製尾部と木製水平尾翼が同時に使用されたのかどうかは不明。NASM取材時には、水平尾翼は別の場所に保管されていて、確認できなかった。

▲NASM保管Ta152H-0、W.Nr150010の垂直安定板。カラーで掲載できないのが残念だが、方向舵取付部内側、点検扉内側はまぎれもない合板無地のままである。最新鋭レシプロ戦闘機とベニア板との取り合わせが、何とも奇妙な感じだったことを強く覚えている。

方向舵作動角

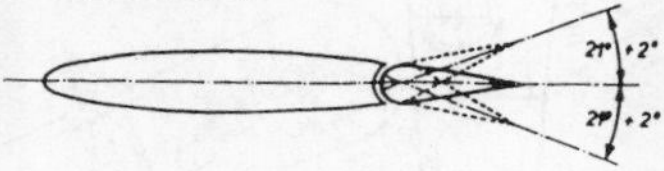

昇降舵作動角

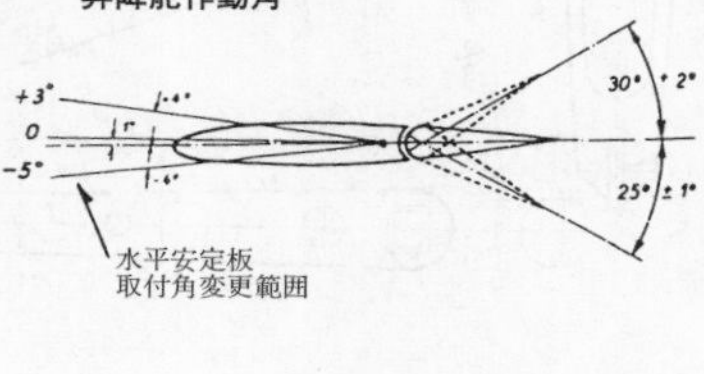

Ta152　垂直尾翼骨組み図（寸度単位mm）

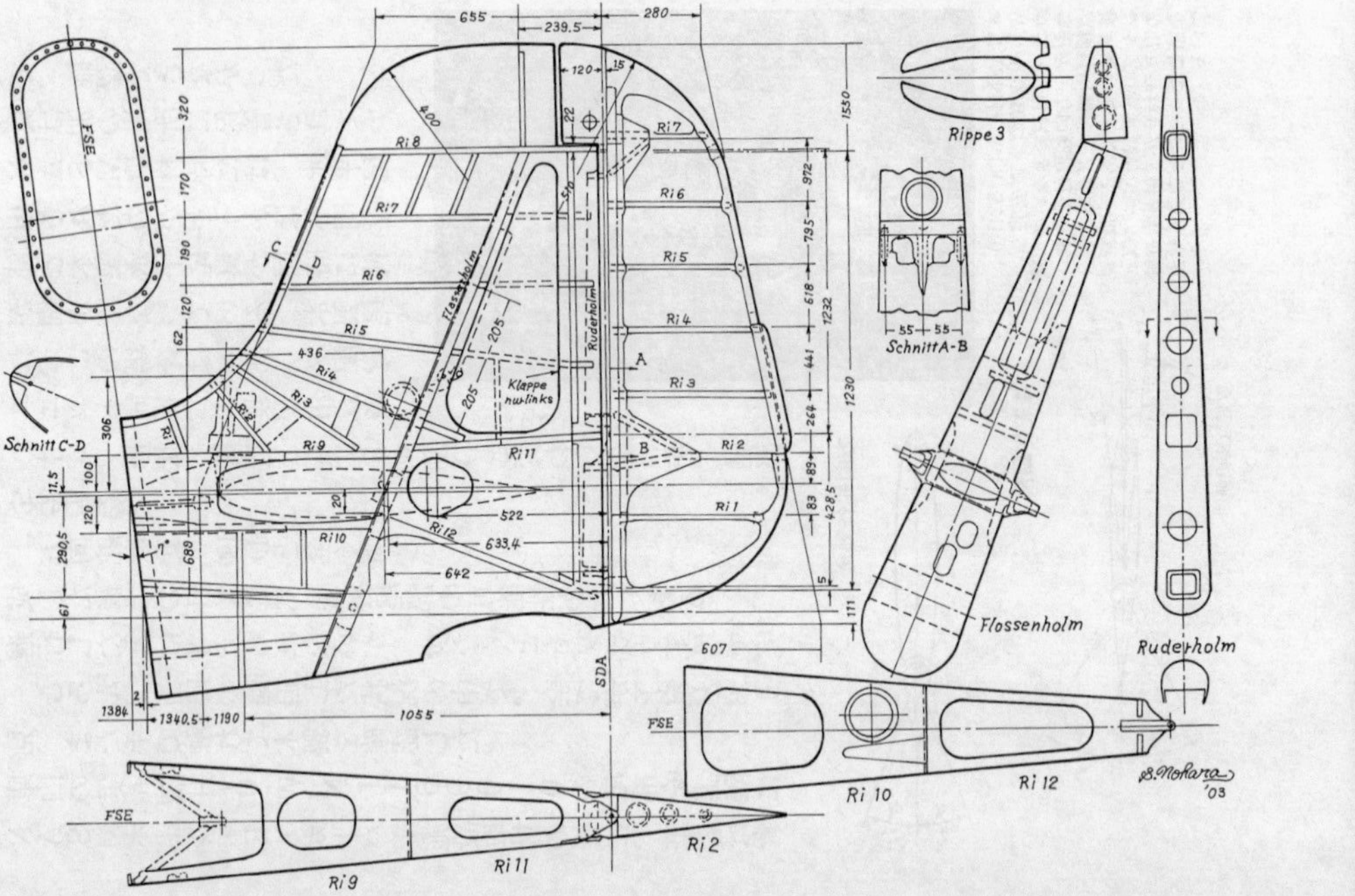

Ta152C/H　尾部骨組図

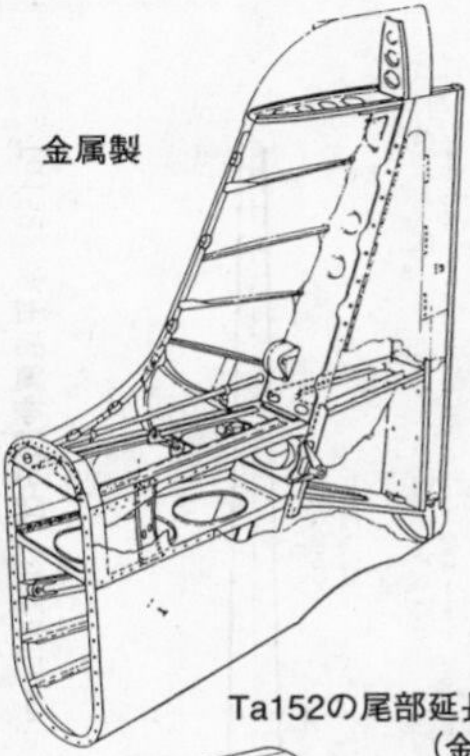

金属製

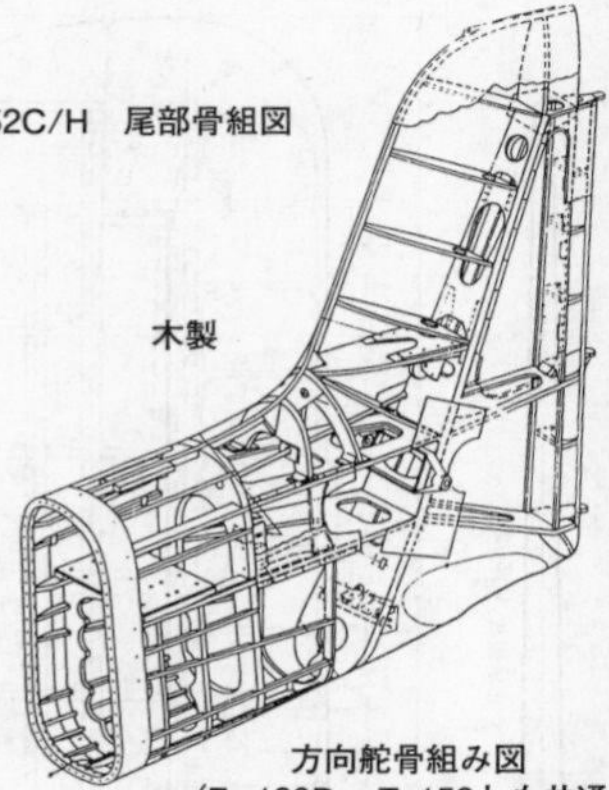

木製

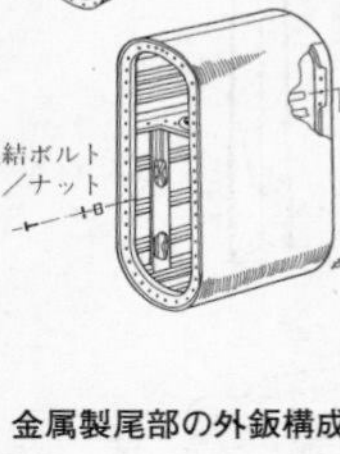

Ta152の尾部延長部材
（金属製）

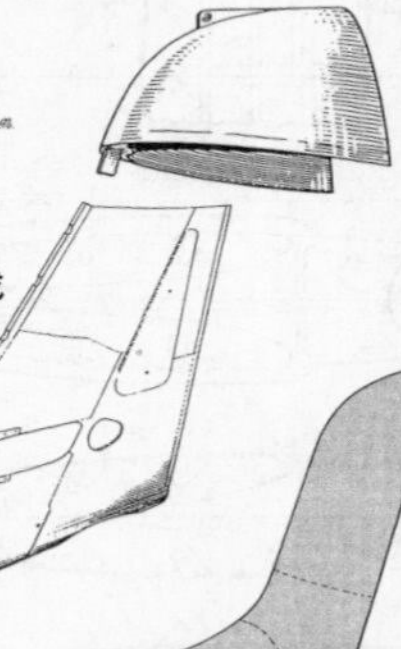

金属製尾部の外鈑構成

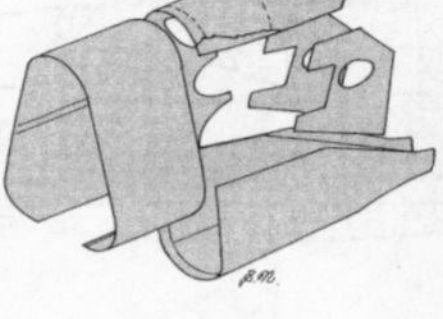

木製尾部の外板構成

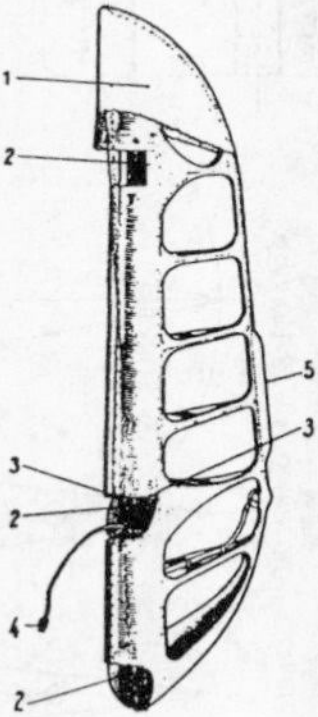

方向舵骨組み図
（Fw190D、Ta152とも共通）

1　羽布張り外皮、2　ヒンジ取付部ナット、割楔、3　操作桿連結部、4　尾灯電源コード接続部、5　トリム・タブ

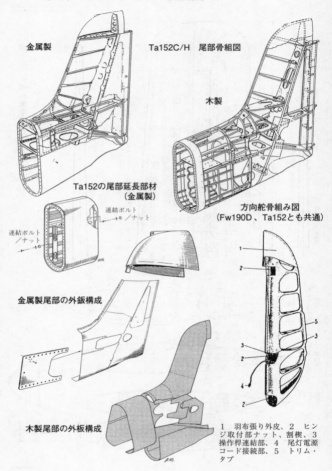

Ta152　水平尾翼骨組み図（寸度単位mm）

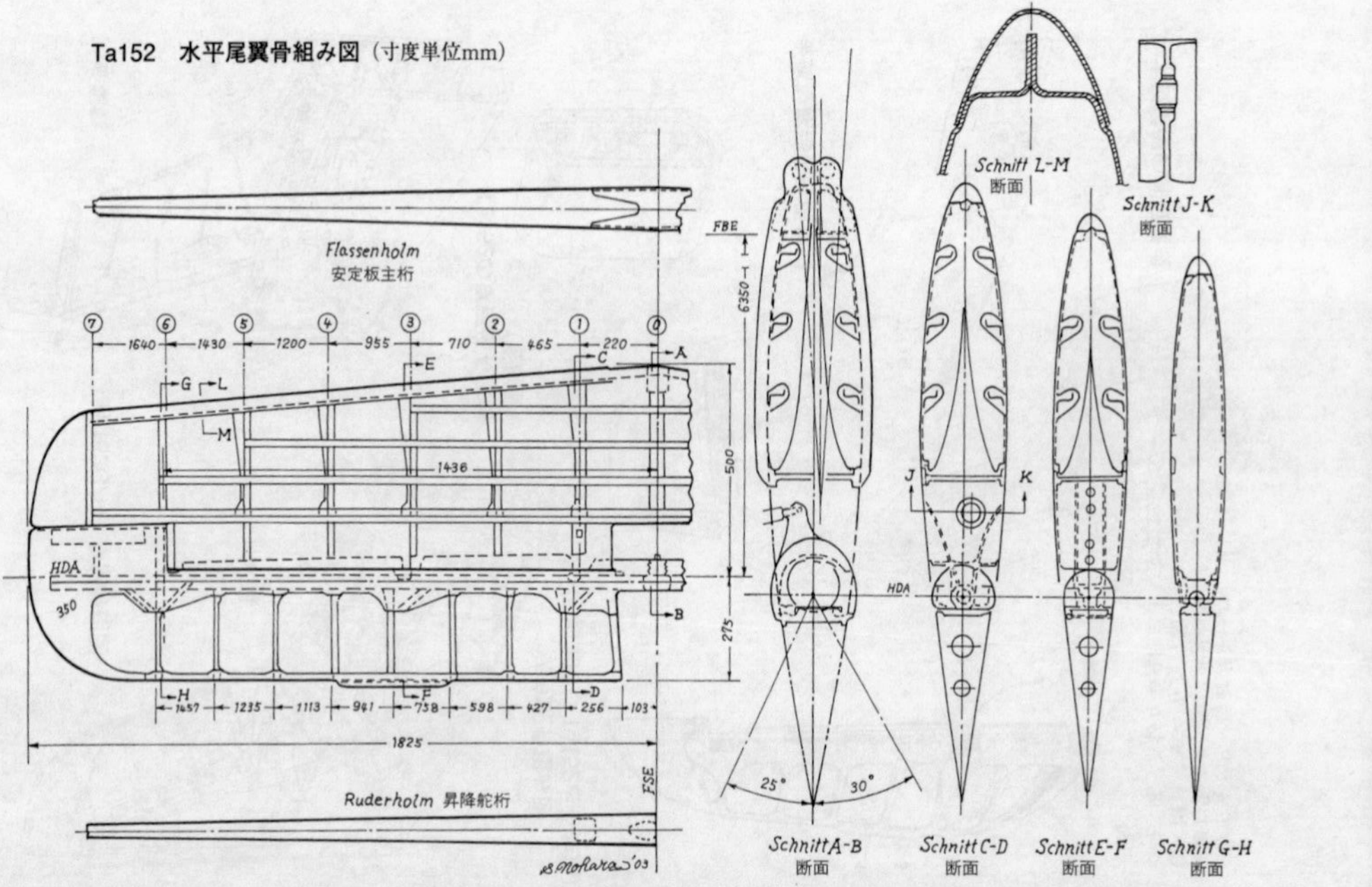

Ta152C/H　水平安定板

金属製

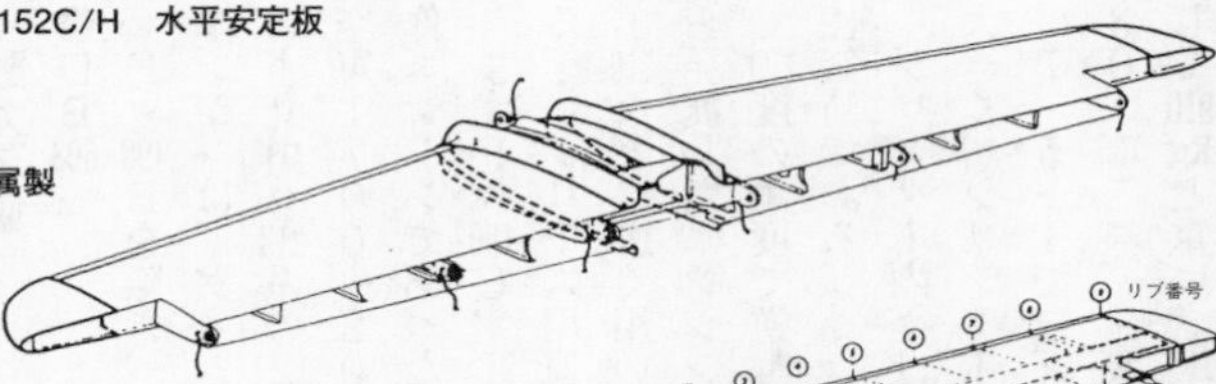

木製

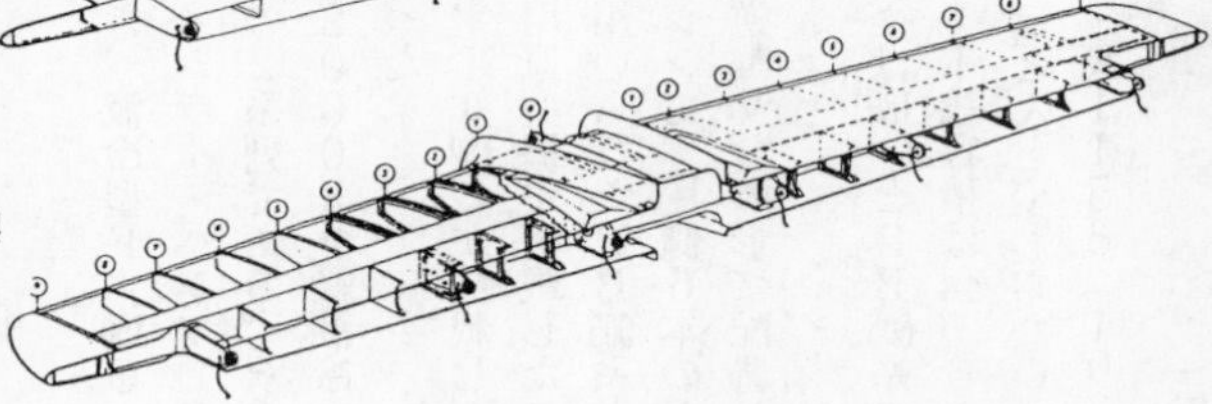

Ta152C/H昇降舵

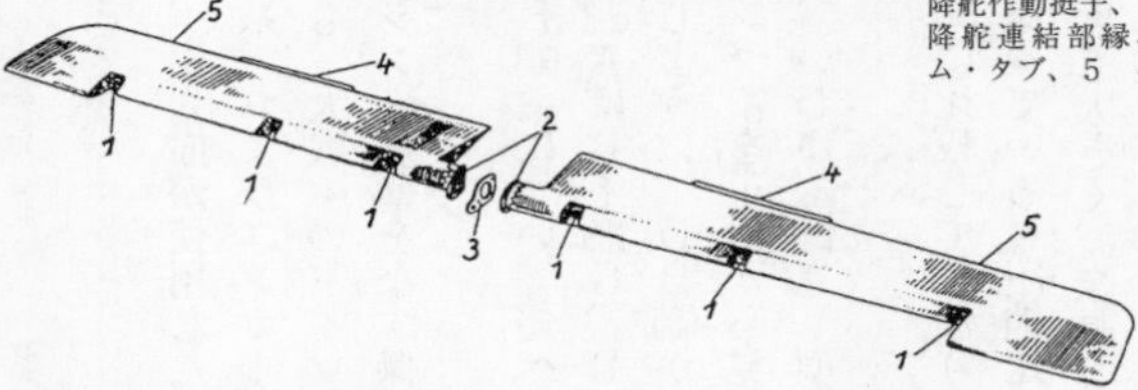

1　ヒンジ取付部、2　昇降舵作動挺子、3　左右昇降舵連結部縁、4　トリム・タブ、5　昇降舵

水平安定板取付角度変更機構

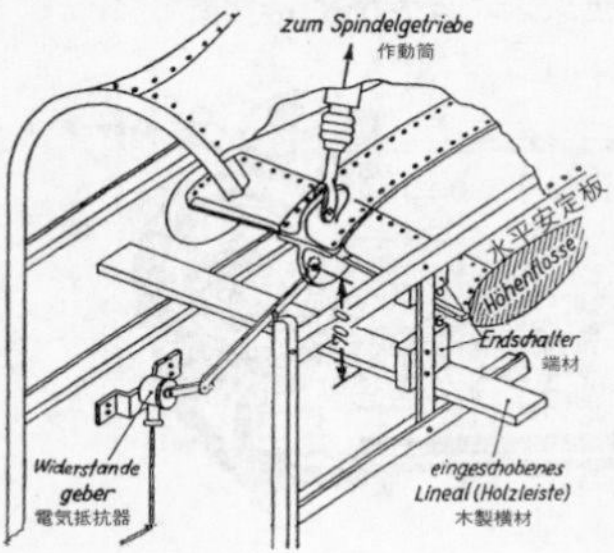

当然のことであるが、戦闘機に限ったことではなく、出撃と帰投時では燃料、弾薬などの消費によって、機体の重心位置は微妙に変化している。パイロットは、これに対応して昇降舵を少し動かして微調整しながら飛行するわけだが、Fw190は、当初から水平安定板の取付角度を可変式にしており、昇降舵をいちいち操作しなくとも、搭載量の変化に応じて水平安定板の角度を変更し、パイロットの負担を軽くしていた。作動エネルギーは電気モーターで、垂直安定板内部に組み込み、コクピットのスイッチにより操作した。作動範囲は、p.115に示したように、上方に３度、下方に５度である。日本の戦闘機などには見られないメカニズムだった。

動力装備

●ＤＢ603

Ｆｗ190Ｂを除き、液冷型Ｆｗ190Ｃ／Ｄ、Ｔａ152が使用したエンジンは、ダイムラー・ベンツＤＢ603系、およびユンカースＪｕｍｏ213系の２系列である。双方とも、大戦中のドイツ空軍１７００〜２０００ｈｐ級液冷エンジンの双璧をなす傑作エンジンであった。

まずＦｗ190Ｃ、Ｔａ152Ｃが搭載したＤＢ603系について述べる。Ｃシリーズ用原型機が搭載したＤＢ603ＡはＢｆ109Ｇ、Ｂｆ110などに広く用いられたＤＢ605系と同じように、ＤＢ600から発展したエンジンで、片側６本のシリンダーを正面から見て60度の角度で逆〝Ｖ〟の形に配置した、いわゆる倒立Ｖ型12気筒である。

シリンダー内径は180㎜とＤＢ605系の154㎜に比較してかなり大きく、シリンダー総容積は44・６ℓとなっている。圧縮比は７・５：１でほとんど変わらない。寸度も大きく、全長２６１０（２０３４）㎜、全幅８３０（705）㎜、全高１１５６（１０３５）㎜――カッコ内はＤＢ605Ａ――、重量も756㎏に対して910㎏と重い。

ダイムラー・ベンツDB603Aエンジン（1,750hp）左側面

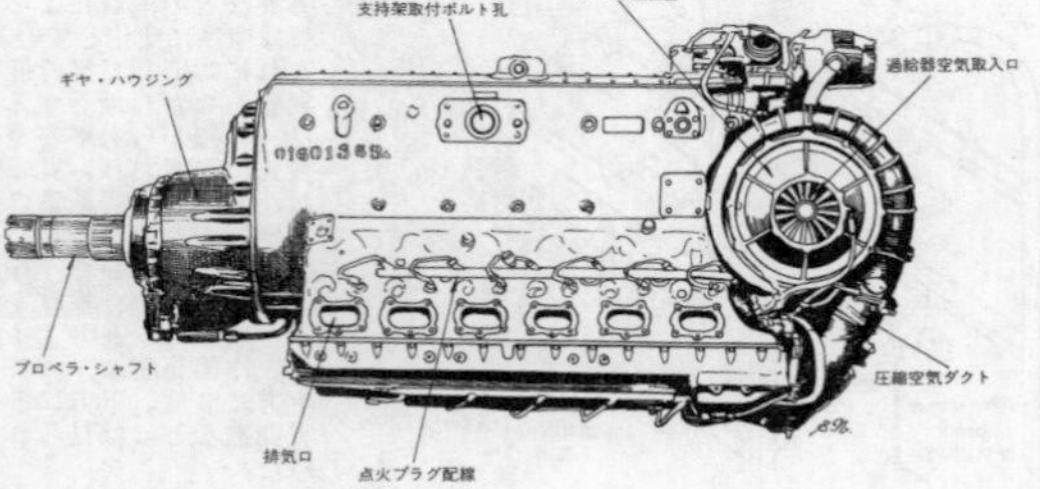

離昇出力は1750hp／2700rpm、1段2速過給器を用いて高度5700mにて1620hp／2700rpmを発揮したが、BMW801ほどではないにしろ、Fw190Cの開発背景となった、高々度戦闘機として用いるには、高度1万mにおける出力950hp／3700rpmでは、排気タービンの組み合わせを必要とした。

やはり他の液冷エンジン同様、プロペラ軸内発射武装を前提としているため、プロペラ・シャフトは中空になっており、過給器はそれを避け、エンジン本体後部左側に取り付けられた（P.120図参照）。

V13～V16への取り付け状況については、エンジン支持架の形が、のちのTa152Cに搭載されたDB603Lのものとはかなり異なった。

ラジエーターは、エンジン本体前面に環状に配置され、同下面に潤滑油冷却器を装備した。DB603Aに組み合わされたプロペラは、VDM金属製可変ピッチ3翅（直径3・50m）だが、V15は試験的に直径3・40mのリバーシブル・ピッチ・プロペラを装備してテストされている。

DB603A-1を搭載したFw190V18／U1、およびDB603S-1を搭載したFw190V29～33のみは、排気タービン過給器装備に合わせて、プロペラはVDM金属製可変ピッチ4翅（直径3・50m）とした。

結局、DB603A、またはSを搭載予定にしたFw190Cシリーズは開発中止となり、続くDシリーズにはJumo213Aが採用され、液冷版Fw190のDB603搭載型は実現しないかとも思われた。しかし、1944年秋になって、性能向上したDB603E、Lの実用化の見通しがついたことから、Dシリーズ最後のD-15、およびTa152Cシリーズ用エンジンに選ばれることになる。

DB603Eはシリンダー内径、ストローク、シリンダー総容積、圧縮比などの基本はDB603Aと変わらないが、過給器をDB603G（He219が搭載）と同じ直径の大きいものに変更し、離昇出力1800hp/2700rpm、高度1万mにおいて1060hpを出すなど、とくに高々度性能が向上していた。

DB603Eは、87オクタンのB4燃料を使用するが、96オクタンC3燃料を使用し、MW50パワー・ブースト・システムを併用するDB603EBは、緊急出力2260hpに大幅アップした。大戦中のドイツ液冷エンジンとしては最大級のパワーといえる。使用プロペラは、いずれも木製VDM-VP（直径3・60m）で、スピナー、カウリングの形も、むろんJumo213A搭載型とは異なった。

DB603E、EBの過給器を2段2速式に改め、アフター・クーラーを追加したのがDB603Lで、離昇出力こそ1800hp/2700rpmと、それほど大きく向上していないが、高度1万mに

▶Ta152Cが搭載した、DB603Lエンジン。直径が大きく、2段2速になった過給器がひときわ目立つ。

おける出力は1400hpと、DB603Aに対して50%近くもアップしており、高々度性能の向上は飛躍的だった。このDB603LにMW50を併用させたのがDB603LAで、緊急出力は2100hpとなる。

ほぼ同時に設計が進められたFw190D-14、-15、Ta152Cは、前記三型式のどれかを搭載する予定だったが、結局、Fw190D-14は量産化中止、D-15が数機、Ta152C原型機3機、C-1数機が完成しただけで敗戦となった。

DB603LAの艤装状態は、下図に示すとおりだが、図はTa152C用機首のモックアップ段階のため、過給器は1段2速のまま、左側に消焔ダンパーが付き、エンジン支

DB603LA艤装図（左）

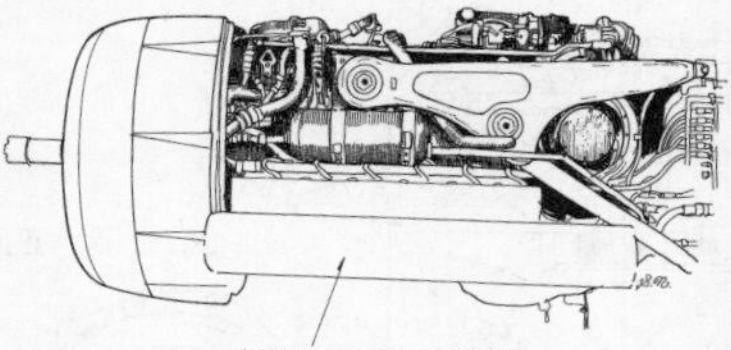

Ta152C機首パネル構成

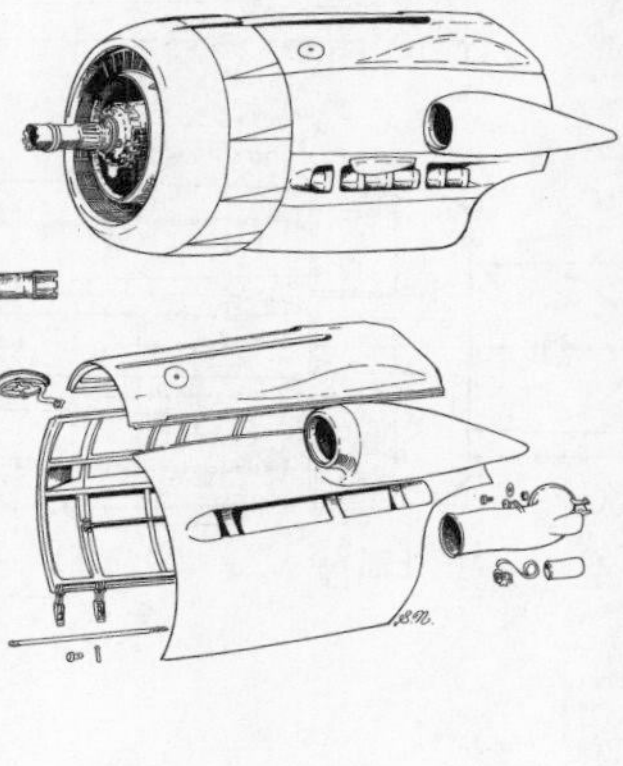

DB603LA艤装図（右）

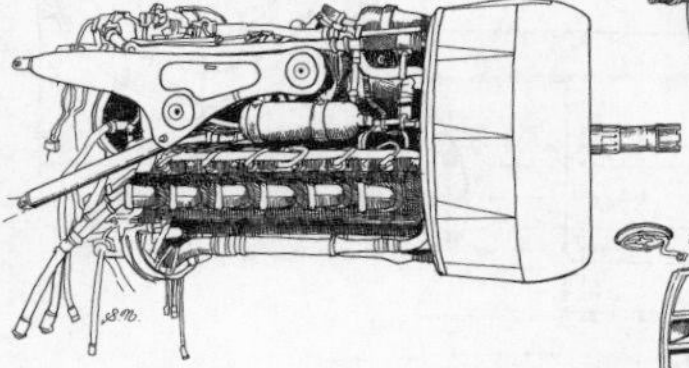

持架の形もＴａ152Ｃ（Ｐ．106図参照）と異なるが、大要はほぼこんな感じだった。

Ｊｕｍｏ213系と同じくエンジン本体前面に環状ラジエーターを配しているが、直径、カウルフラップなどが異なり、過給器空気取入口が左側に開口するのが最も大き

Ta152C潤滑油/水冷却器配置

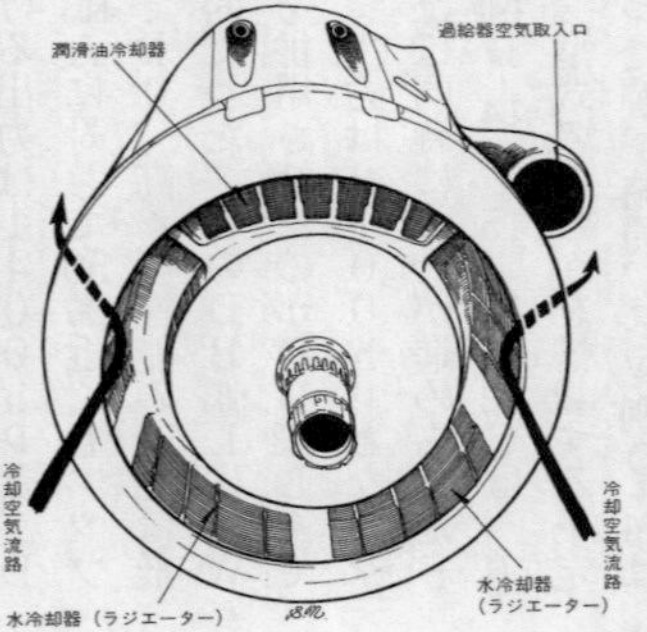

Ta152C機首まわり寸度（寸度単位mm）

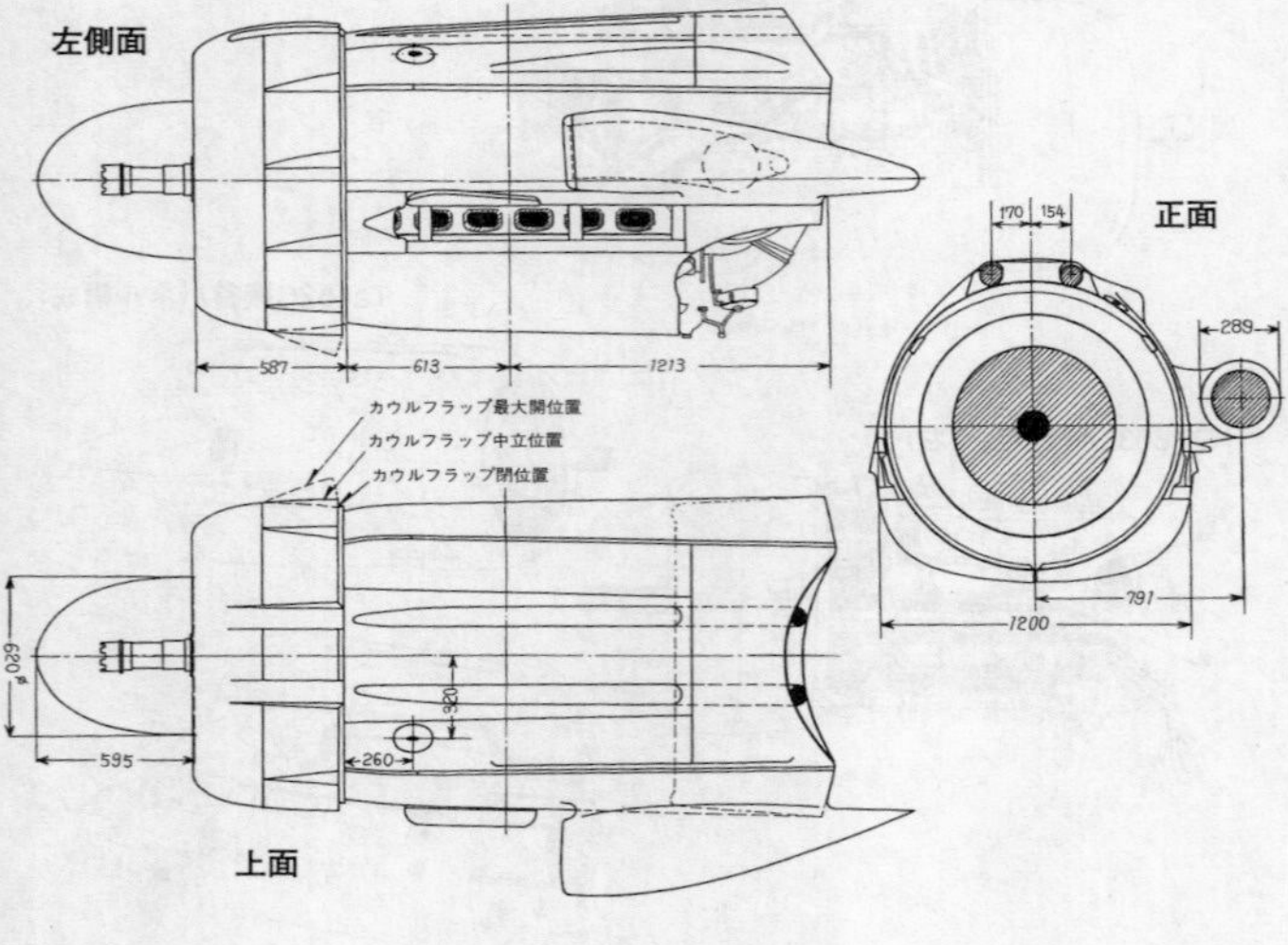

◀▼Ta152Cの実質的な原型２号機として、1945年１月に入って完成し、同月８日に初飛行したV7、W.Nr110007、コード“CI＋XM”の機首まわりクローズ・アップ。エンジンはDB603E（製造番号01300147）を搭載していた。Jumo213系と反対の左側に突き出した、大きな過給器取入口と、その過給器を避けるために彎曲した、エンジン支持架をクリアするための、カウリング上部パネルの張り出しが目立つ。プロペラは、同じ木製で形状も似ているが、Jumo213系エンジンに組み合わされた、ユンカース社のVS9とは異なるVDM-VPである。

な相違点。

なお、Ｊｕｍｏ213Ｅもそうだが、ＤＢ603ＬＡの環状ラジエーターも、ＤＢ603Ａのドーナツ型から、奥行きの深い円環型へ変更されており、冷却空気流路はカウリング前面開口部内側から外側へ向かって流れる。そして、上方¼は潤滑油冷却器（冷却空気流路は、従来どおり正面から後方へ抜ける）が占めていた。したがって正面から見ると、上¼のみ潤滑油冷却器が見えるだけである（Ｐ.124上図参照）。

●Ｊｕｍｏ213

Ｆｗ190Ｄ、Ｔａ152Ｈシリーズに搭載されたユンカースＪｕｍｏ213系は、ＤＢ603系とほぼ同時に実用化された１７００ｈｐ級エンジンで、すでにＪｕ87Ｄ、Ｊｕ88、Ｈｅ111Ｈなどに搭載されて実績を残していた、Ｊｕｍｏ211系から発展したものである。ＤＢ603系と同じく倒立Ｖ型12気筒で、プロペラ軸内発射武装を前提にしているが、過給器は逆に本体後部右側に位置している。

Jumo213A-1エンジン外観

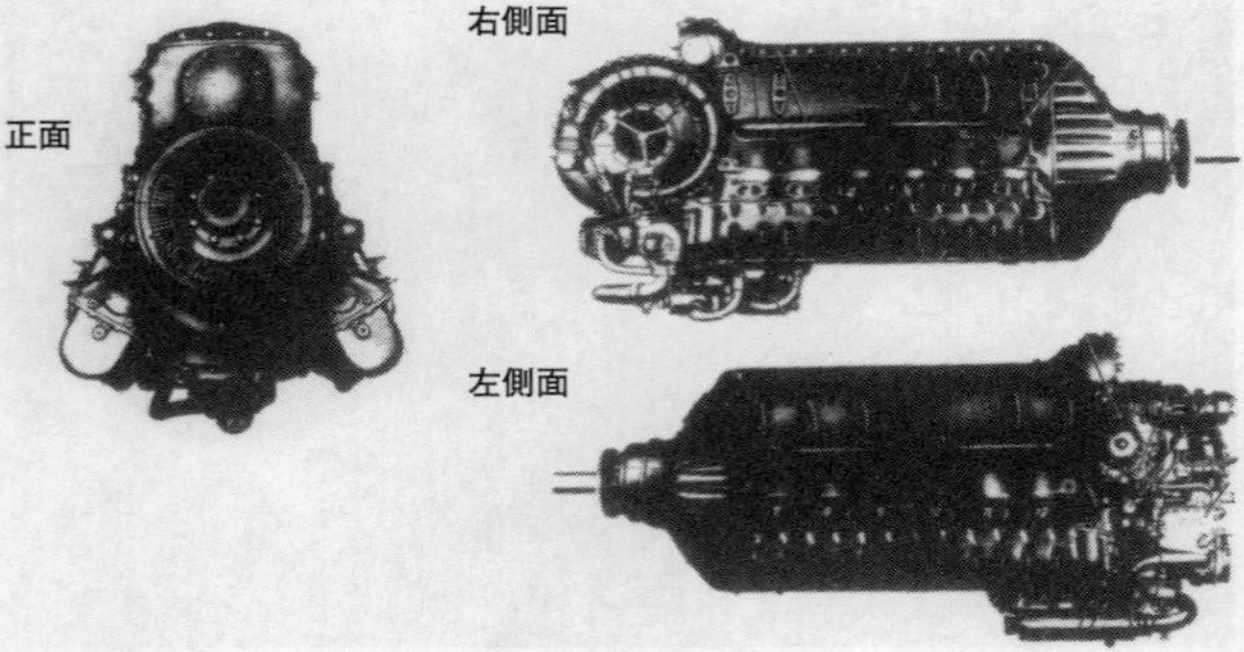

Jumo213Aエンジン本体各部名称

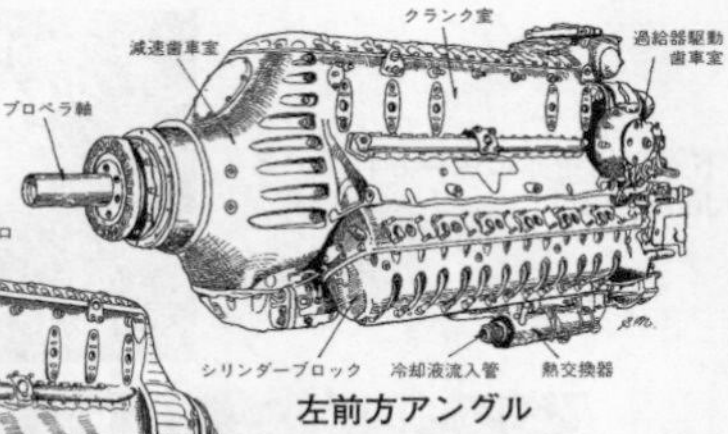

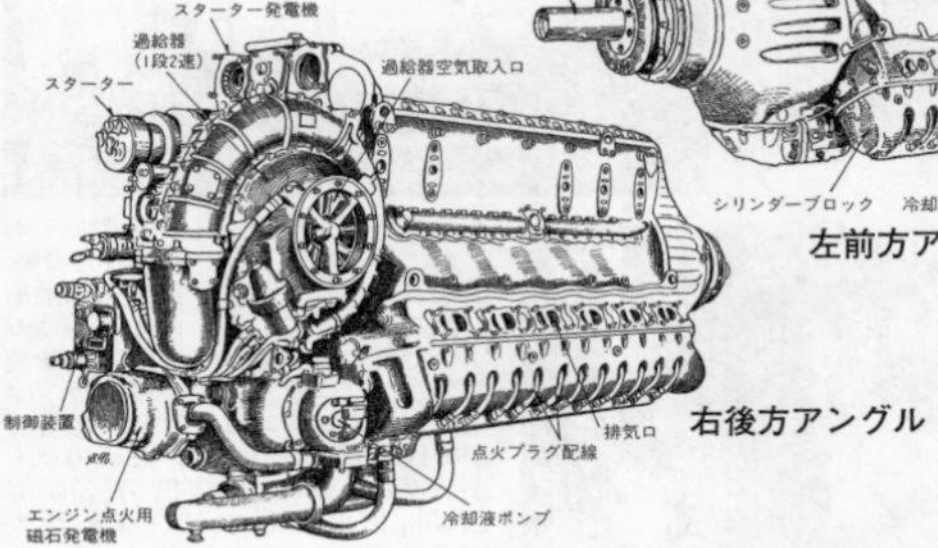

▶Fw190D-9の実質原型１号機、Fw190V53に搭載された、Jumo213A-1エンジンの右側艤装状態。前ページの本体だけの写真と見比べてみると興味深い。

◀同じく、Fw190V53のJumo213A-1エンジンの左側艤装状態。二股になった支持架後方下部が、貫通した形になっている四角っぽい箱は、潤滑油タンクで、わずかなスペースも逃さず、有効に使おうとした、Fw社スタッフの工夫がうかがえる。

ドイツ博物館に保存されている
Jumo213A-1エンジンの細部

▲左側面。支持架もオリジナルであるが、冷却液還流管、点火プラグ配線などは欠けており、排気口は最前方のみ開口しているものの、他はパッチで塞いである。側面壁の無塗装部分がシリンダー、およびクランク室。Jumo213系のシリンダー総容積が、DB603系の77%しかないのにもかかわらず、離昇出力を同じ1,750hpに保てたのは、回転数がDB603の2700rpmに対し、3250rpmとかなり高くできたことによる。

▲右前方から見る。Jumo211に比較すると、前面の減速歯車室が大きく張り出していることが目立つ。本来は、画面右端の円形開口部から、プロペラ・シャフトが突き出す。

▶上面デッキ部分を右前方より見る。倒立V型ということもあって、上面デッキは平坦になり、この上に射撃兵装を配置できる点が、イギリスのロールスロイス“マーリン”エンジン搭載機などには無い長所だった。

◀左側面壁を後方より見る。間近に見ると、さすがに1,750hpという高出力液冷エンジンの迫力が伝わってきて、ドイツ工業技術レベルの高さを、いやが応でも体感せざるを得ない。

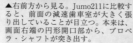

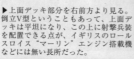

▲本体後部右側。支持架の間に見える、仕切り板の付いた円形孔が過給器空気取入口。支持架の上方にあるのがスターター。

▲本体後部左側。支持架の間に見える円形部は過給器駆動歯車室。

［上、右２枚］傍に展示してある、Jumo213Aの内部主要メカニズム。ピストンとクランク・シャフトの連結（右上写真）、過給器空気取入口の羽根車（上写真）、その駆動歯車構成（右下写真）などが、素人目にもよくわかる、ドイツならではの展示法である。

Fw190D-9カウルフラップ＆排気管（右側）

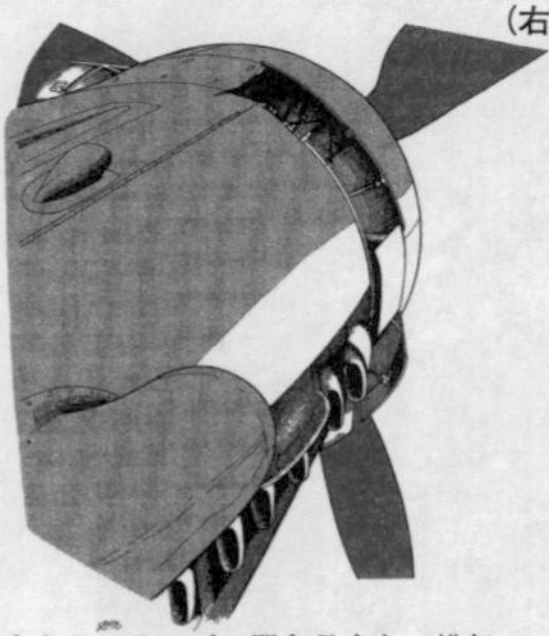

▲カウルフラップの開き具合と、排気管断面、および配列に注目。左下が過給器空気取入口で、排気ガスが侵入しないよう、右側の排気管列の上方にだけ、小さなヒレが付く。

Fw190D-9カウリング・パネル開状態（左側）

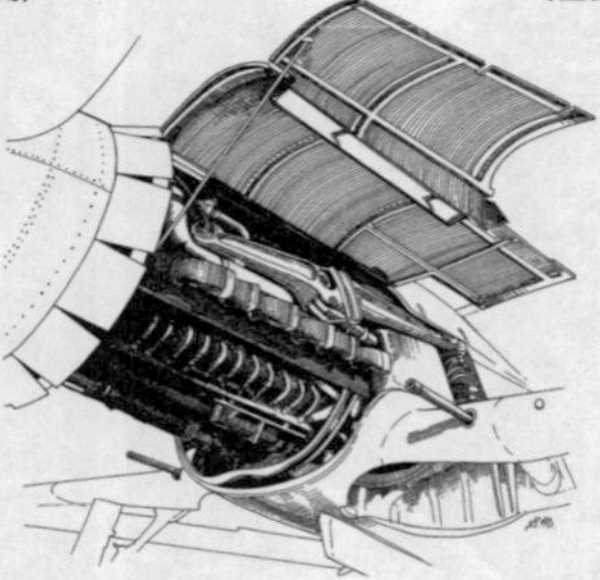

▲Fw190D-9のカウリング・パネルは、上面、左、右側面の各1枚、下面の左、右2枚からなり、通常は上図のように、上面パネル左、右縁をヒンジにして、スナップ・ピンを外せば簡単に開くようになっており、整備の便をはかっていた。

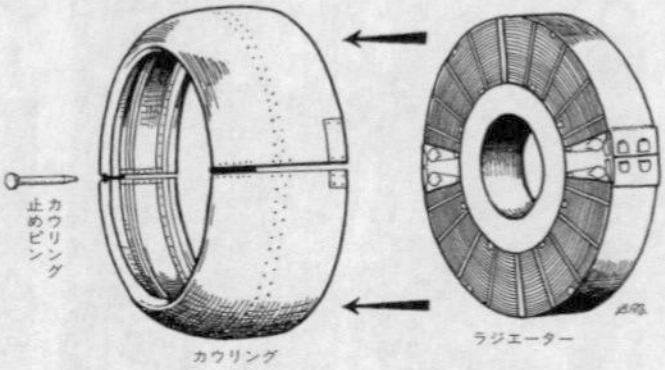

▼Fw190V53の正面。VS111プロペラの形状が把握できる。ただし、スピナーはD-9生産機とは異なって、軸内発射武装対応のタイプ。

Fw190D-9環状ラジエーター配置断面図

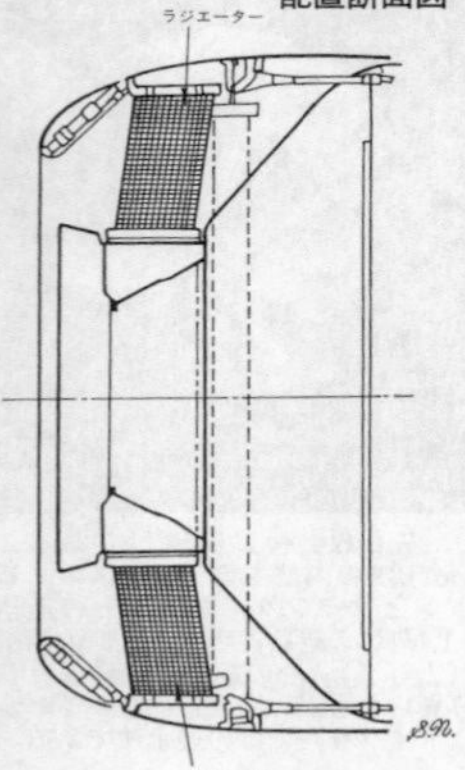

Fw190D-9カウリング・パネル開状態（右側）

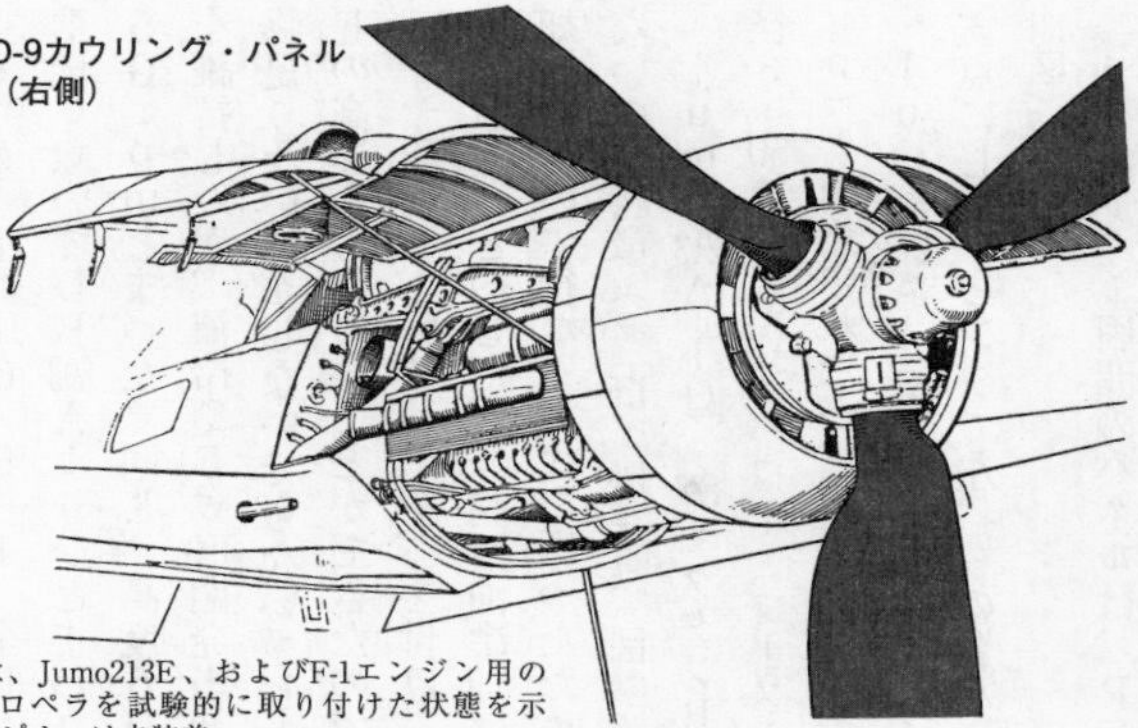

▲図は、Jumo213E、およびF-1エンジン用のVS9プロペラを試験的に取り付けた状態を示し、スピナーは未装着。

Fw190D-13/R11の機首

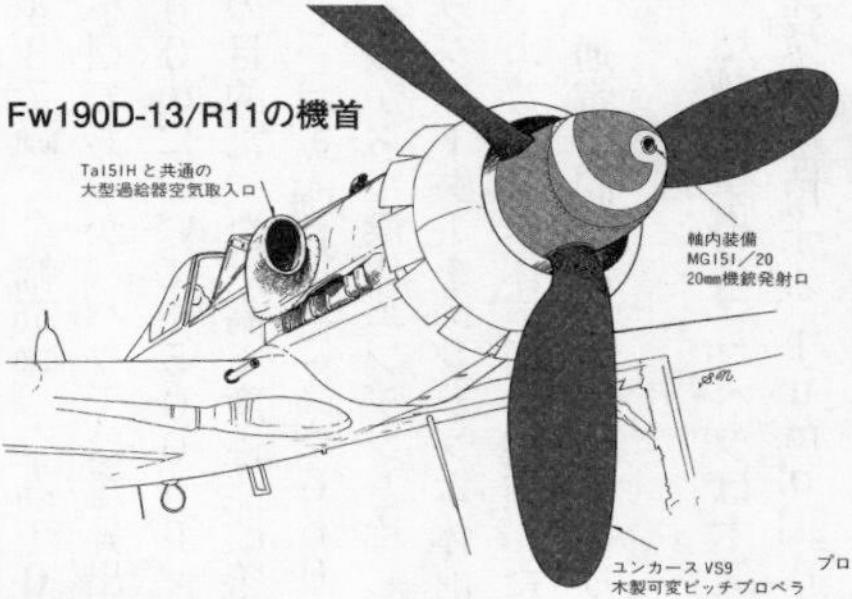

◀Jumo213F-1エンジンを搭載したD-11～-13のプロペラは、Ta152Hと同じVS9を組み合わせ、機首右側の過給器空気取入口もTa152Hのそれと同形状になっており、このアングルから見ると、D-9とはかなり異なった印象をうける。

Ta152HのVS9プロペラ・ハブまわり、および スピナー詳細

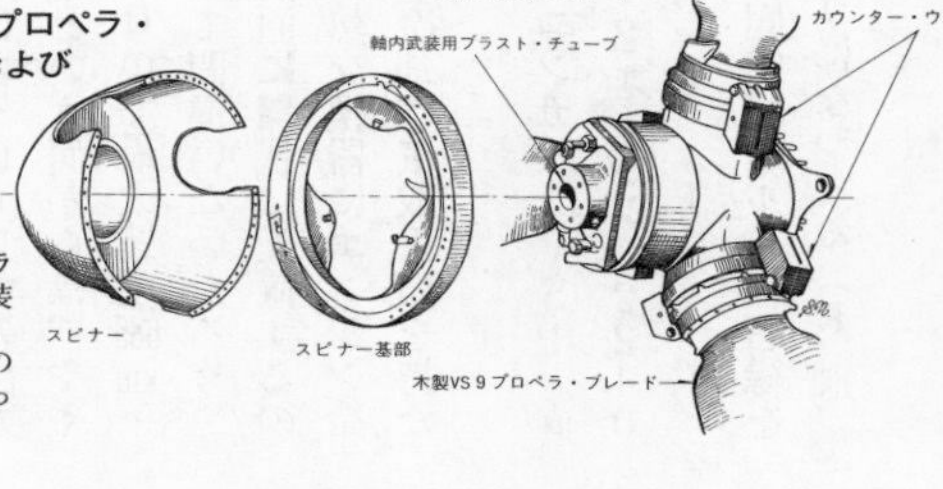

▶VS9プロペラは、軸内発射武装に対応しており、図のようにハブの中心が空洞になっているのが特徴。

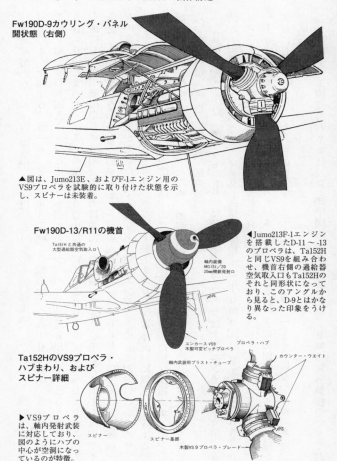

主量産型となったJumo213A-1は、シリンダー内径165㎜、ストローク150㎜、総容積34・97ℓ、圧縮比6・5：1、全長2437㎜、全幅776㎜、全高1012㎜、重量920kgと、重量を除いてDB603Aよりひとまわり小型であるが、パワーは離昇出力1750hp／3250rpmとまったく同じ。高度6000mにおいて1500hp／3250rpmの出力を維持したが、液冷型Fw190開発当初の目的だった、高々度性能改善という面からは、やや物足りない感がしないでもない。しかし、Fw190D-9に高度6600mで最大速度685㎞／hの高速をもたらすことができたのであるから、傑作エンジンと称して間違いないだろう。

ギヤ駆動の1段2速過給器を付け、ラジエーターをエンジン本体前面に環状に配置するのはDB603Aと同じだが、潤滑油冷却は、エンジン本体下面に装備した熱交換器にエンジン冷却水を導いて行なう方式を採ったため、通常の潤滑油冷却器、および冷却空気取入口を持たないのが特徴（P.126～130写真、図参照）。

Jumo213A-1は、87オクタンB4燃料を使用、プロペラは木製ユンカースVS111（直径3・50m）。MW50パワー・ブースト装置を併用するJumo213A-2エンジン（2240hp）も用意されたが、生産機には搭載されなかった。

Jumo213A-1を包むカウリング・パネルは5分割され、上部の固定パネル左、右縁を支点にして、ヒンジで左、右の各パネルが下面を境に上方へ開くようになってる（P.130、131図）。

ラジエーター周囲のパネルは、P.130中図のように厚さ15㎜、8㎜の防弾鋼板でできており液冷エンジンの弱点をカバーしていた。排気管は推力式単排気で、前方より2、3、1本と間隔を少し置いて並び、過給器空気取入口に排気ガスが侵入しないように、右側シュラウドの上辺に小片を取り付けている（P.130上左図）。

Ｔａ152Ｈに搭載されたＪｕｍｏ213Ｅは、Ｊｕｍｏ213Ａで不満だった高々度性能の改善を図った型で、エンジン本体はほとんど変わらず、過給器を2段3速に改め、アフター・クーラーを追加して吸気冷却能力を高めるとともに、圧縮比を6・5：1から8・5：1と大幅に引き上げた。

［このページ４枚］アメリカはアリゾナ州メサ市に所在した、私設航空博物館『チャンプレン・ファイター・ミュージアム』に保存・展示されていた、Jumo213Eエンジン。写真左と下は右側、最下段右は左側、同左は正面からのショット。本エンジンは、これまで、同博物館が保存・展示していたFw190D-13/R11（複製部分が多くて参考にならない）のものと思われてきたが、最近、ドイツ敗戦後にTa152H-1、W.Nr150167をスクラップ処分する際に同機から取り外し、アメリカに戦利品として運ばれたものであることが判明し、筆者も驚いた。円環状ラジエーターがむき出しのままになっているが、現在では、カウリングとカウルフラップが付けられている。いずれにせよ、貴重な存在ではある。

その結果、離昇出力こそ１７５０ｈｐ／３２５０ｒｐｍと、Ｊｕｍｏ213Ａ-１と同じだったが、高度９８００ｍにおいて１４２０ｈｐ／３２５０ｒｐｍと、Ａ-１の１０２０ｈｐより40%近くものパワー・アップを実現した。

アフター・クーラーにも冷却液をまわす必要もあって、Ｊｕｍｏ213Ａよりさらにラジエーター面積を増加する必要が生じたが、カウリング直径を拡大させるのは不可能なため、ＤＢ603ＬＡのそれと同様に、冷却効率の低下をしのんで、ドーナツ状から奥行きの深い円環状（65ｄ㎡）に配置換えしてこれを達成した。ただし潤滑油冷却は、従来どおり熱交換方式で行なうようにしたので、Ｔａ

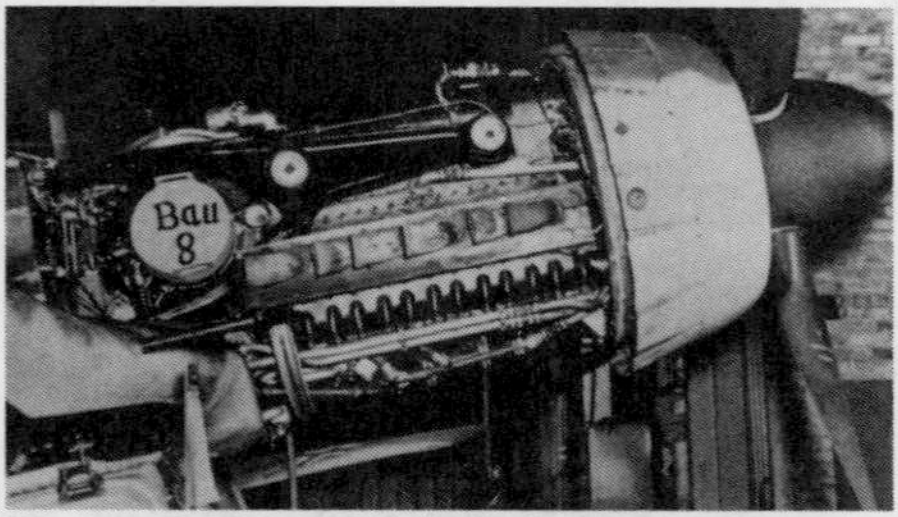

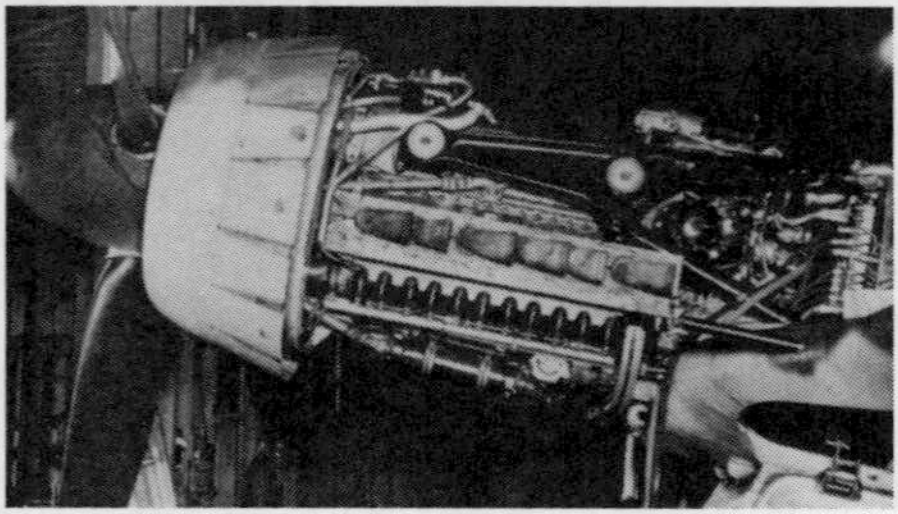

◀［左２枚］Fw社ゾラウ工場で組み立てられた、Ta152H-1のJumo213Eエンジン艤装状態。p.133の本体写真とあわせて見れば、その全体像が把握できよう。右側の過給器空気取入口には、ゴミなどが入らぬようカバーが被せてある。Jumo213Aに比較して、２段３速となった大きな過給器をクリアするため、後方で二股になったエンジン支持架の下側が、彎曲している。エンジン上面デッキがクリアーなのは、Ta152H型も当初は機首上部兵装（MG151/20×2）を予定していたため。

Ta152H機首まわり寸度図（寸度単位mm）

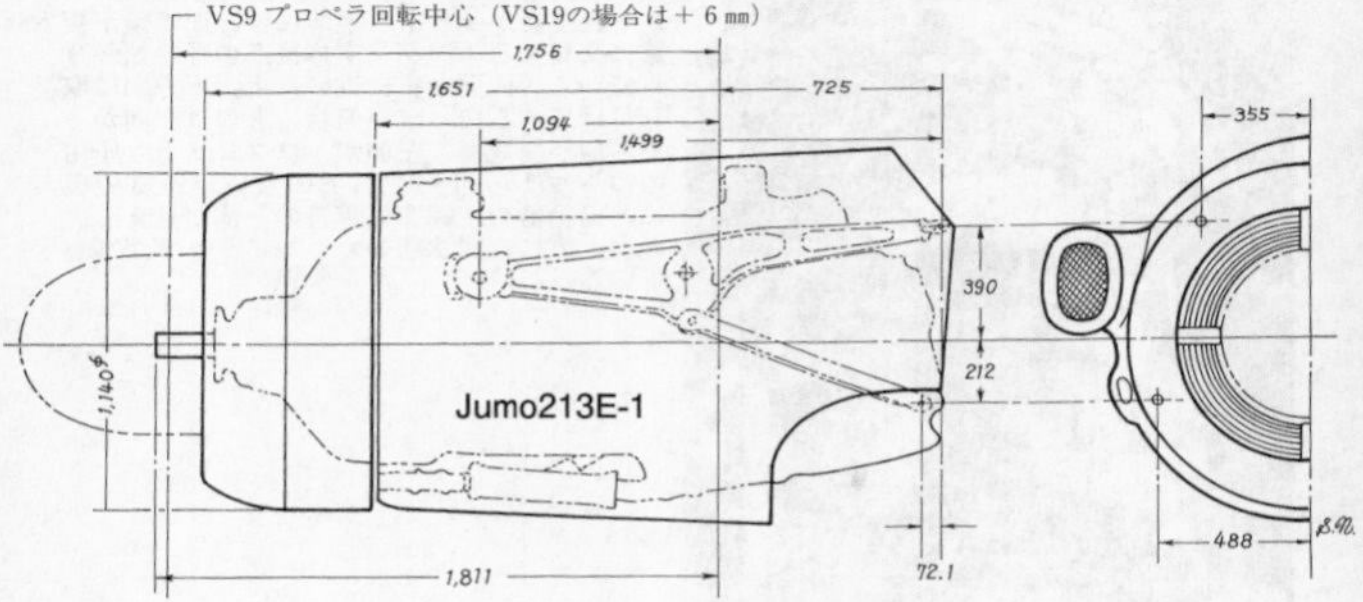

Ta152H排気管配列

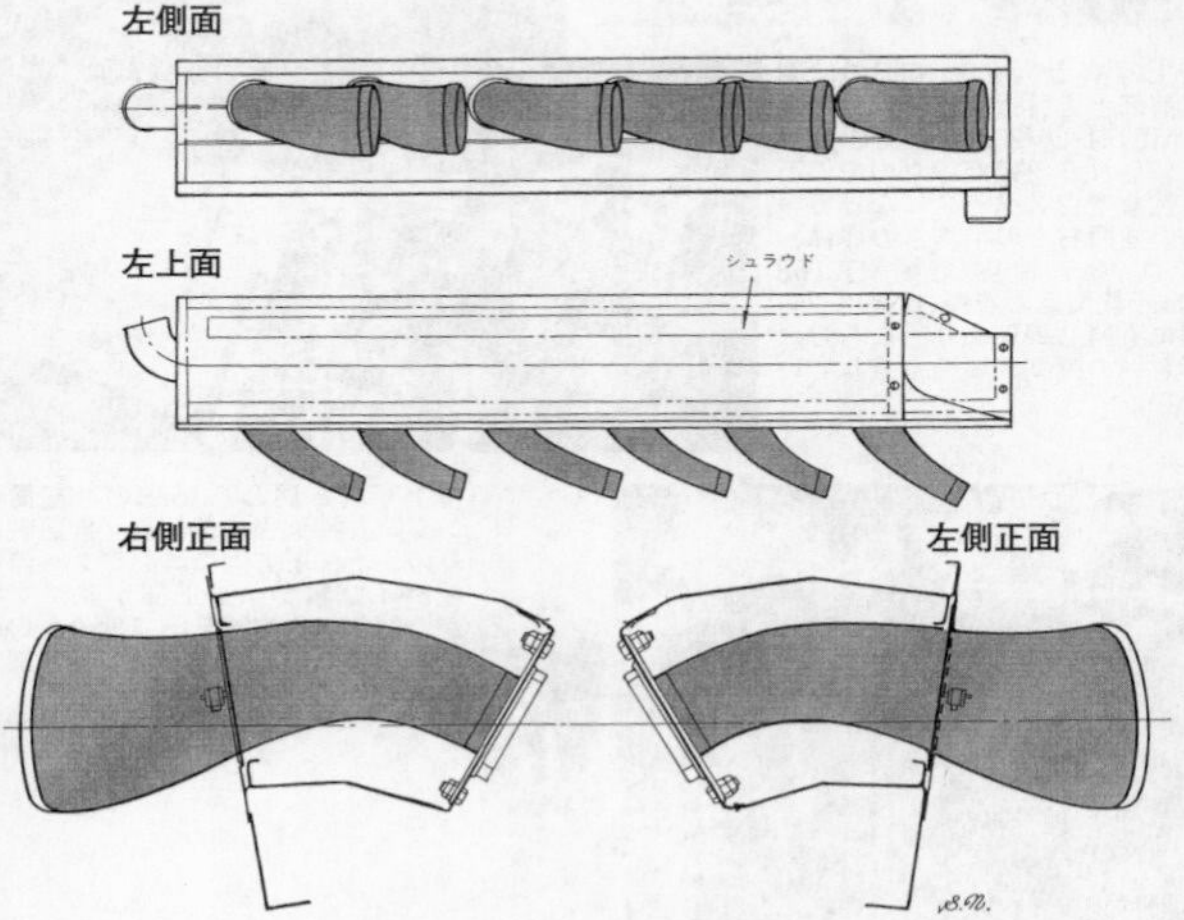

◀カウリング・パネルを外したTa152HのJumo213Eエンジン部分を、後上方アングルから捉えたショット。手前には、配管類が複雑に交錯するエンジン本体後部の補器類が写っている。画面中央に近い、上、下方向に取り付けてある白っぽい筒状のものは、向かって右側が発電機、左側が、コクピット与圧用のコンプレッサー。右下の太いパイプの奥に、過給器の圧縮空気導管の一部が見える。画面上方に、開状態のカウルフラップが写っている。

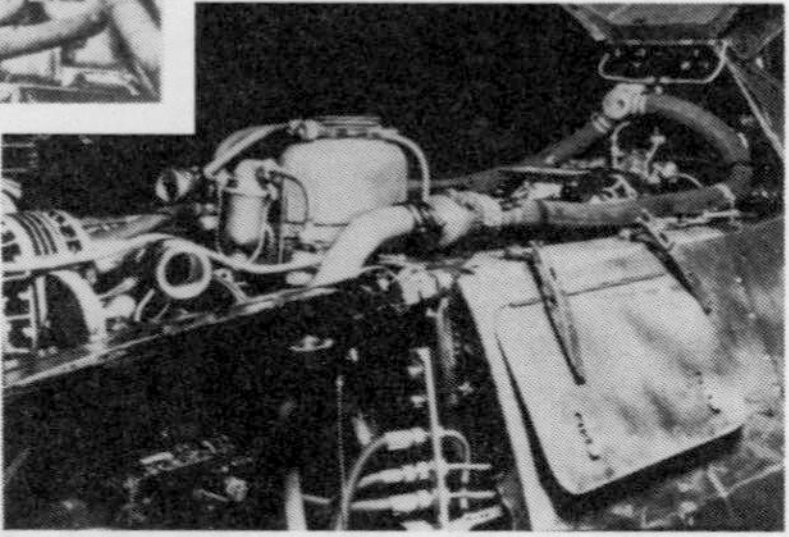

▶上写真と同じTa152Hの、胴体前部上方付近。当初は、ここにMG151/20 20mm機銃２挺が装備される予定だったので、不自然な空白スペースになっている。画面右下の半開きの扉は、プロペラ軸内発射MK108 30mm機関砲の着脱/点検用。右側にも同じ扉があり、こちらは弾倉への弾丸装填用も兼ねていた。

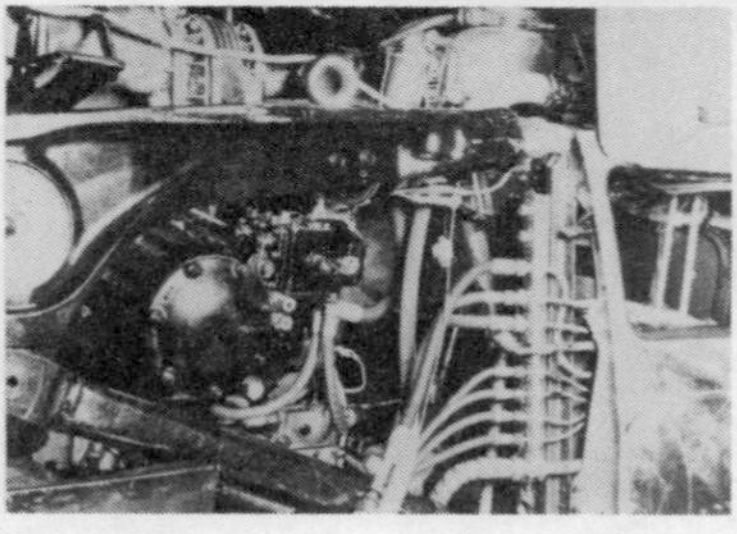

◀上写真と同じTa152Hの、左側エンジン支持架固定部付近。画面右寄りの、上、下方向にエンジンへの接続パイプ類ソケット部が並ぶ支柱が、胴体の先端部分。二股のエンジン支持架の間に見える丸い蓋の部分は、過給器駆動歯車室。

◀Ｔａ152Ｈシリーズ用原型機に充てられた５機（Ｆｗ190Ｖ-18／Ｕ２を除く）のうち、３番目に初飛行したＦｗ190Ｖ29／Ｕ１、Ｗ.Ｎｒ００５４、コード〝ＧＨ＋ＫＳ〟の機首左側。Ｊｕｍｏ213Ｅエンジンを搭載しており、のちの生産型とほとんど変わらないフォルムだが、機首上部兵装に対応した、発射口付きのカウリング上面パネル、プロペラ軸内発射武装対応のスピナーの、先端開口部が大きいなどの違いはある。

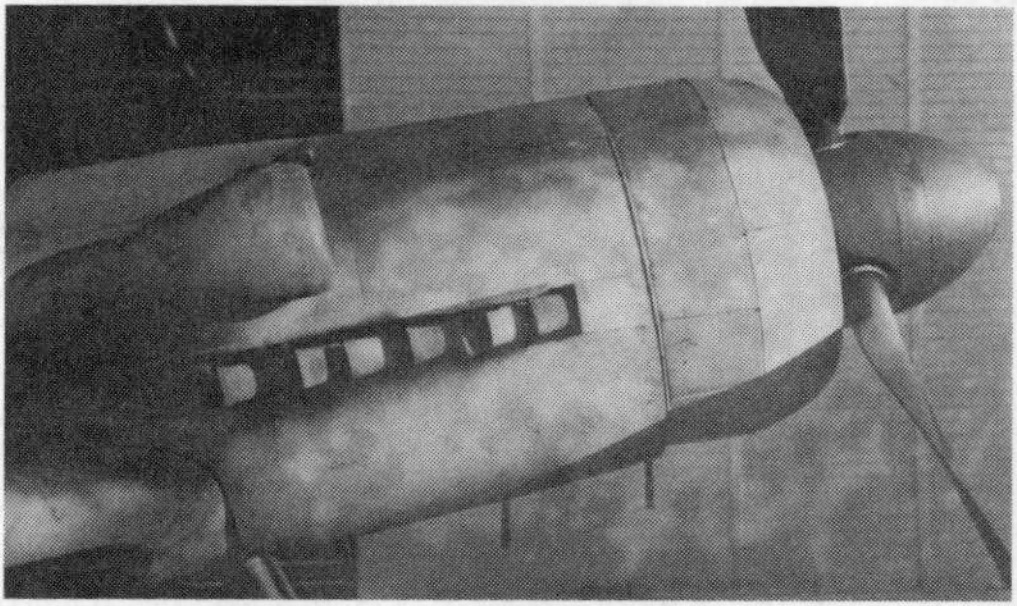

▲同じく、Ta152Hシリーズ用原型機のうち、２番目（1944年８月６日）に初飛行した、Fw19V30/U1、W.Nr0055、コード“GH+KT”の機首右側。基本的には、Jumo213Fエンジンを搭載したFw190D-11、-12、-13と同じなのだが、原型機の完成はTa152Hのほうが早く、Fw190D-11、-12、-13が、Ta152Hの設計を流用したとみるべきである。大きく張り出した、過給器空気取入口が目立つ。

Ta152Hの機首上面

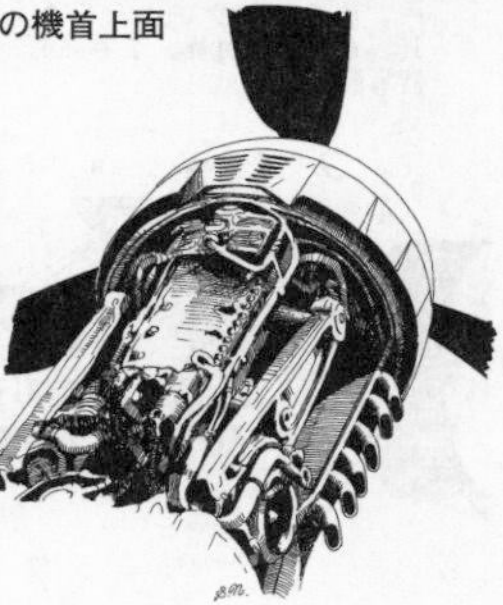

152Cのような潤滑油冷却器は持たない。したがって、正面から見ると、Ta152Hのカウリング前面開口内部は、ラジエーター支持架4本が見えるだけである（P.133写真）。

Ta152Hの設計段階では、機首上部兵装を予定したこともあって、カウルフラップ上面部は固定されたうえに、両側が凹んでおり、冷却空気を逃がすスリットが2列設けられているのもD-9と異なるところ（P.137下図）。

過給器をはじめとする補器類の変更、追加により、Jumo213Eの重量は930kgに増加したほか、プロペラはVS111

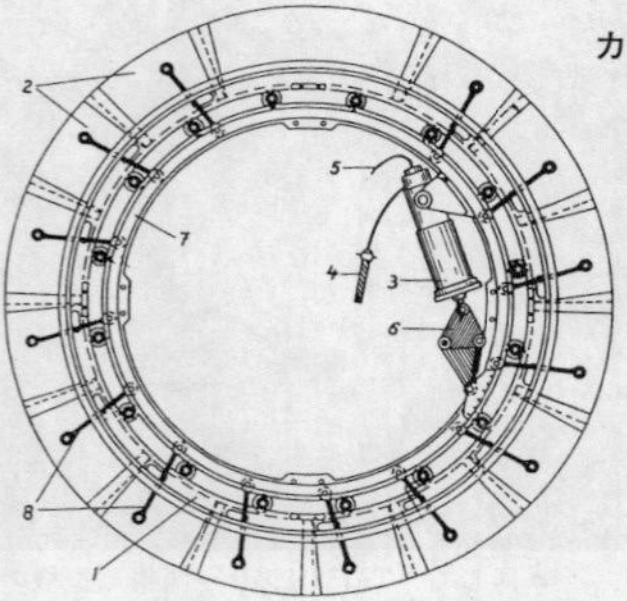

カウルフラップ作動メカニズム
（後方より見た図）

1衝風槅、2カウルフラップ、3作動筒、4温度感知部、5電気信号コード、6カウルフラップ作動挺子、7作動環、8作動アーム

Ta152Hカウリング部品構成

1カウリング、2装甲板、3ラジエーター、4冷却液タンク、5タンク固定金具、6金具取付片、7導風筒、8与圧装置導風部

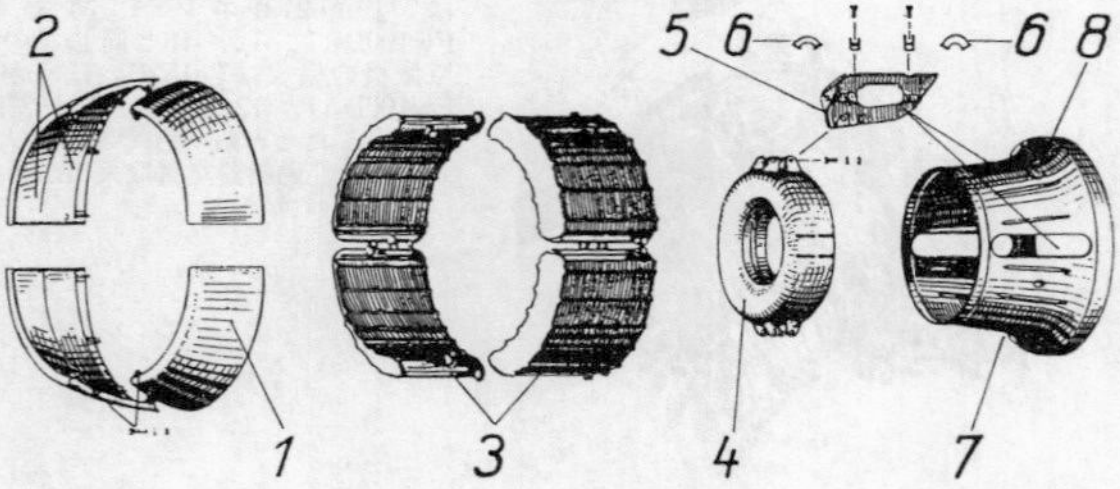

よりさらにブレード幅の広い木製ＶＳ９（直径は同じ３・60ｍ）を標準とした（Ｐ．131中図）。過給器の２段３速化にともない吸気量も増加したため、機首右側に開口する空気取入口は、Ｊｕｍｏ213Ａ搭載のＦｗ190Ｄ-９の円形から、縦長楕円形に変化し、ダクト覆も大型化している。使用燃料は87オクタンのＢ４。

量産型Ｔａ152Ｈ-１が搭載したＪｕｍｏ213ＥＢは、高圧力ＭＷ50パワー・ブースト装置併用を基本にしており、緊急出力は２０００ｈｐにアップ、高度１万２５００ｍにおいて750km／ｈの快速をもたらした。

いっぽう、ごく少数だけ完成したＦｗ190Ｄ-12、-13の搭載エンジンとなったＪｕｍｏ213Ｆは、Ｊｕｍｏ213Ｅと基本的に同じで、96オクタンＣ３燃料を使用し、低圧力ＭＷ50パワー・ブースト装置併用により、緊急出力２０５０ｈｐを出す。これに対し、高圧力ＭＷ50パワー・ブースト装着を使う場合はＪｕｍｏ213Ｆ-１（２０６０ｈｐ）と称したが、いずれもごく少数つくられただけにとどまった。Ｐ．131中図に示すように、Ｄ-12／-13の機首はＴａ152Ｈに酷似している。プロペラも同じＶＳ９。

Ｔａ152Ｈの発展型が搭載する予定だったＪｕｍｏ222は、シリンダーを４本ずつ６列に配した、24気筒のいわば〝液冷版星型エンジン〟のようなものであり、離昇出力２５００ｈｐ／３０００ｒｐｍ／高度９０００ｍにて１９３０ｈｐ／３０００ｒｐｍを出すはずであった。しかし、戦況の悪化により、ユンカース社エンジン開発部門は213系に集中することが決定されたことと、空襲による工場被爆などもあって、試作品の完成段階のまま敗戦となった。

Ｊｕｍｏ222搭載Ｔａ152の機首は、Ｆｗ社公式図によると左図のようになるはずであり、プロペラは木製ＶＳ19　４翅（直径３・60ｍ）を予定した。Ｔａ152Ｃ、Ｈに比較して機首はかなり太くなっている。ちなみに、１９４４年12月４日付暫定仕様書No.25号では、Ｊｕｍｏ222搭載型は、Ｔａ152Ｈをベースにし、全備重量５４００kg、武装はＭＧ151／20　４挺、またはＭＧ151／20　２挺、ＭＫ103２門、Revi 16Ｂ、またはＥＺ42ジャイロ式照準器を装備することとされていた。

コクピット

●Ｆｗ190Ｄ

●Ｔａ152

Ｔａ152のコクピット内もＤ-9とほぼ同じであるが、主計器板下部、左、右コンソールの配置が変更されており、

Jumo222エンジン搭載のTa152の機首まわり（計画）

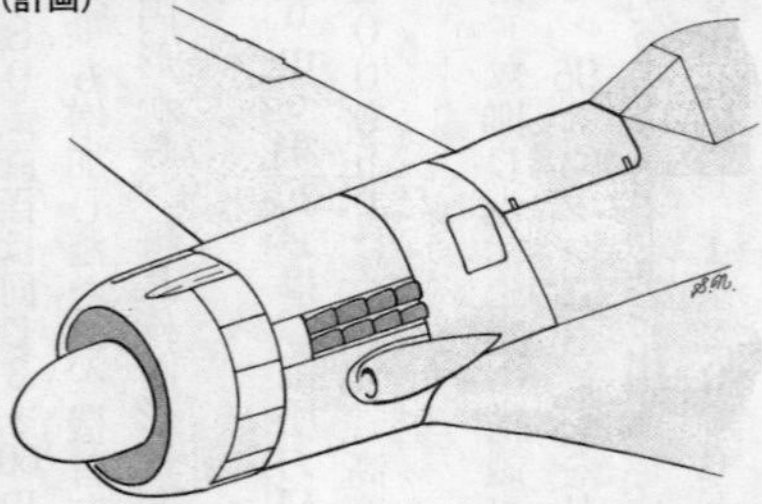

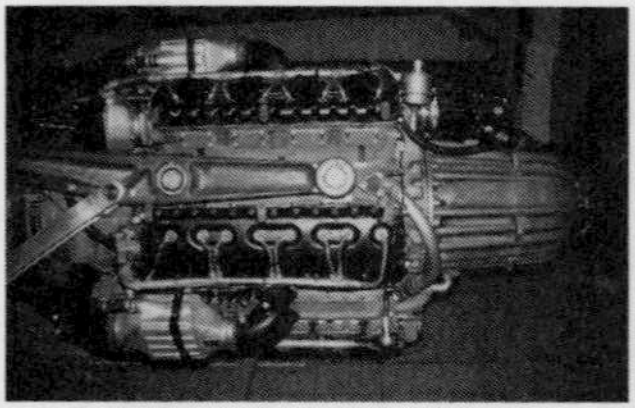

▲［上２枚］ドイツ博物館に保存・展示されている、Jumo222エンジン。６列24気筒という、怪物のような液冷エンジンで、離昇出力は2,500hpに達した。残念ながら量産段階までに至らなかったが、当時の日本などでは、とうてい実現不可能な、ハイ・グレード液冷エンジンだった。

Fw190Dシリーズのコクピット内配置は、基本的にAシリーズと変わらず、正面計器板の下部に、エンジン冷却液の温度計が追加され、計器類の一部が配列変更された程度の違いしかない。

Fw190D-9のコクピット内正面

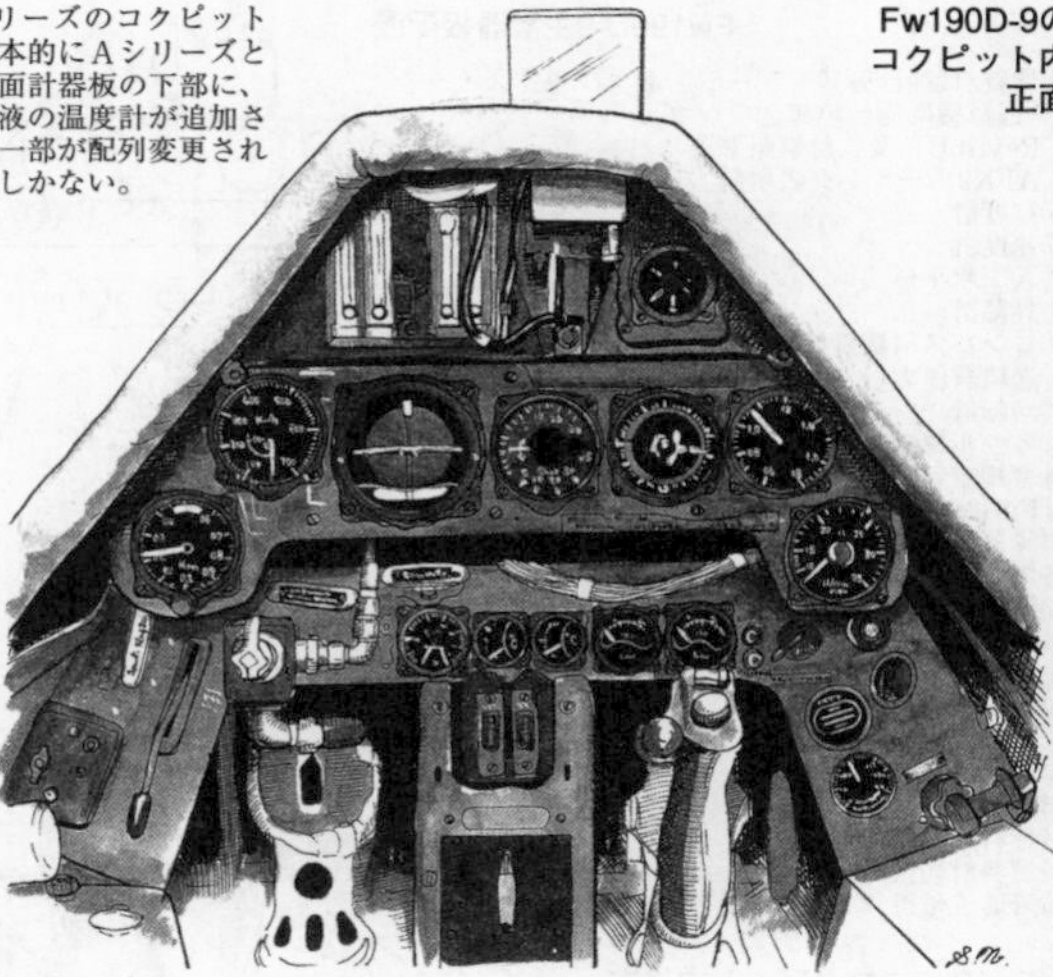

◀Ｆｗ190Ｄ－9のコクピット内部。上イラストより少し手前のほうに視点を移したショットで、中央に操縦桿、その向こうに、爆弾信管作動スイッチなどを配した兵装操作部が写っている。その左、右は方向舵／ブレーキ・ペダル。左サイド・コンソールには、無線機関係操作スイッチなどが配されている。

Fw190D-9主計器板配置

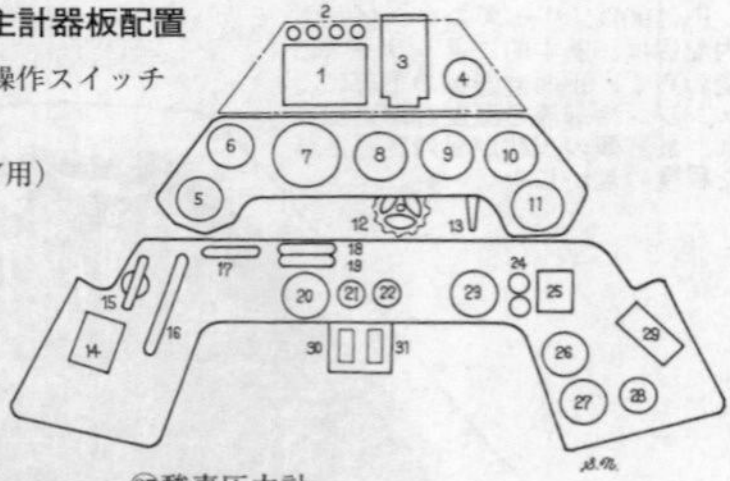

①機銃/機関砲弾残量ゲージ、および操作スイッチ
②機銃/機関砲装填確認ランプ
③Revi16B光像式射撃照準器
④AFN2ホーミング表示計（FuG16ZY用）
⑤高度計
⑥速度計
⑦人工水平儀
⑧昇降計
⑨コンパス（羅針儀）
⑩過給器圧力計
⑪回転計
⑫カウルフラップ操作ハンドル
⑬冷却空気調節および風防洗浄レバー
⑭FuG25a味方識別用無線機操作パネル
⑮降着装置手動操作レバー
⑯燃料タンク切換レバー
⑰緊急エンジン最大出力レバー
⑱非常時主翼下面懸吊物投下レバー
⑲非常時胴体下面懸吊物投下レバー
⑳燃料/潤滑油圧力計
㉑冷却温度計
㉒潤滑油温度計
㉓燃料残量計
㉔燃料残量警告灯
㉕燃料計切換スイッチ
㉖酸素流量計
㉗酸素圧力計
㉘酸素吸入バルブ
㉙信号弾発射口
㉚安全スイッチ
㉛W.Gr21ロケット弾操作パネル

スライド・キャノピーのバリエーション

コトブス工場製D-9量産300機目まで

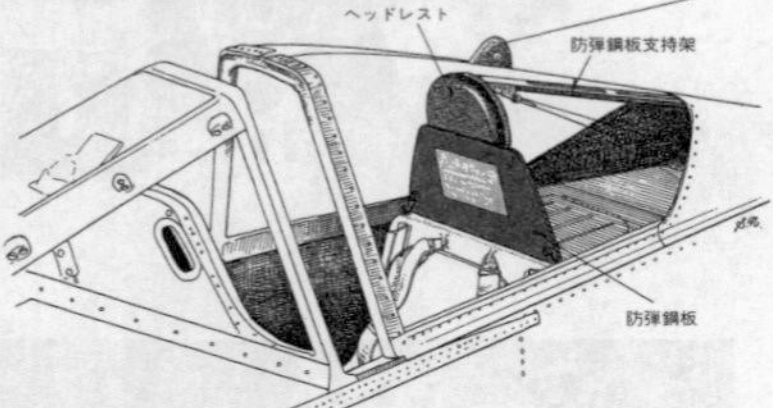

Fw190Dシリーズの標準タイプ

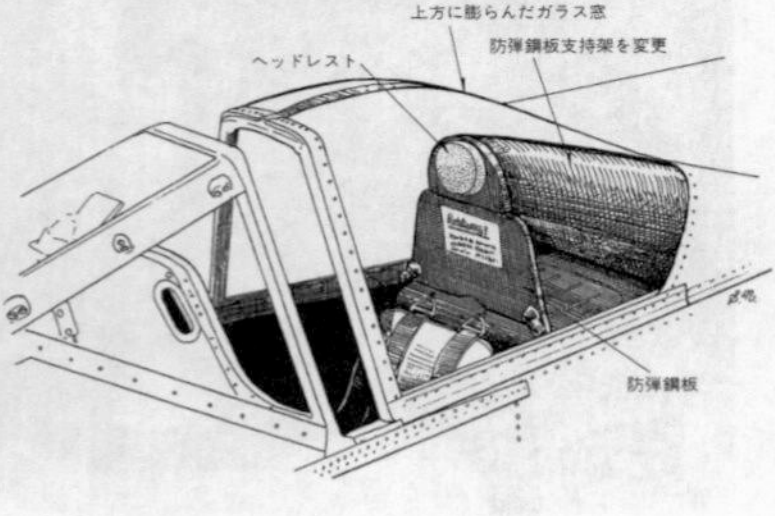

Fw190D-9コクピット内後方

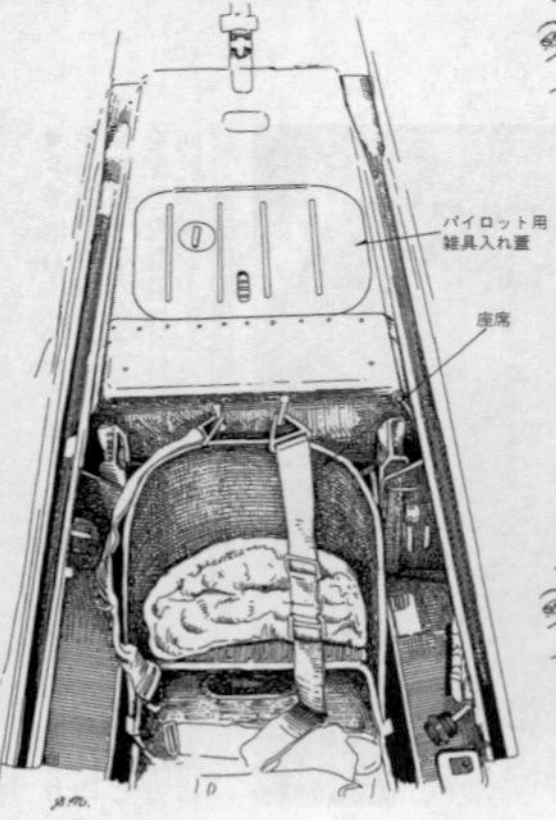

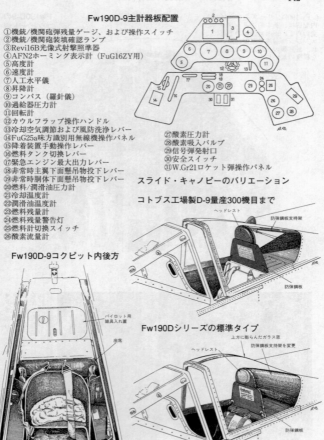

CとHでも前記筒所にわずかな違いがみられる（P．145～146図、写真参照）。

与圧キャビンをもつTa152Hでは、キャノピーが再設計され、前部固定キャノピーの正面ガラスの厚さは、D-9の50㎜から70㎜に強化されたほか、フレームも一新されている。悪天候専用キットのR11仕様は、この前部キャノピー・ガラスに、曇り防止用の熱線ヒーターを組み込んだものを使用する。

スライド・キャノピーも同様で、形状そのものはD-9が使用した標準タイプと同じだが、構造は全く異なった。すなわち、与圧キャビンの気密を保つために、上部フレームで左、右に仕切られたガラスは、6㎜のすき間をあけて内側3㎜、外側8㎜厚の2重構造になり、6㎜のすき間部分に、片側3個ずつの曇り防止用乾燥剤カプセル（シリカゲル）を取り付けた。

パイロットの頭部防弾鋼板も、厚さ20㎜（D-9は12㎜）に強化されているが、支持架を含めた形状そのものは、ほとんど同じ。

さらに、前部キャノピー、および胴体との接点の気密を保つため、フレーム縁に沿ってゴム・チューブが埋め込まれているのも特徴で、閉じたあとこのゴム・チューブ内に、スライド・キャノピー後方金属覆部内に装備した圧搾空気ボンベから空気が入れられ、わずかなすき間を密閉するようにしてあった。このさい、スライド・キャノピーが浮き上がらないよう、左、右下側フレームに各2個のフックが取り付けられ、胴体側のピンに引っかけるようにした（P．144図、P．146写真参照）。

Ta152Hコクピット、胴体内主要装備

①パイロット席、②乗降用足掛（出し入れ式）、③キャンバス製仕切り、④パイロット防弾鋼板、⑤計器板覆い、⑥エンジン手動始動クランク棒、⑦キャノピー緊急飛散装置

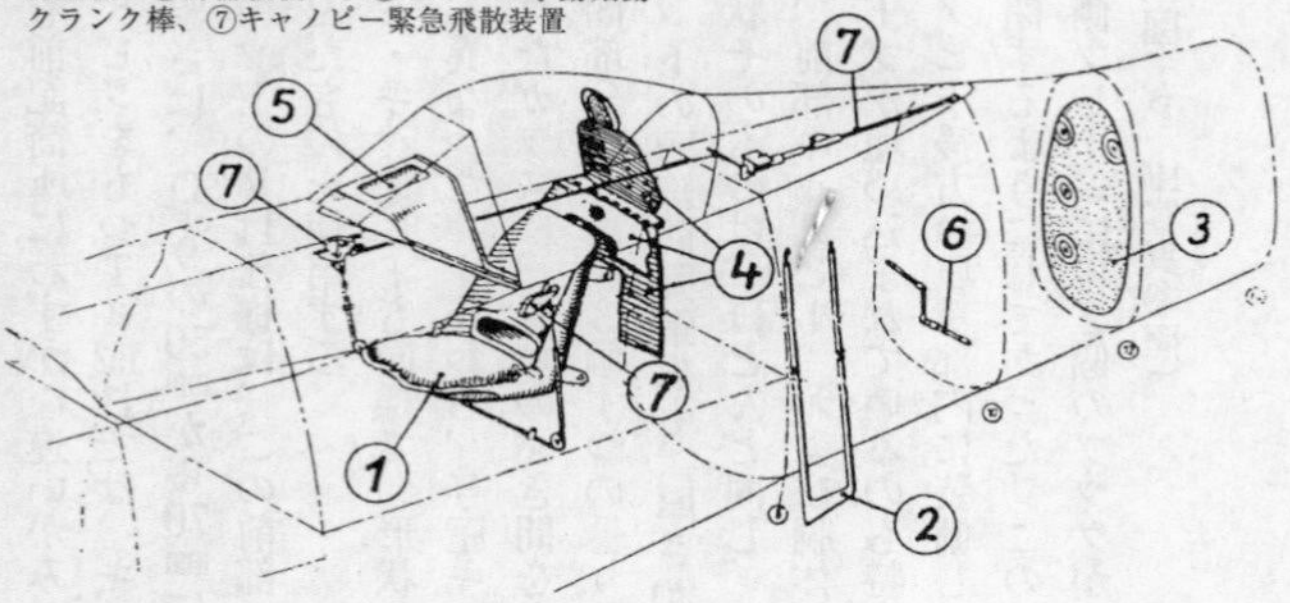

Ta152Hスライド・キャノピー構成

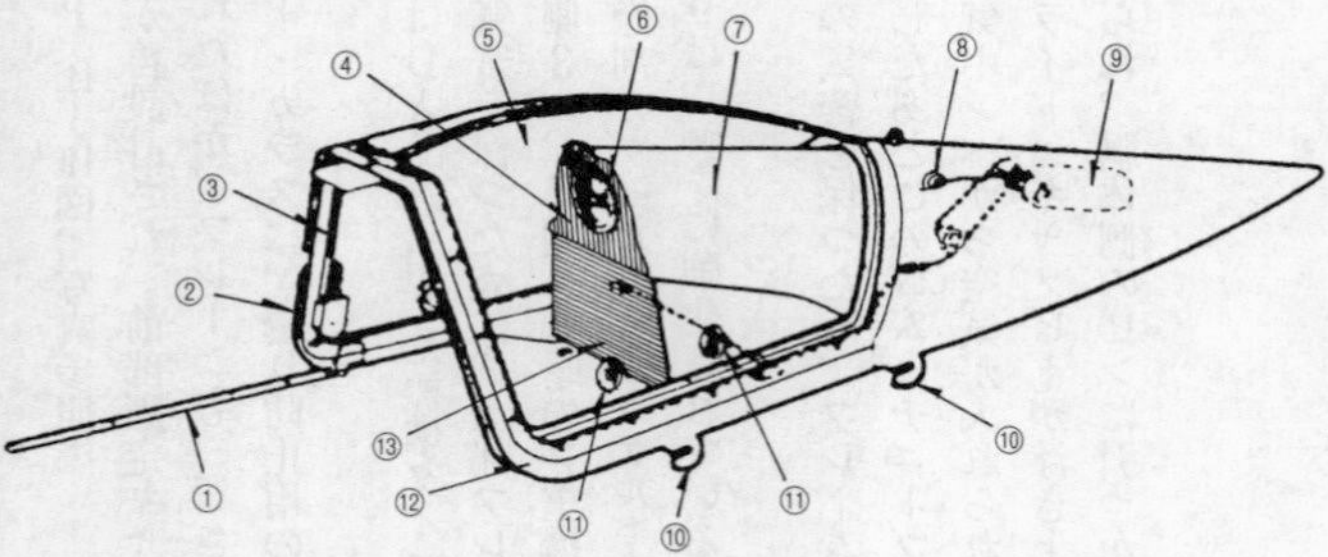

①キャノピー・スライド・ラック、②密閉用ゴム・チューブ、③圧搾空気導管、④頭部防弾鋼板、⑤重プレキシガラス、⑥ヘッドレスト、⑦防弾鋼板支持架、⑧圧搾空気注入口、⑨圧搾空気ボンベ、⑩キャノピー浮き上がり防止フック、⑪乾燥剤カプセル、⑫鉄鋼製フレーム、⑬パイロット背部防弾鋼板

Ta152Hコクピット内アレンジ

※左下のTa152Cの図中各番号はTa152Hと異なる部分、他は共通。(52)はGM-1作動レバー、(53)は名称不明、(54)は上昇表示計

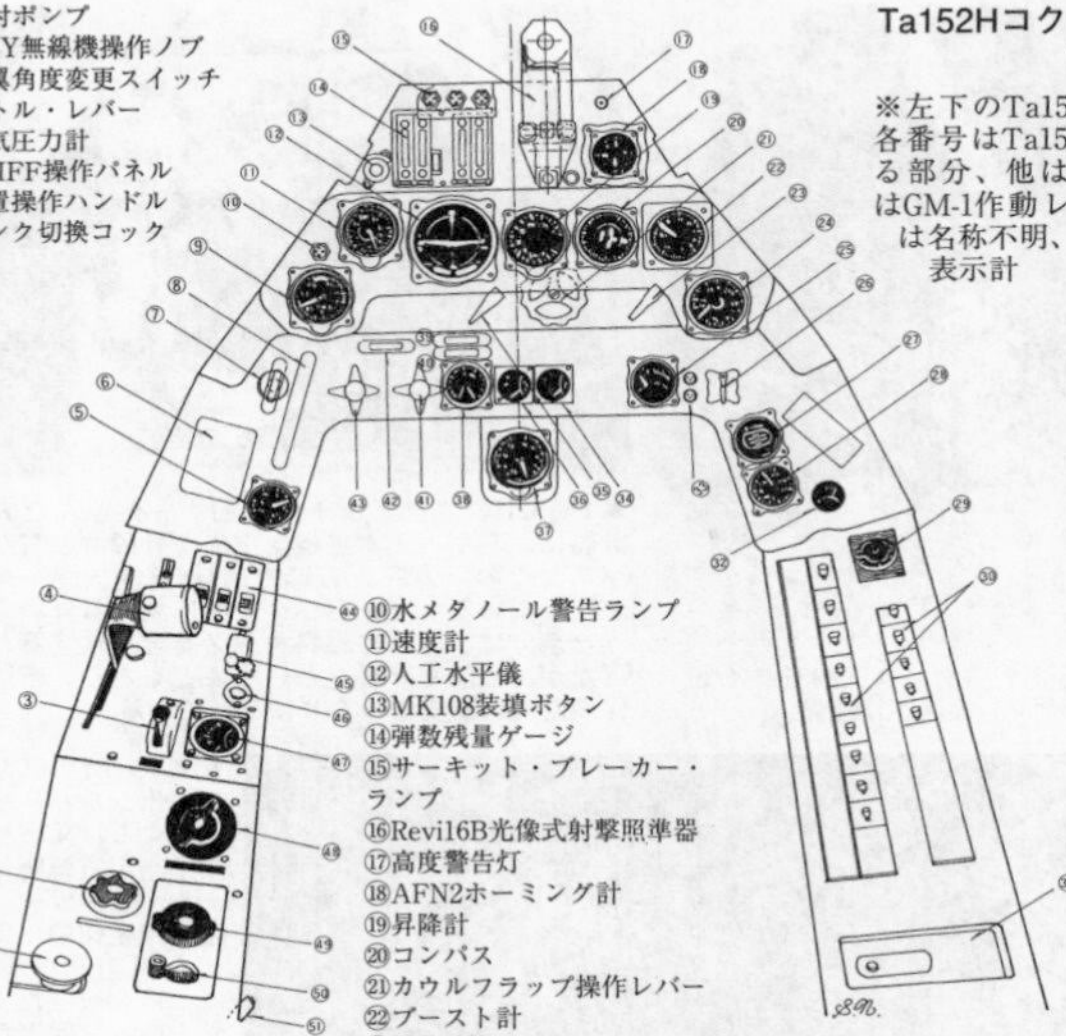

①燃料噴射ポンプ
②FuG16ZY無線機操作ノブ
③水平尾翼角度変更スイッチ
④スロットル・レバー
⑤圧搾空気圧力計
⑥FuG25aIFF操作パネル
⑦降着装置操作ハンドル
⑧燃料タンク切換コック
⑨高度計
⑩水メタノール警告ランプ
⑪速度計
⑫人工水平儀
⑬MK108装填ボタン
⑭弾数残量ゲージ
⑮サーキット・ブレーカー・ランプ
⑯Revi16B光像式射撃照準器
⑰高度警告灯
⑱AFN2ホーミング計
⑲昇降計
⑳コンパス
㉑カウルフラップ操作レバー
㉒ブースト計
㉓風防洗浄レバー
㉔エンジン回転計
㉕燃料計
㉖燃料タンク切換スイッチ
㉗酸素流量計
㉘酸素圧力計
㉙室内灯光量調節ノブ
㉚サーキット・ブレーカー
㉛スターター・スイッチ
㉜酸素コック
㉝燃料残量警告灯
㉞油温計
㉟寒冷時エンジン始動レバー
㊱エンジン冷却液温度計
㊲操縦室内与圧計
㊳燃料/潤滑油圧力計
㊴主翼爆弾架兵装投下レバー（Ta152Hでは不使用）
㊵胴体下面爆弾/増槽架投下レバー
㊶非常時着陸フラップ下げハンドル
㊷非常時エンジン操作ハンドル
㊸非常時降着装置下げハンドル
㊹降着装置/フラップ位置表示計
㊺イグニッション・スイッチ
㊻非常時全システム停止スイッチ
㊼水平尾翼角度表示計
㊽FuG16ZY無線機周波数切換スイッチ
㊾FuG16ZY音量調整ダイヤル
㊿FuG16ZYモード切換スイッチ
(51)電熱服コード接続コネクター

Ta152Cコクピット内アレンジ

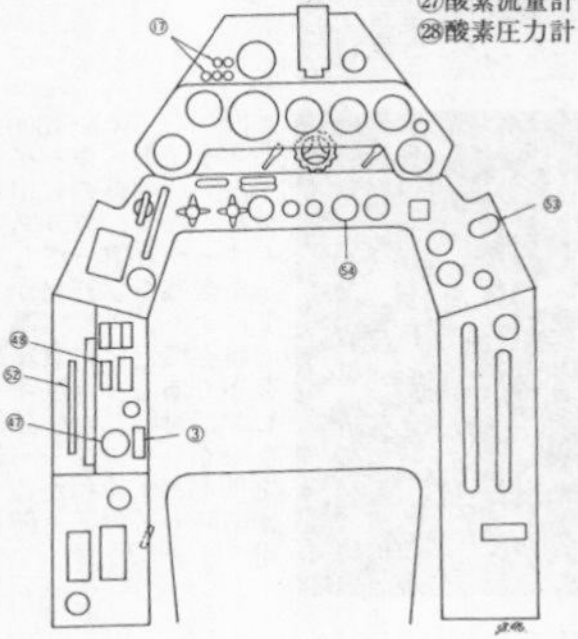

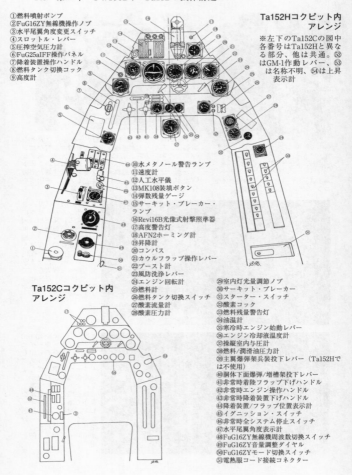

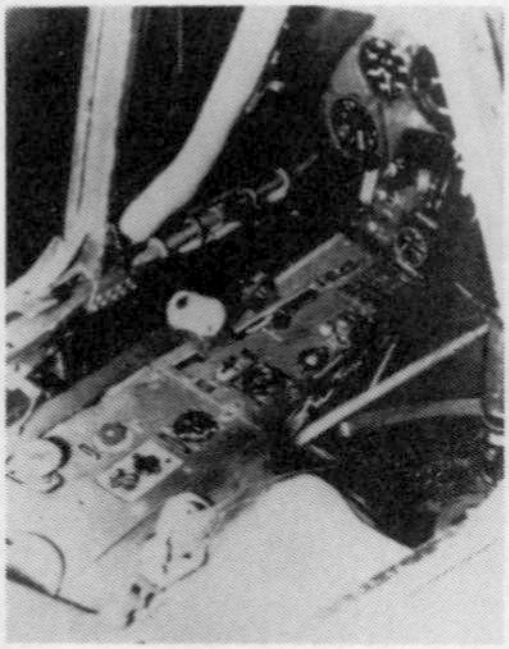

▲Ta152Hのコクピット内左サイド・コンソール。画面下は座席。

▲Ta152Hのコクピット内正面。３個並んだ大きな計器は、左が人工水平儀、中央が昇降計、右がコンパス。その下方左、右に方向舵/ブレーキ・ペダルが写っている。左、右ペダル間に見える丸い蓋のような部分は、床下の燃料タンク室を点検するための扉だが、与圧キャビンということもあり、密閉度を保つために頑丈なつくりになっている。

◀アメリカのメリーランド州シルバーヒルに所在する、NASM（国立航空宇宙博物館）ポール・E・ガーバー施設（復元作業、保管などを担当）の倉庫内に、埃を被ったまま復元を待って保管されていた、Ta152H-0、W.Nr15010の前部キャノピー付近。

◀同じく、W.Nr150010のスライド・キャノピー部分。内部の破損も少なくなく、ガラス窓もすっかり曇ってしまった無残な状態だが、とにかく、世界で唯一の現存機だけに貴重な存在である。与圧キャビンに対応した、強固なつくりが、フレームを見るとよくわかる。密閉時の“浮き”防止用フックに注目。

Ta152H前部固定キャノピー部品構成

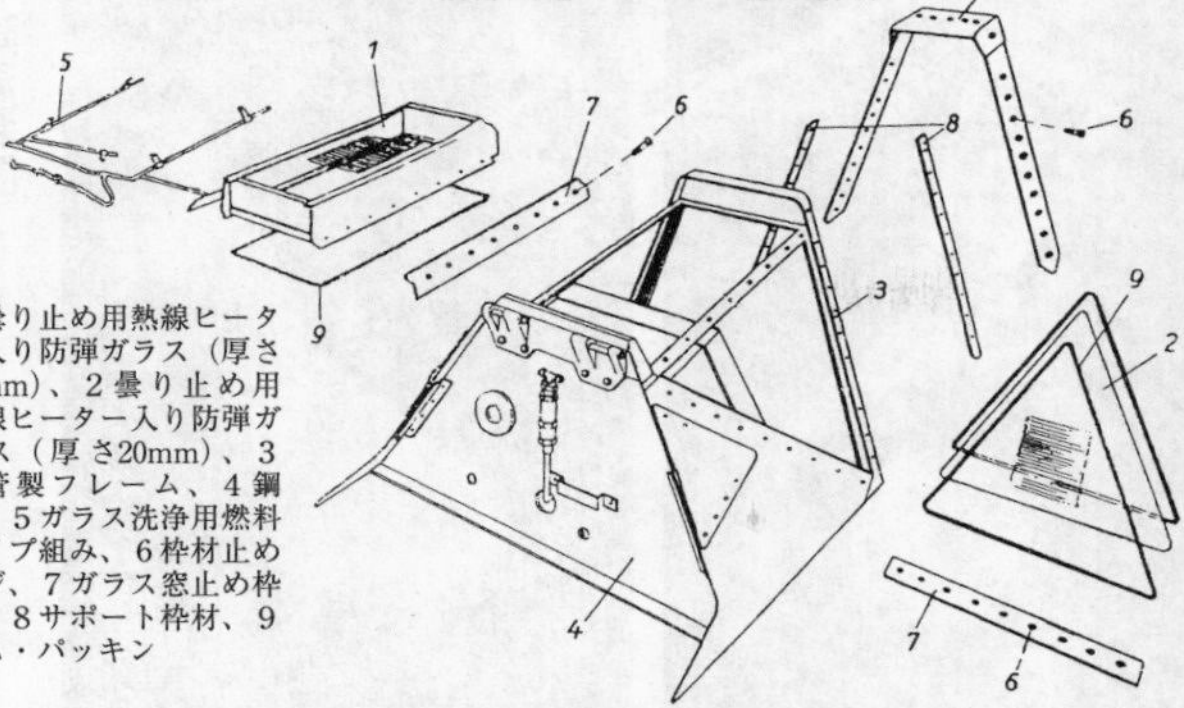

1曇り止め用熱線ヒーター入り防弾ガラス（厚さ70mm）、2曇り止め用熱線ヒーター入り防弾ガラス（厚さ20mm）、3鋼管製フレーム、4鋼板、5ガラス洗浄用燃料パイプ組み、6枠材止めネジ、7ガラス窓止め枠材、8サポート枠材、9ゴム・パッキン

ヨーロッパの冬の悪天候は有名だが、Fw190、Ta152は、これに対応した装備を当初から考えており、キャノピーのガラス窓に、電熱線を組み込んで曇らないようにした。自動操縦装置も含めた、この悪天候装備は、オプション改造キット“R11”仕様として用意されたが、Ta152Hでは、上図のように標準装備とされた。日本の単発戦闘機などには、ついぞ見られない“贅沢な装備”ではある。

Ta152Hスライド・キャノピー飛散装置

(非常時用)

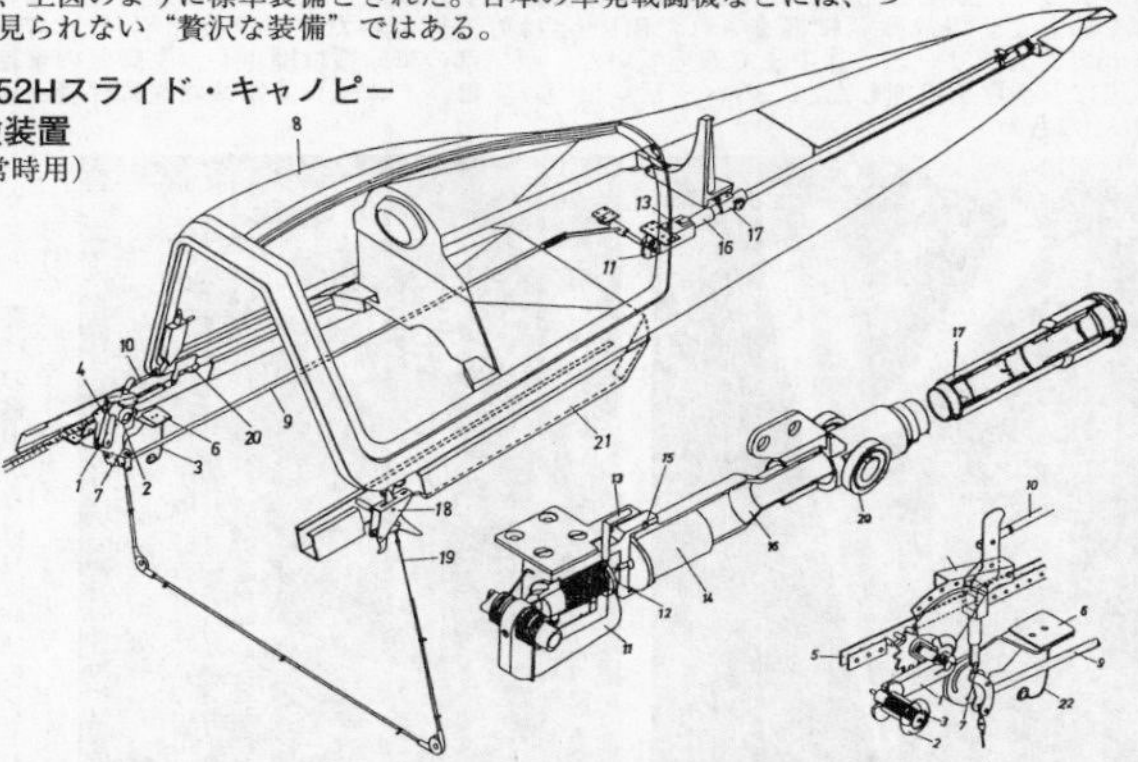

1スライド用クランク、2クランク・ノブ、3飛散レバー、4ストッパー、5スライド用フック、6緊急飛散レバー、7安全索、8スライド・キャノピー、9作動桿、10排気弁操作桿、11安全鈎、12撃針、13撃針固定具、14火薬筒、15止めネジ、16内筒、17外筒、18スライド・キャノピー・ロック、19ロック解除索、20ガイド・ローラー、21ガイド溝、22飛散レバー作動装置(外部用)

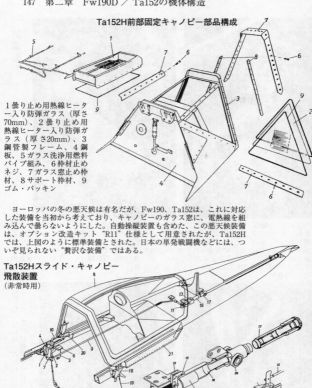

降着装置

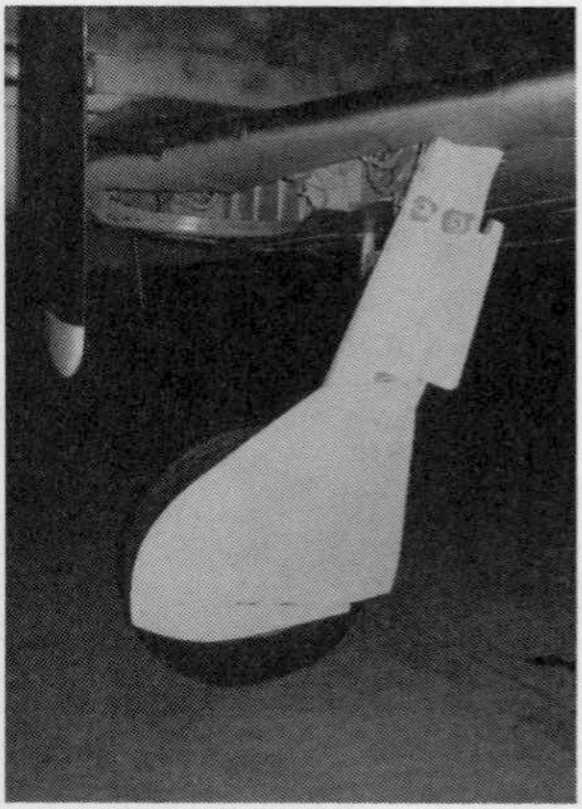

Fw190Dの主脚は、空冷型Ａシリーズと同じである。その揚降エネルギーに、当時の単発戦闘機の常であった油圧ではなく、電気モーターを使ったことが特徴。トレッド（左、右脚間）が広く、強度も充分に確保してあり、前線の不整地飛行場における運用で、大いに面目を施した。事故多発に悩まされたBf109とは好対照だった。主車輪サイズは、700×175mmで、Ａシリーズの途中まで備えていた、収納部の車輪覆は廃止し、主脚側の車輪覆の下辺に、小片を追加した。このページ４枚の写真は、アメリカ空軍博物館に保管・展示中のD-9のもの。

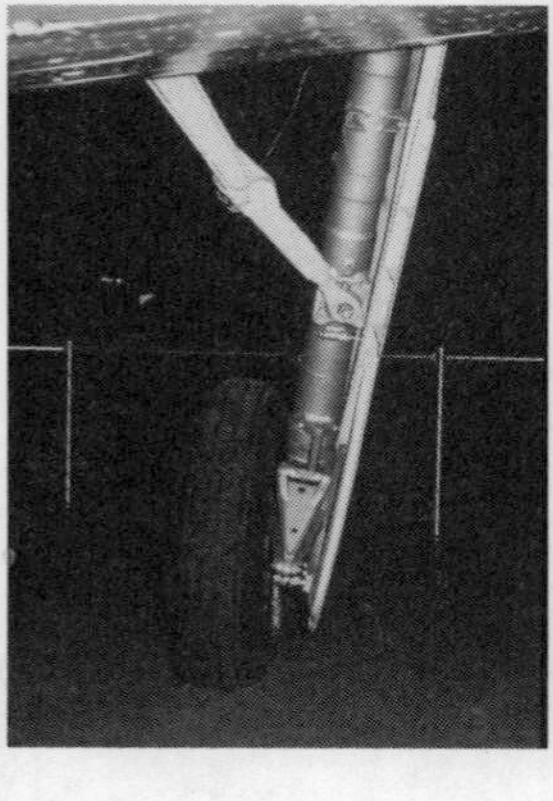

◀左２枚の写真は、右主脚の前（右写真）、後ろから見たカット。脚柱の途中から斜めに伸びるアームが、出し入れ操作する。主車輪タイヤは非オリジナル。

Fw190D-9主脚収納要領

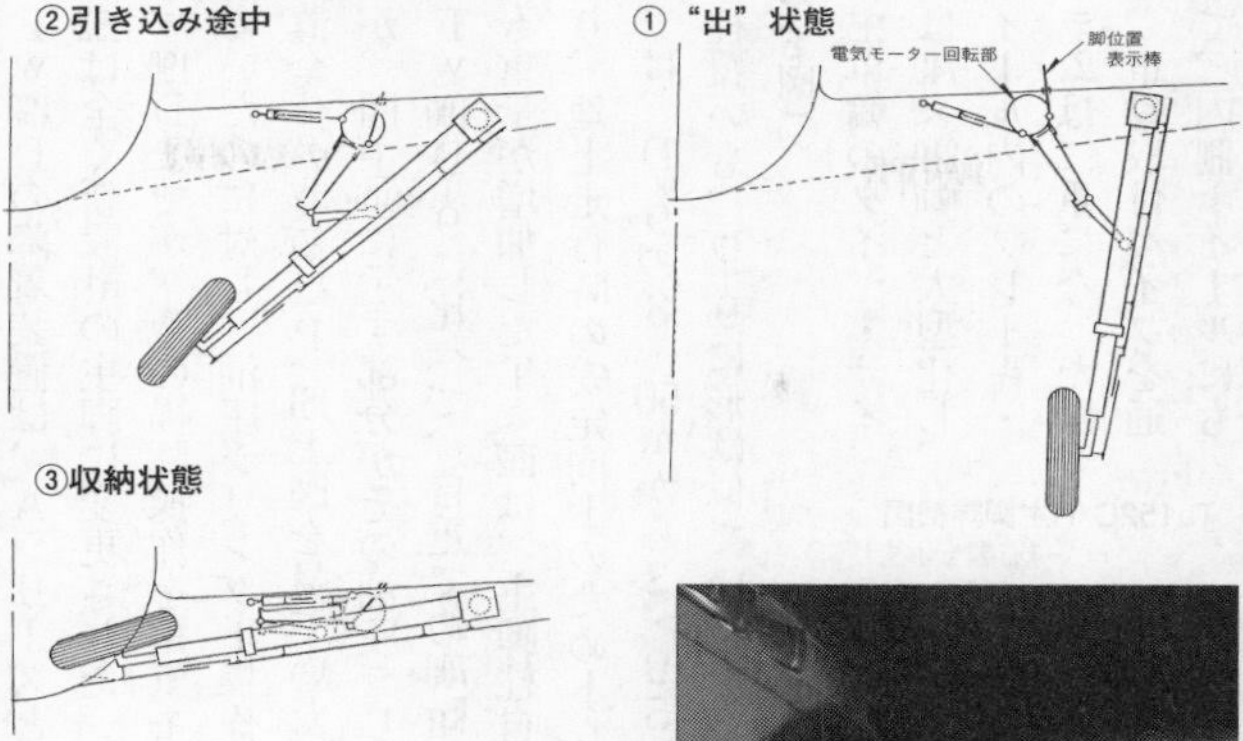

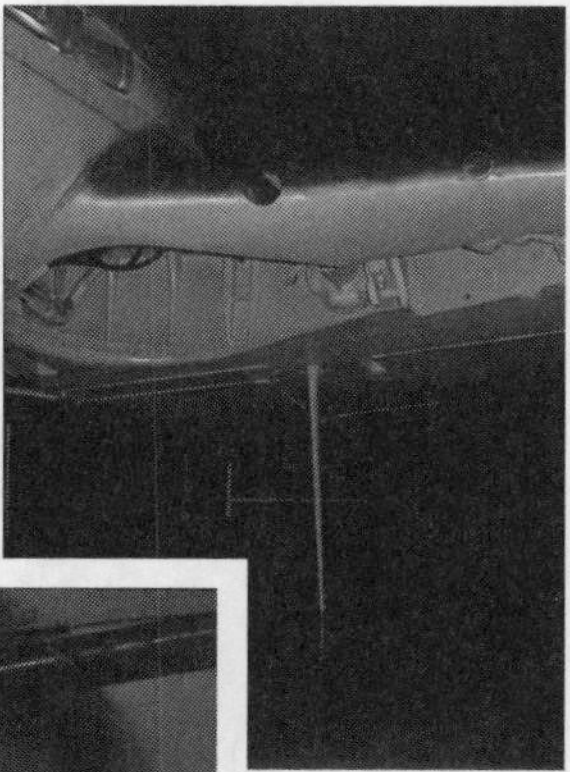

▶▼アメリカ空軍博物館のFw190D-9の主脚収納部。右写真は左、下写真は右側の収納部。車輪収納部近くの上方を、主翼付根MG151/20 20mm機銃の銃身が通る。上写真の主脚収納部の後方に、下に向けて付いているアンテナは、FuG16ZY無線機のもので、チャンネル切換えにより、地上管制局とも交信できる。

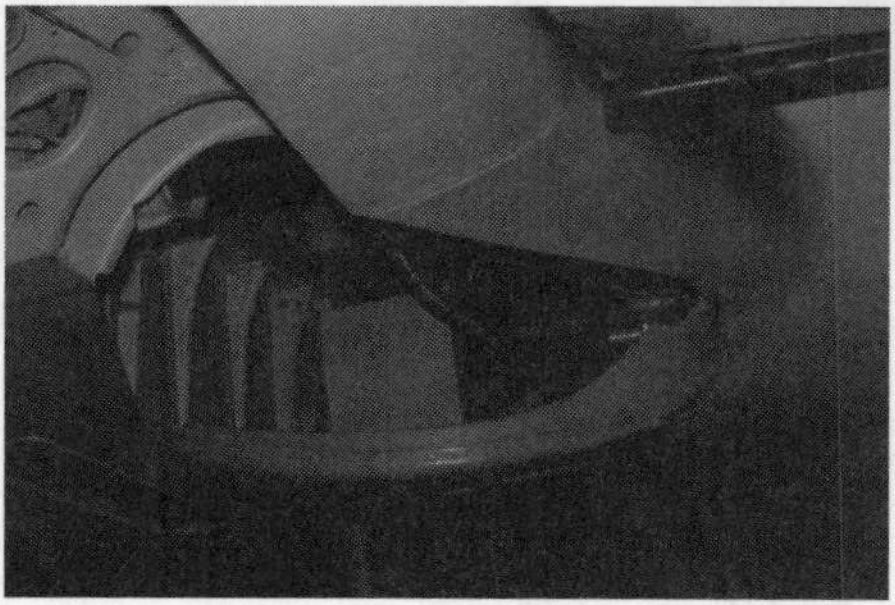

Ｆｗ190Ｄの降着装置は、Ａシリーズと同じであったが、Ｔａ152は全く新設計の主脚に変更された。最も大きな違いは、Ｆｗ190Ｄまでが、その揚降操作を電気モーターによって行なっていたのに対し、油圧シリンダー操作に改めたことである。装置全体の要領はＰ．151上図を見ていただけばお分かりと思うが、図中⑩に示す部分がその油圧シリンダーである。

Ｆｗ190Ｄ-9に比べて、自重で約700kg、全備重量で約１トンも重量が増加したＴａ152は、主脚柱自体も変更する必要があり、地上走行時の安定向上のためトレッド（左、右脚間距離）は、Ｄ-9の３・50ｍから３・954ｍに広げられた。脚柱覆いも、Ｄ-9に形は似ているが、全くの新設計である（左下図）。

主車輪のタイヤ・サイズは740×210㎜と大型化し、ホイール内のブレーキ・ドラムは二重になったため、車輪取付パイプを通して、内側ホイールにも

Ta152C/H主脚詳細図
（右脚を示す）

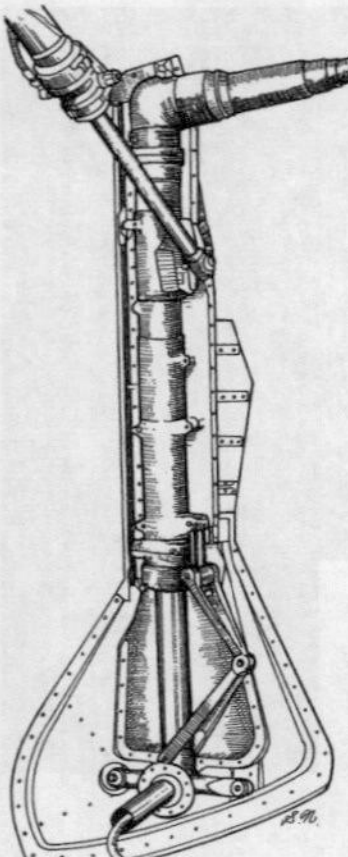

▶Ta152Hの右主脚収納部中央。画面右の黒い筒は収納内部を貫通する翼付根MG151/20E 20mm機銃。左は出し入れ操作油圧シリンダー。

Ta152C/H主脚構成図

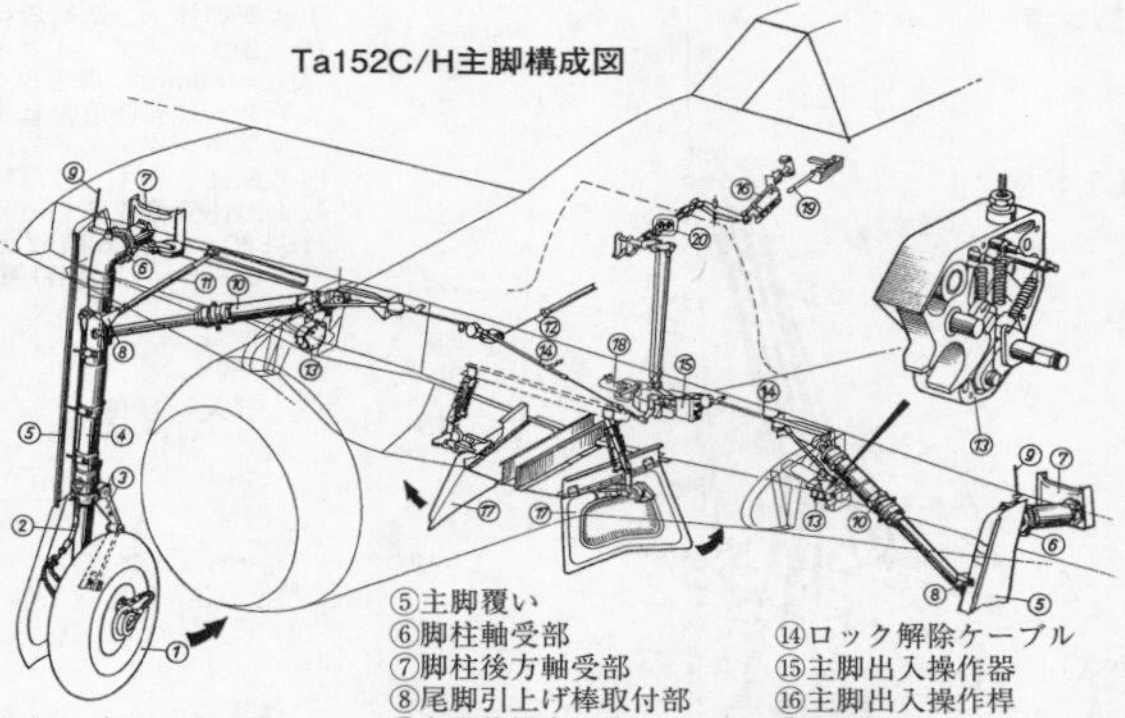

①タイヤ（740×210mm、空気圧4.5気圧）
②ブレーキ・パイプ
③トルク・アーム
④緩衝脚柱
⑤主脚覆い
⑥脚柱軸受部
⑦脚柱後方軸受部
⑧尾脚引上げ棒取付部
⑨主脚位置表示棒
⑩主脚出入油圧シリンダー
⑪尾脚引上げ棒
⑫尾脚引上げケーブル
⑬主脚収納時ロック
⑭ロック解除ケーブル
⑮主脚出入操作器
⑯主脚出入操作桿
⑰主車輪覆い
⑱フラップ開閉操作器
⑲フラップ開閉操作桿
⑳与圧隔壁貫通部品（H型のみ）

Ta152C/H主車輪取り付け、構成図（右脚を示す）

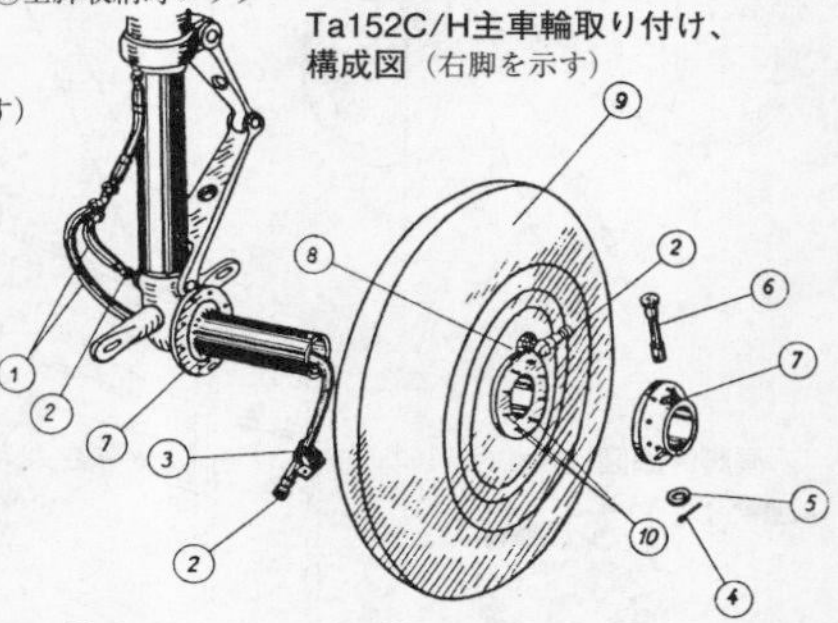

①ブレーキ・パイプ、②ブレーキ・パイプ接続部、③ブレーキ・パイプ止め輪、④割りピン、⑤ワッシャー、⑥ボルト、⑦車軸フランジ、⑧ホイール、⑨タイヤ(740×210mm)、⑩車輪止めボルト

Ta152C/H
主脚柱下部詳細図（左脚を示す）

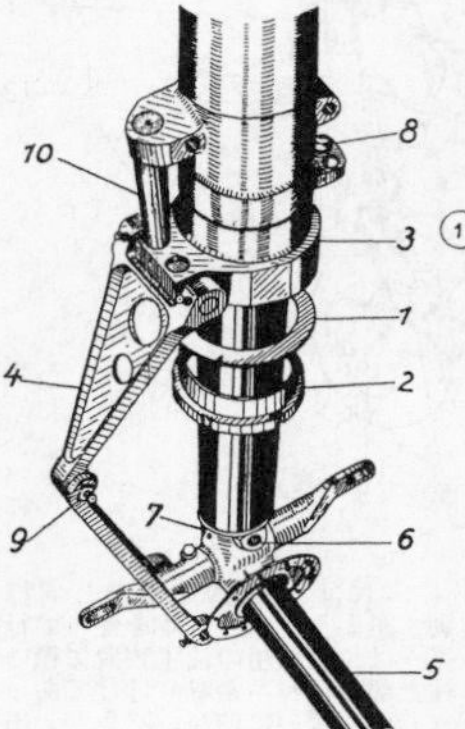

1オレオ空気圧逃がし弁、2オレオ制御環、3トルク・アーム台座金具、4トルク・アーム上部、5車輪軸、6ブレーキ・パイプ貫通孔、7車輪軸基部、8ナット嵌孔、9トルク・アーム下部、10オレオ空気圧補充部

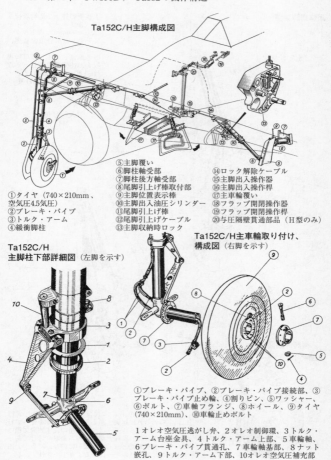

尾脚揚降要領

１緩衝脚柱、２尾輪取付支柱、３フォーク、４タイヤ(380×150mm)、５ドラグ・ヨーク、６脚柱取付基部、７ロッキング・アーム、８引き伸ばしバネ、９尾脚揚収索、10引き伸ばしバネ取付基部、11尾脚揚収ガイド・レール、12泥除け覆

“出”状態

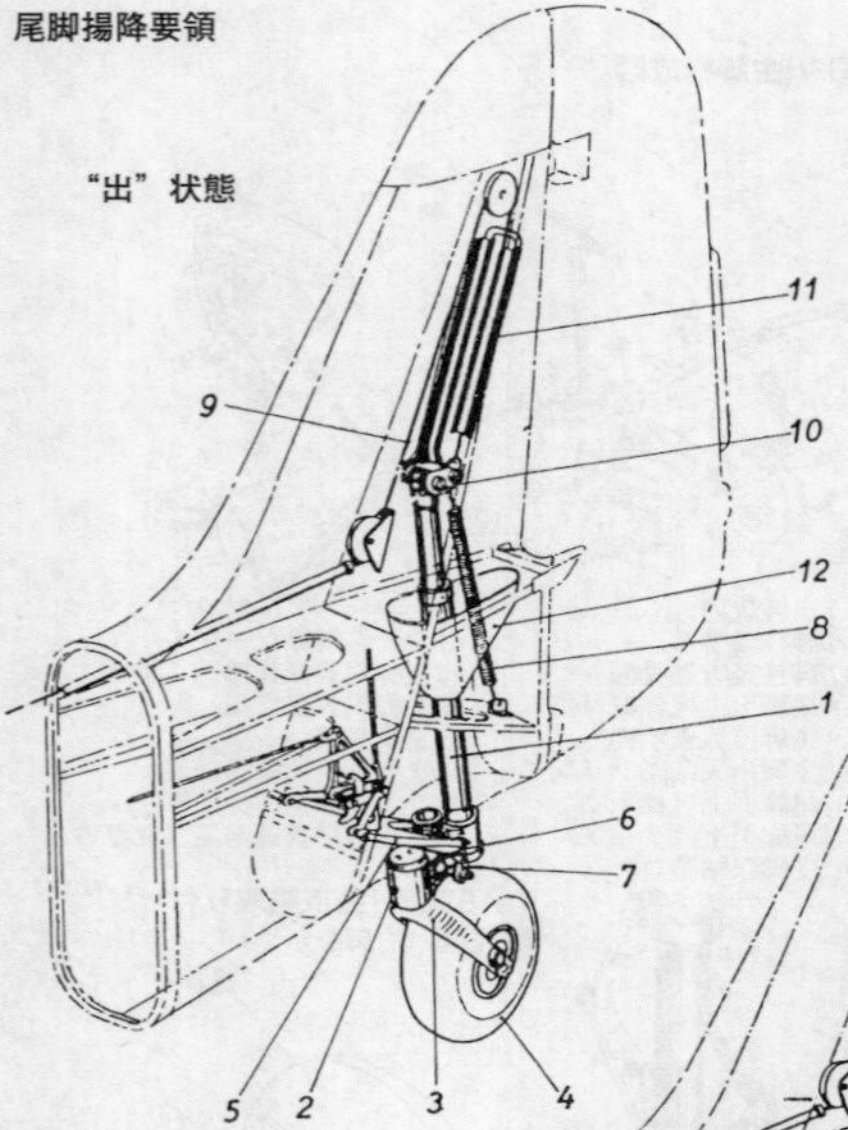

“入”状態

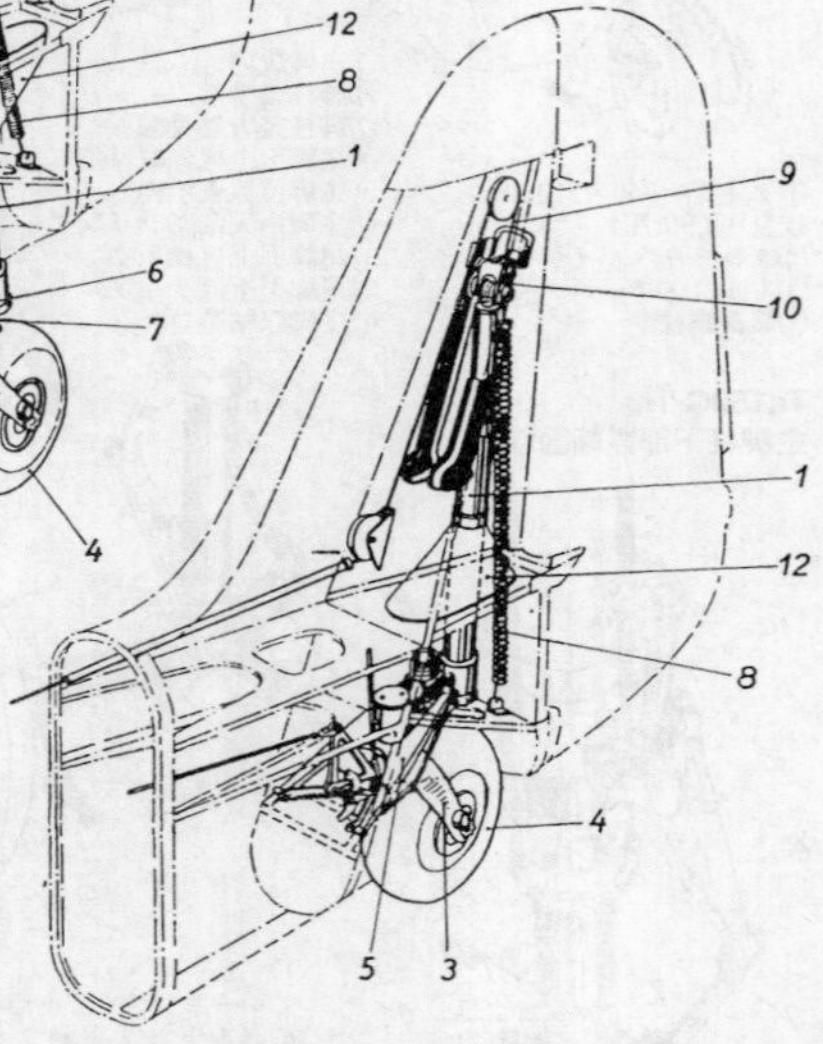

尾脚詳細図（右側）

Ta152の尾脚の出し入れは、Fw190Dまでと同様に、主脚のそれに連動するよう、ケーブルを使って行なわれるが、エネルギーは、主脚用の油圧装置に頼った点が異なった。脚柱上部にはバネが取り付けてあって、引き込まれたとき、いっぱいに伸びたバネが、出すときの反動エネルギーになるよう工夫されている。

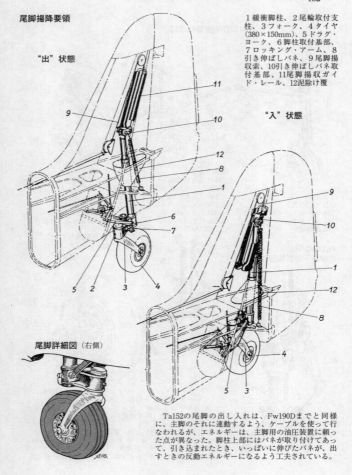

ブレーキ・パイプがのびている。タイヤの大型化にともなって、収納部の主翼上面には長円形のバルジが付けられるようになったのもTａ152の特徴。また、空気抵抗を少しでも減少させる目的で収納部の胴体側には主車輪覆い（P・151上図中の⑰）が追加された。この覆い自体には開閉機構はなく、主脚の出し入れのさい、タイヤが覆い内側のフックを引っかけて開閉する。

右主脚柱には、Fｗ190Dまでと同様に、主脚の動きに連動して出し入れする尾脚操作用のロッドが付いており、図中⑫のケーブルに接続している。尾脚自体はFｗ190Dまでと同じものを用いており、タイヤ・サイズは380×150㎜、空気圧4・5である。

諸システム

●操縦系統

Fｗ190Dは、基本的にAシリーズと同じであったが、Tａ152はフラップ操作を、降着装置と同様に電気モーターから油圧シリンダーに変更しており、H型はもとより、C型の補助翼操作桿の配置も改められた（P．154、およびP．155上図）。

フラップを除いて、各動翼は金属骨組みに羽布張りのままである。方向舵および昇降舵操作を、差動ユニットを介して行なうのも、Aシリーズ以来、変わっていない。H型のみは、与圧キャビンを有するため、その区画を貫通する操作桿によって気密が損なわれないよう、特別の貫通部品を取り付けている。Ｆｗ190ＤシリーズのＲ11仕様キットに含まれる、ＰＫＳ12自動操縦装置は、方向舵のみをコントロールするだけにすぎなかったが、Ｔａ152のＲ11仕様キットに含まれる、ＬＧＷ Ｋ23自動操縦装置は方向舵、昇降舵、補助翼と3舵のコントロールが可能であった。Ｔａ152に限ったことではなく、Ｆｗ190Ａ～Ｇを通じて共通だったのだが、フラップの開度を、同ヒンジ部分の主翼上面に丸窓を設け、同ヒンジに記入した数字をコクピット内から見えるようにし、パイロットが確認できるようにしていたことも、他国の単発戦闘機では、ほとんど例がない措置だった。

Ta152C/Hの方向舵/ブレーキ・ペダル取付要領

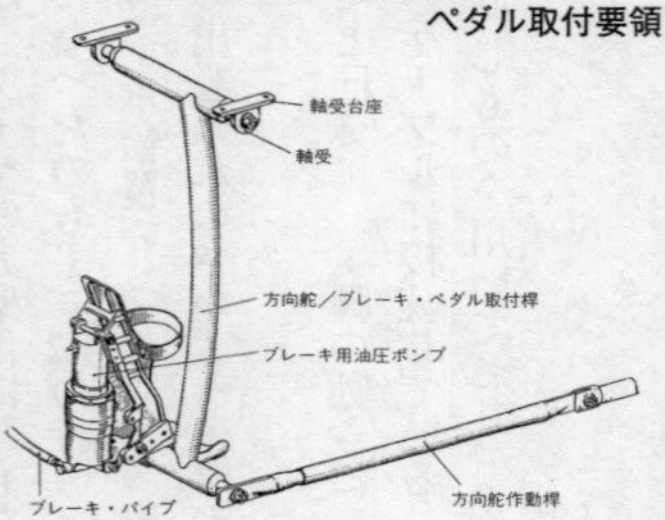

Ta152C各操舵システム

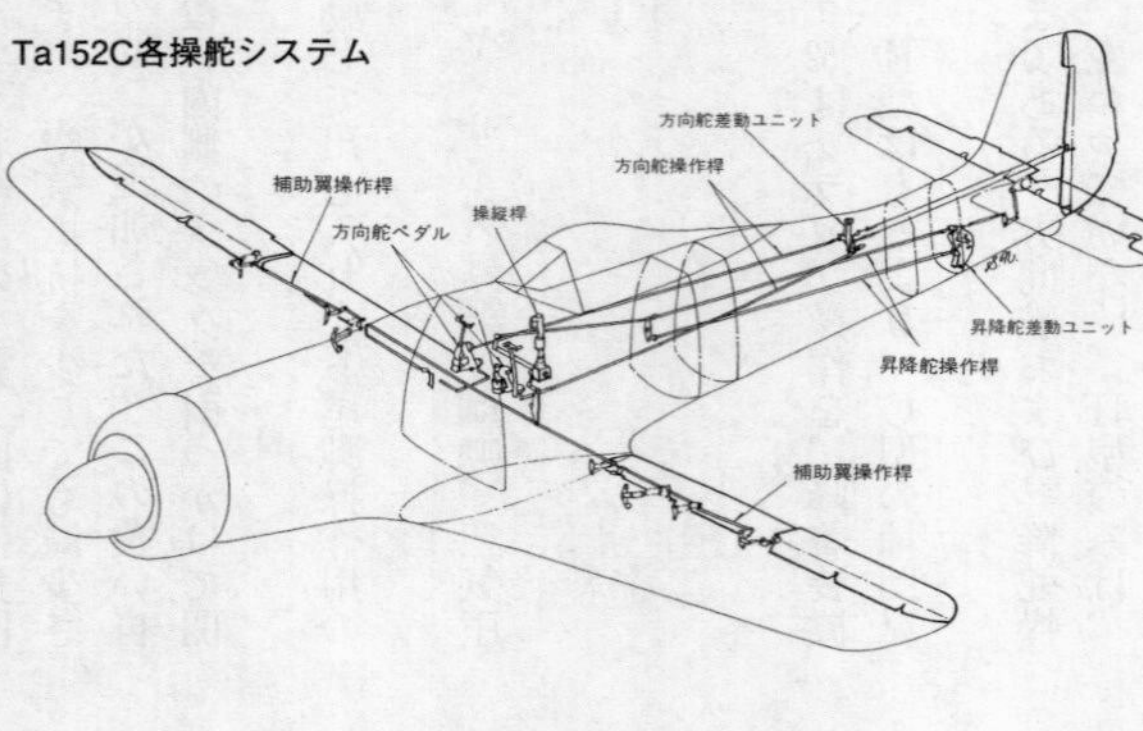

Ta152H各操舵システム

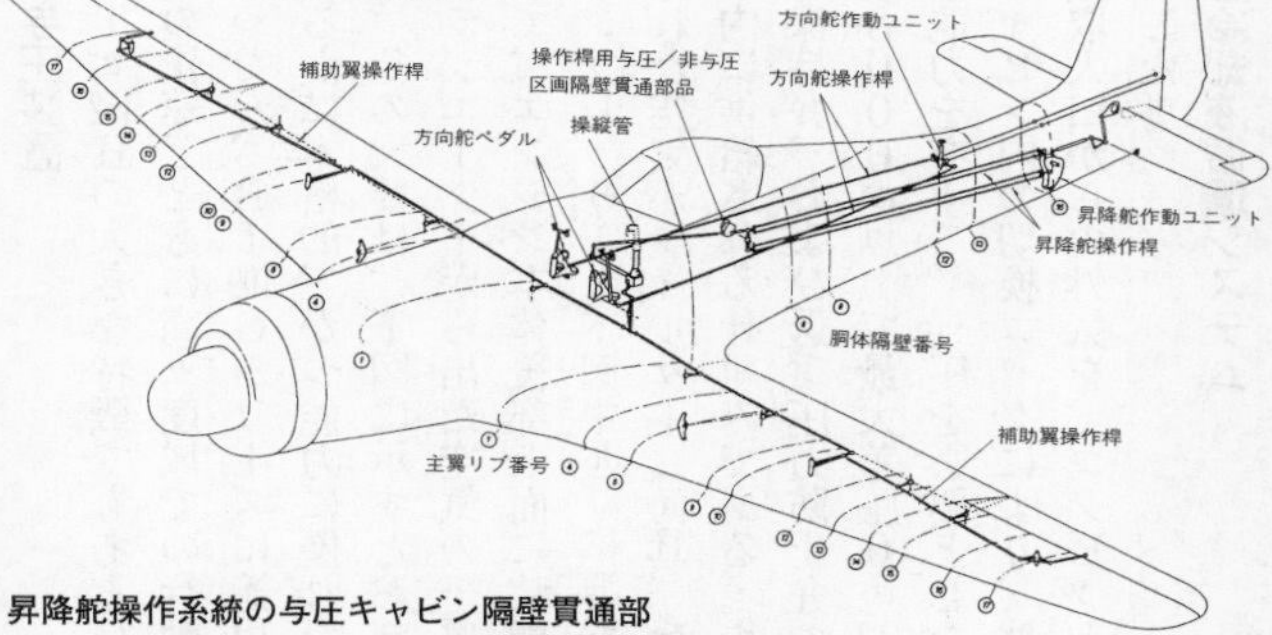

昇降舵操作系統の与圧キャビン隔壁貫通部
金具断面図

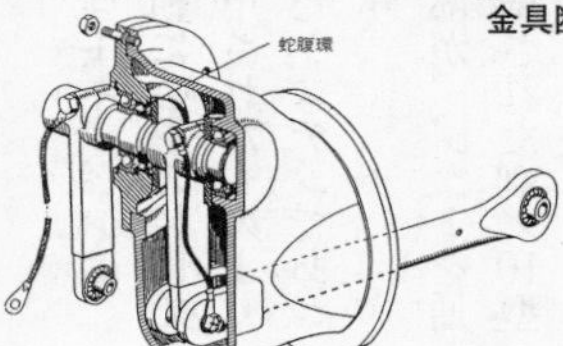

①方向舵ペダル、②方向舵作動桿、③フレキシブル作動桿、④与圧キャビン隔壁貫通部、⑤方向舵差動ユニット部、⑥方向舵操作索、⑦方向舵、⑧操縦桿、⑨昇降舵作動プッシュロッド、⑩与圧キャビン隔壁貫通部、⑪昇降舵操作索、⑫昇降舵差動ユニット、⑬昇降舵、⑭水平安定板取付角度変更装置、⑮水平安定板、⑯昇降舵作動レバー、⑰各トリム・タブ

Ta152H方向舵、昇降舵操作装置詳細図

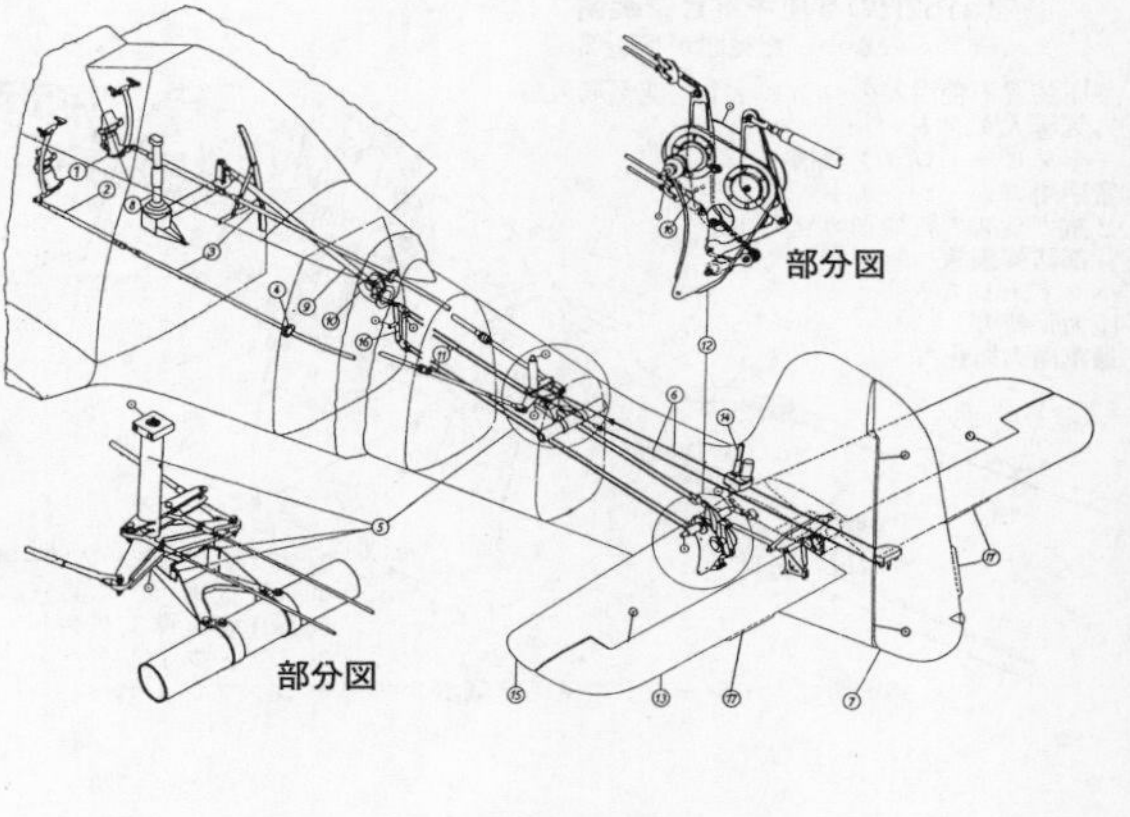

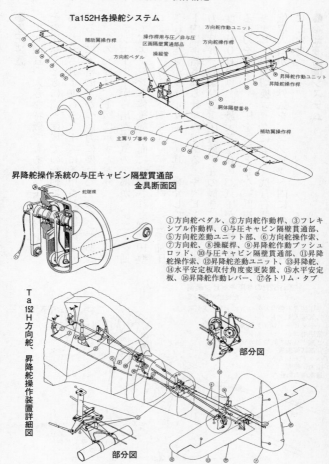

●与圧装置

Ta152Hの大きな特徴でもある与圧キャビンは、その快速とともに高々度域での行動に必須の装備であったが、Bf109Gシリーズに適用されたものより、はるかに本格的、かつ能力に優れたシステムであった。その大要は、下図に示すとおり。

ラジエーターから出た空気の一部が、ダクトを通って、エンジン本体後部上面に装備された300／10型コンプレッサー（下図中⑮）に導かれ、ここで加圧された空気がフィルター（同⑭）を介してコクピット内に供給される仕組みである。キャビン内は、圧力保持弁、および過重圧力防止弁の働きにより、高度8000m以上で最大差圧0・23気圧が維持できる能力を有する。与圧を必要としない低高度域では、キャビン内の切換コックにより、機首右側上面の空気取入口からの外気を、コクピット内に入れるようにした。

●冷却液循環システム

Ta152Hの与圧キャビン装備
※アミのかかった範囲が与圧部

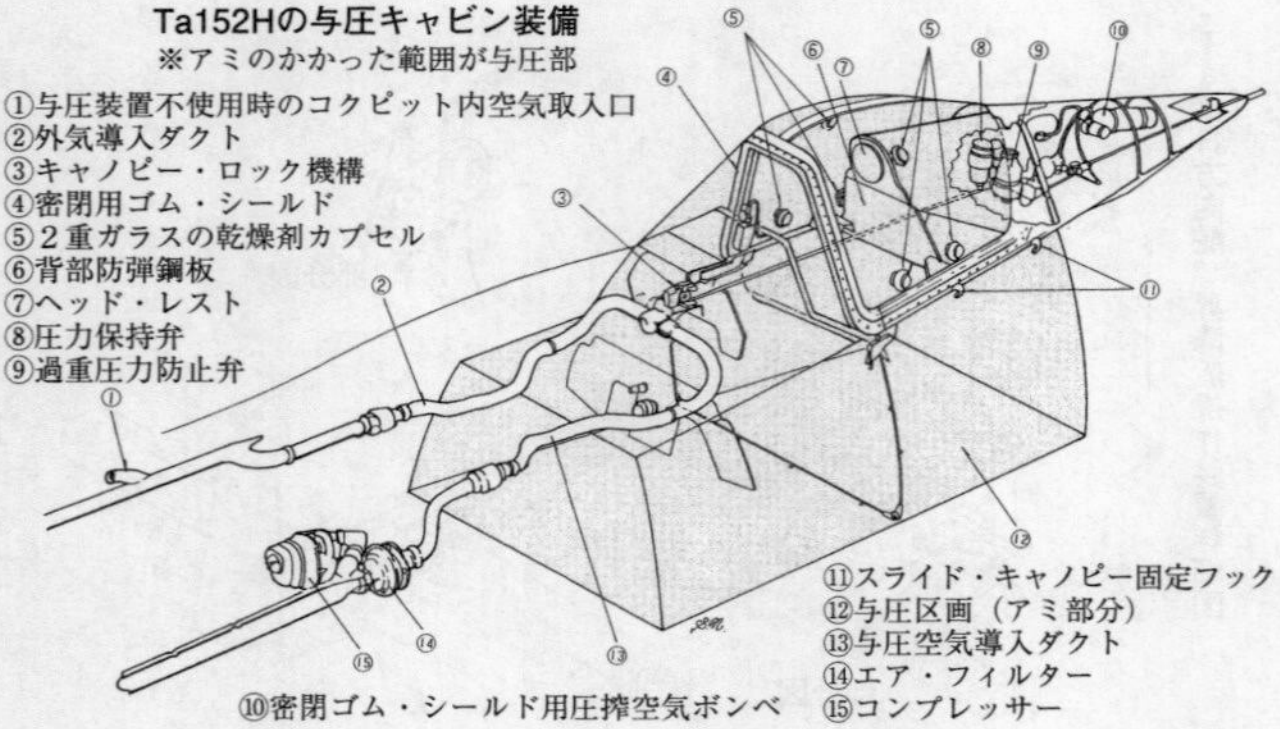

Ｊｕｍｏ213Ｅ、ＤＢ603ＬＡの冷却液循環システムは、下図に示すとおり。タンクからエンジンへ送られて熱せられた冷却液が、ラジエーターで冷やされて再びタンクに戻され、それがまたエンジンへという繰り返しになるわけだが、両エンジンのタンク配置や、配管は異なっている。

●燃料システム

Ｔａ152の燃料システムは、基本的にＦｗ190Ａ、Ｄのそれを踏襲しており、各タンクからエンジンへの供給系路も同じである。ただ翼内タンクが追加されたことで、その配管類に若干の違いがみられる。

Ｈ－１型では、胴体内第３タンクをＧＭ－１用亜酸化窒素、左主翼

Jumo213Eエンジンの
冷却液循環システム

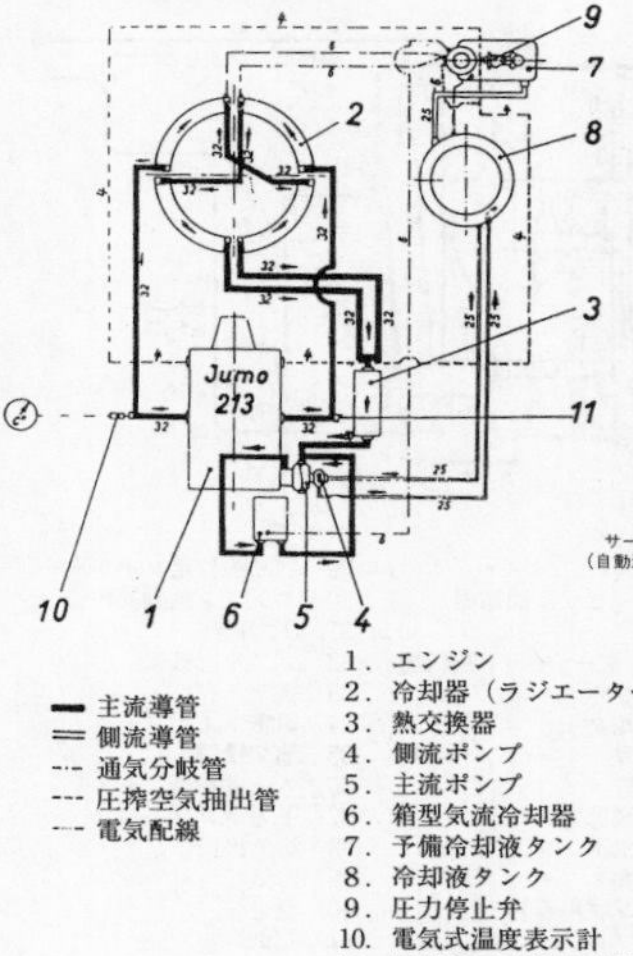

━ 主流導管
═ 側流導管
-·- 通気分岐管
--- 圧搾空気抽出管
-- 電気配線

1．エンジン
2．冷却器（ラジエーター）
3．熱交換器
4．側流ポンプ
5．主流ポンプ
6．箱型気流冷却器
7．予備冷却液タンク
8．冷却液タンク
9．圧力停止弁
10．電気式温度表示計
11．温度表示計接続毛細管

Ta152CのDB603Lエンジン
冷却液循環システム

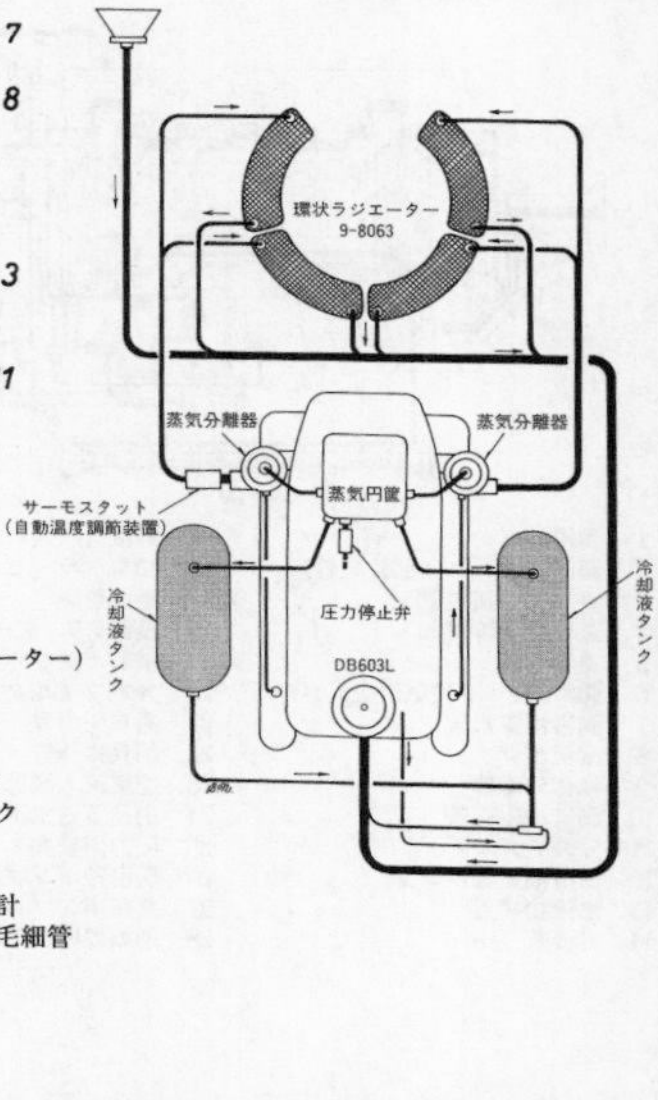

Ta152H燃料系統図

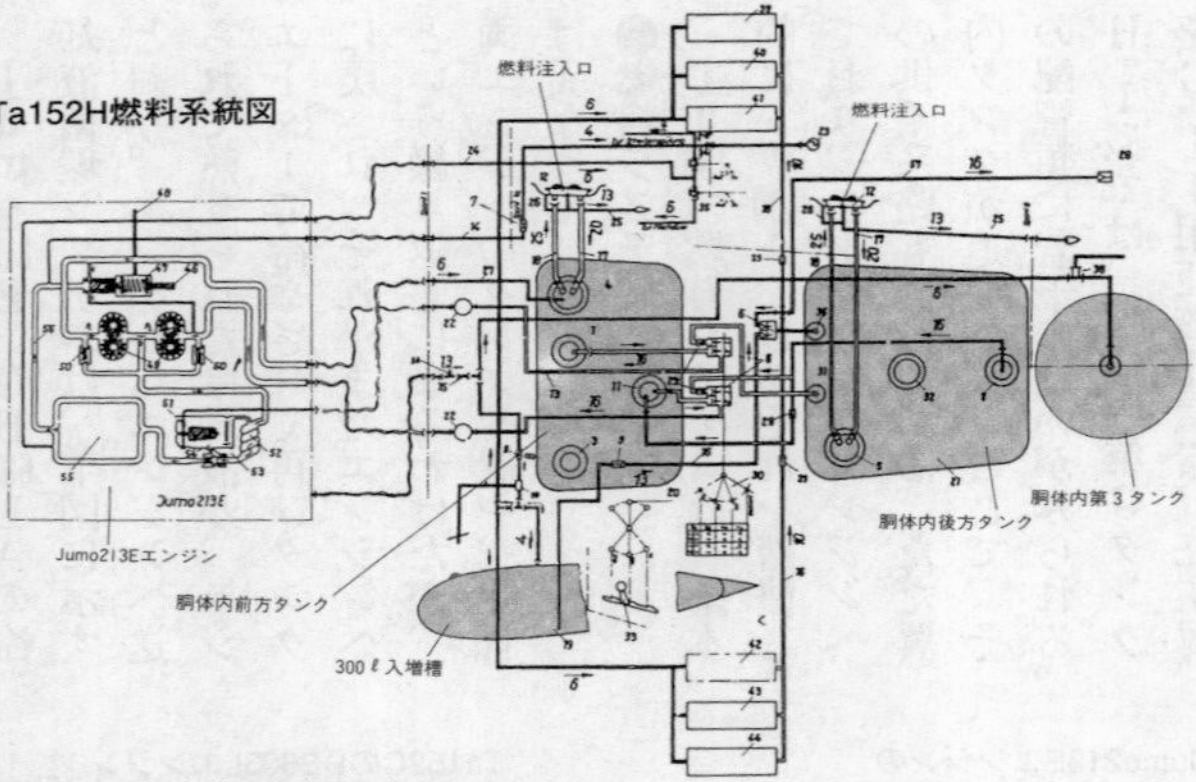

Jumo213エンジン潤滑油系統図

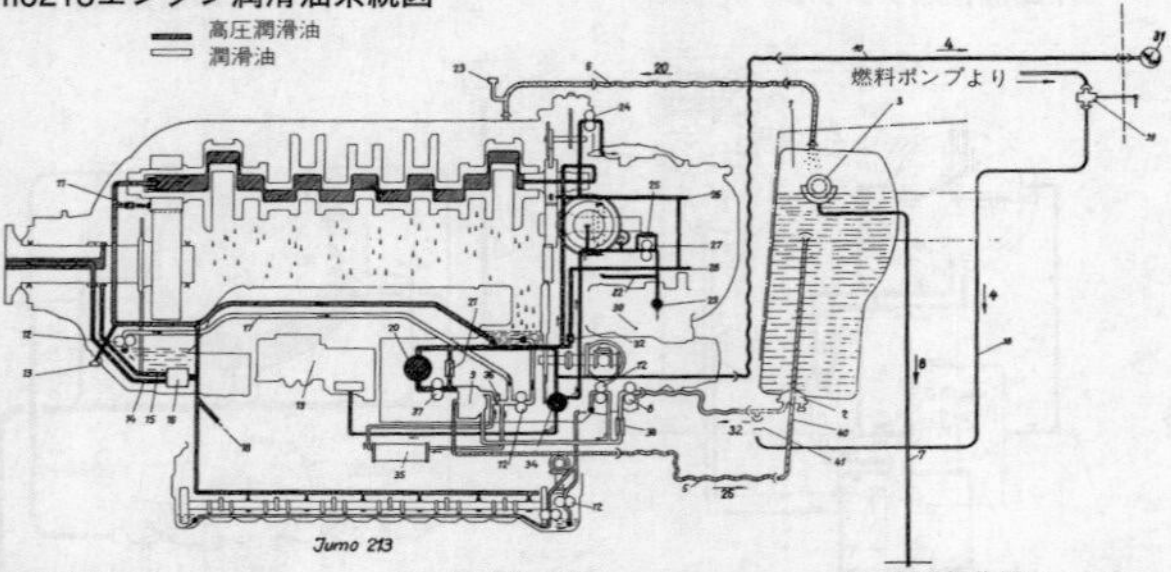

1 潤滑油タンク
2 潤滑油タンク底部接続管
3 タンク閉鎖装置
4 蒸留管理導管
5 逆流管
6 潤滑油タンク換気用空気導管
7 潤滑油排水管
8 測流ポンプ
9 液体分離器
10 潤滑油圧送管
11 分岐ノズル
12 潤滑油還流ポンプ
13 熱流接続点
14 昇流管（小）
15 昇流管（大）
16 プロペラ・ピッチ調節器
17 逆流管
18 左側シリンダー・ヘッド接続部
19 噴射ポンプ
20 分岐フィルター
21 過重圧力弁
22 制動操作管
23 空気流入調節器
24 過給器送水ポンプ
25 圧力調整弁
26 潤滑油ポンプ用導管
27 高圧ポンプ
28 過給器内側下方管
29 制動操作用フィルター
30 エンジン制動操作管
31 圧力計
32 ノズル配管
33 タンク弁
34 緻密フィルター
35 熱交換器
36 ニードル筒
37 圧力ポンプ
38 冷気出口
39 冷気栓
40 混合管
41 腔気管

Ta152CのDB603Lエンジン潤滑油システム

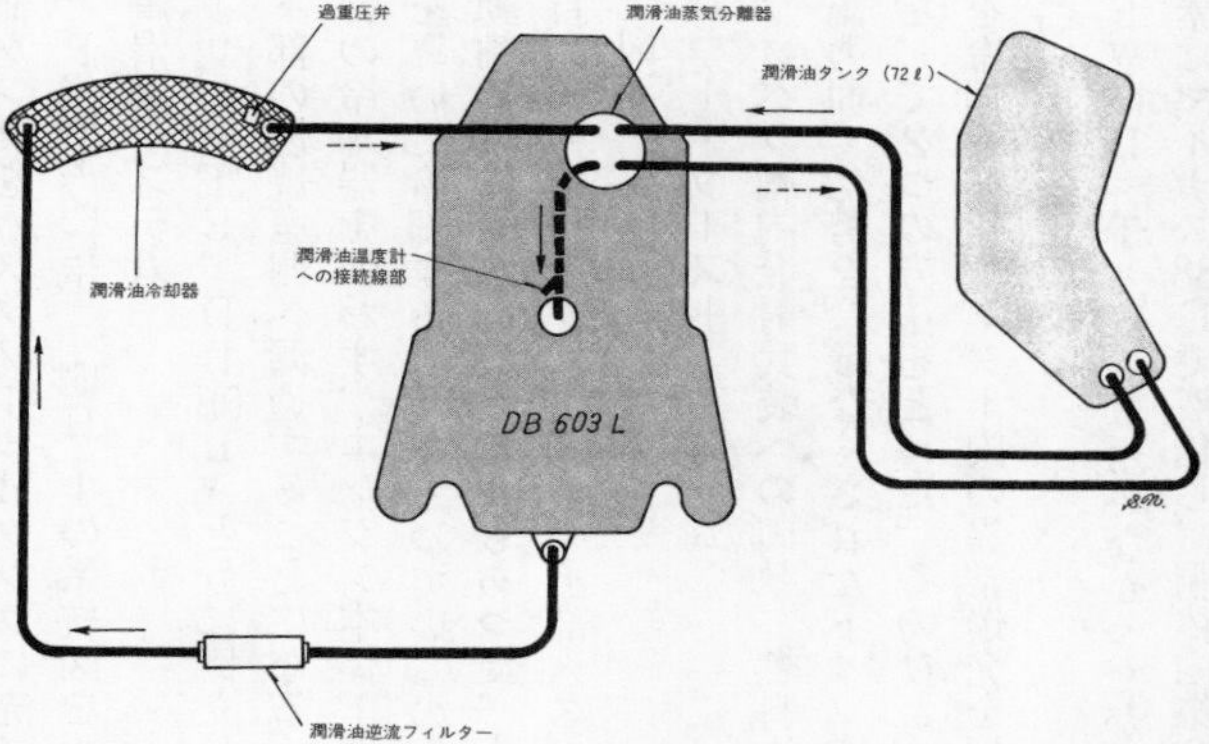

Ta152HのGM-1パワー・ブースト装置概略図

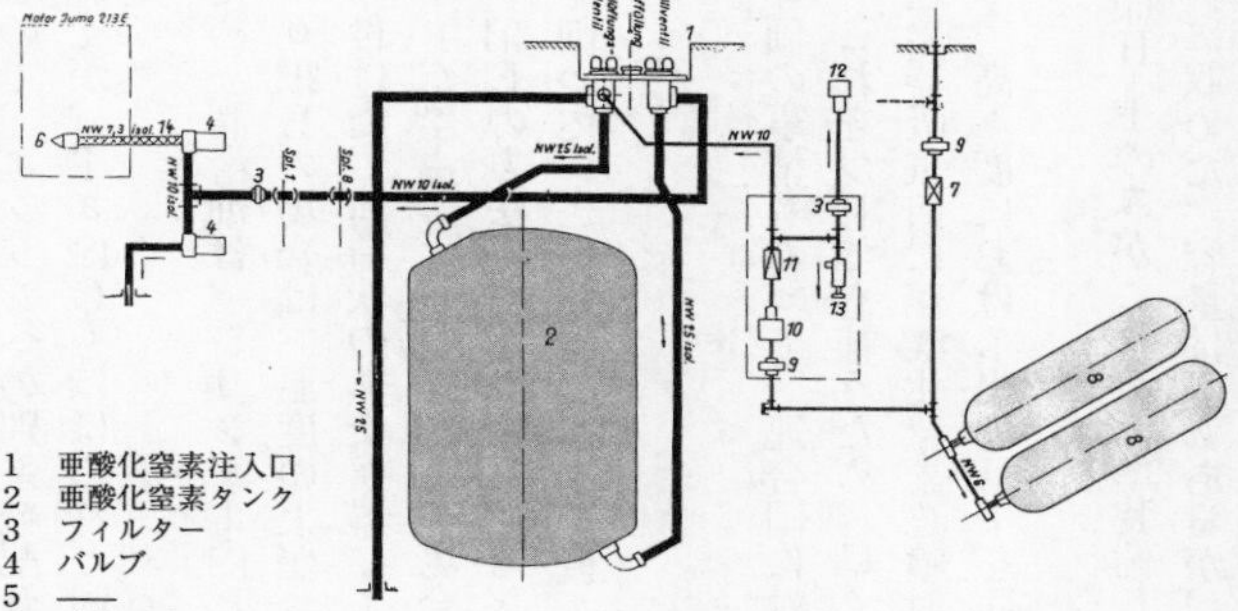

1　亜酸化窒素注入口
2　亜酸化窒素タンク
3　フィルター
4　バルブ
5　——
6　噴射ノズル
7　逆流防止バルブ
8　圧搾空気ボンベ
9　フィルター
10　電気式ハイ・スピード・バルブ
11　圧力減少装置
12　安全バルブ
13　バルブ
14　金属管

内側タンクを水メタノール液タンクに充てているので、エンジンへの別系統配管を有している。P.158上図にTa152H-1の系統図を示しておくが、Ta152Cもほぼこれと同じ。

●潤滑油システム

Jumo213E、DB603LAともに倒立V型のため、潤滑油は、シリンダー内ピストンから最下部の燃焼室側へ漏過することになる。Jumo213Eの場合は、温度の上がった潤滑油は、通常の冷却器を使わず、エンジン本体下面に取り付けた、円筒状の熱交換器にエンジン冷却液を導いて冷却する方法をとっているのが特徴（P.158下図）。DB603LAの場合は、過給器駆動軸に流体継手を使うこともあって、Jumo213Eの方法ではとても対処できないので、機首先端の環状ラジエーターの上部¼スペースを削って、ここに冷却器を配置している（P.159上図）。

●パワー・ブースト・システム

プロペラ軸内発射兵装への固執、燃料オクタン価の事情もあって、連合国に対してエンジン出力面で劣勢を余儀なくされたドイツ空軍は、これを少しでも補うため、早くから応急対策として2つの方法をとった。そのひとつが、過給器吸気口に亜酸化窒素を噴射して圧縮空気を冷却し、シリンダー内の異常爆発を押さえて、高々度における出力低下を防ごうという〝GM-1〟装置である。

Fw190D、Ta152Cは用いなかったが、Ta152H-1のみがこれを標準装備した。亜酸化窒素はマイナス88℃で液化し、胴体内第3タンクに収めた。容量は115ℓあるが、重心位置変

Ta152CのMW50パワー・ブースト装置概念図

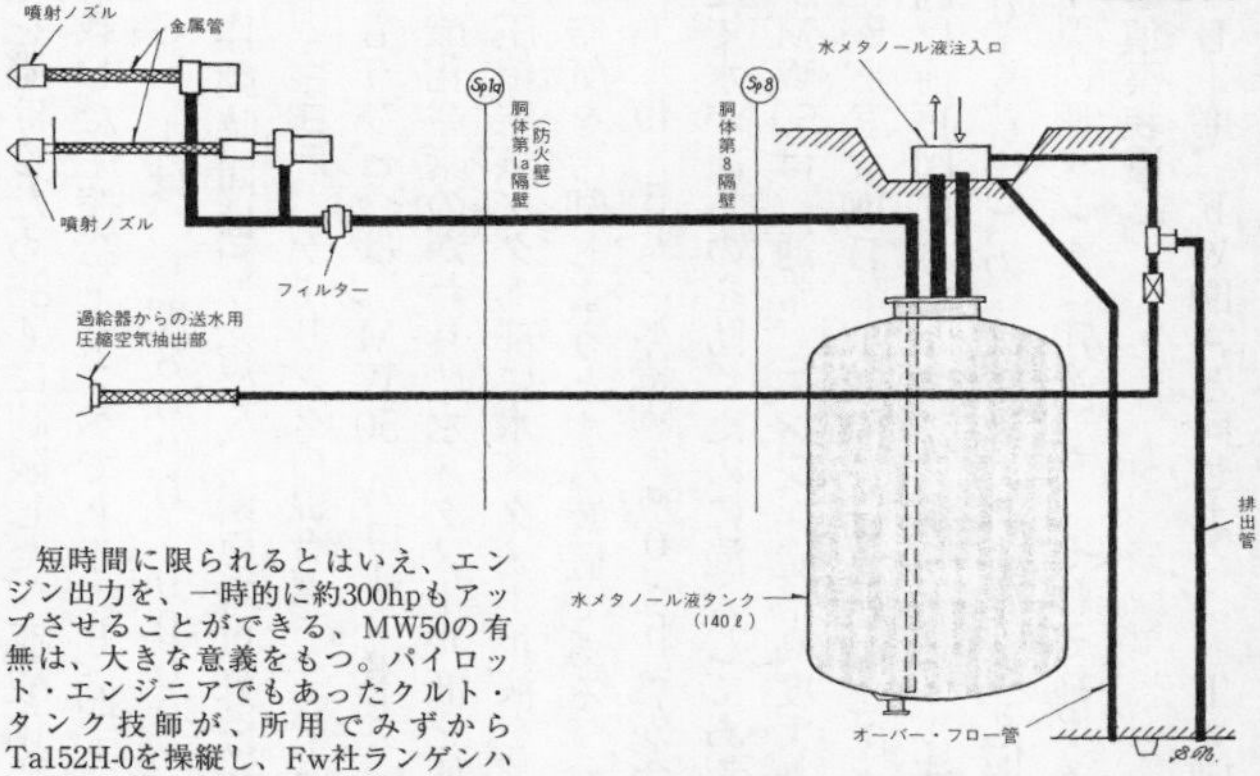

短時間に限られるとはいえ、エンジン出力を、一時的に約300hpもアップさせることができる、MW50の有無は、大きな意義をもつ。パイロット・エンジニアでもあったクルト・タンク技師が、所用でみずからTa152H-0を操縦し、Fw社ランゲンハーゲン工場からコトブスエ場に赴く途中、P-51マスタング４機と遭遇、MW50を作動させて、その追尾を楽々と振り切ったというエピソードが、それを端的に物語っていよう。

Ta152HのMW50パワー・ブースト装置概念図

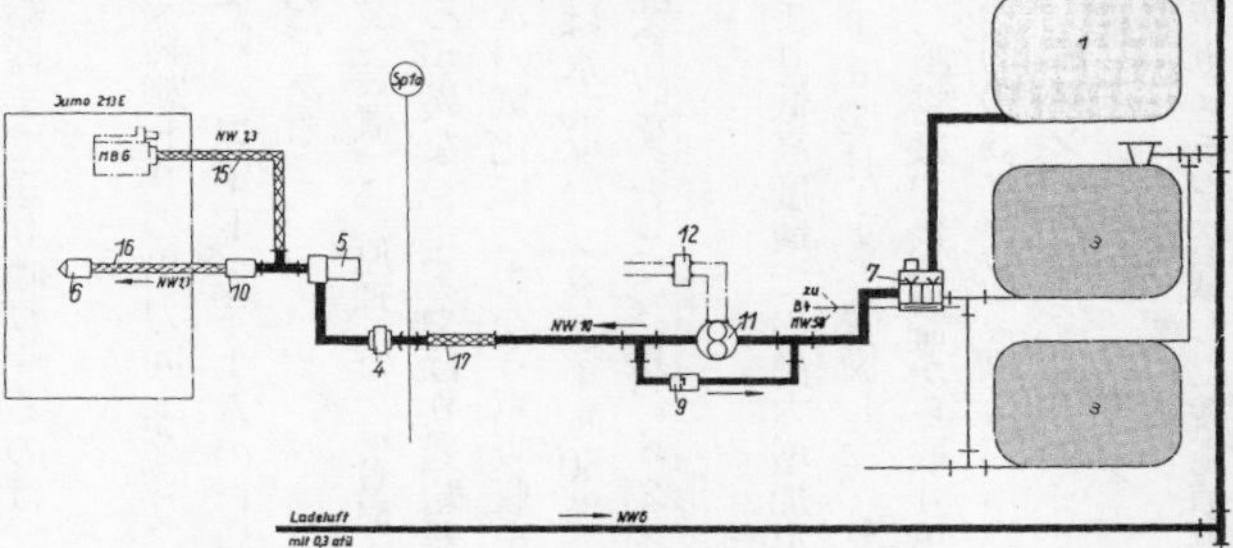

1　水メタノール液タンク（70ℓ）
2　水メタノール液注入口
3　燃料タンク
4　フィルター
5　閉鎖弁
6　ノズル
7　弁用電池
8　———
9　過重圧力弁
10　非常装置
11　水メタノール送液ポンプ
12　逆流止弁
13　———
14　———
15　金属管
16　噴射管
17　金属管

化を避けるため85ℓに制限した。亜酸化窒素を過給器まで送り噴霧するのは、胴体後部内に搭載した圧搾空気ボンベである（P.159下図参照）。

ＧＭ-１は、高度８０００～９０００ｍにおいて約200ｈｐの出力向上をもたらしたが、その作動時間はごく短く、緊急時以外は使用しない。コード・ネームのＧＭは〝Göring Mischung〟（ゲーリングの混合薬）からとったものである。

もうひとつは〝ＭＷ50 Ａｎｌａｇｅ〟と呼ばれた装置で、原理的にはＧＭ-１と同じだが、亜酸化窒素のかわりに水メタノール液を使うところが異なった。やはり過給器吸気口、および圧縮空気ダクト部に水メタノール液を噴霧し、水の気化にともなう熱吸収を利用して、圧縮空気を冷却しようとする装置である。ＭＷ50とは水50％、メタノール50％（実際にはメタノール49・５％に氷結防止剤０・５％が入る）の混合液を示しており、メタノールは、高々度で水が凍るのを防ぐために混入してある。

ＭＷ50は、通常、エンジン定格高度より下、つまり低高度域での出力増加を目的にしていたが、Ｆｗ190Ｄ、Ｔａ152Ｃは当然のことながら、Ｔａ152Ｈ-１も装備した。システムの概念図は前頁図に示すとおり、水メタノール液の送水、噴霧は、過給器から取り出した圧縮空気（０・３気圧）の一部で行なった。Ｔａ152Ｃは胴体内第３タンク（140ℓ）、Ｔａ152Ｈ-１は左主翼内側タンク（70ℓ）を、それぞれ水メタノール液タンクとして使った。

●偵察装置

Ｂｆ109、Ｆｗ190Ａと同じように、Ｔａ152にも航空カメラを搭載した戦術偵察戦闘機型が計画された。当初は、野戦改修キット〝R1〟仕様として、胴体内後部（第3タンクのあった位置）にRb75／30カメラ1台を装備、コクピット内から胴体下面に向けて望遠鏡を取り付けることが考えられた（P.70下図）。のちに、この仕様はTa152H-10として一定数生産されることになったが、敗戦によって実現には至らずに終わった。

射撃兵装

Fw190Dは、A-8の外翼武装を取り外した以外、全く兵装システムは同じである。（P.164上図参照）。

Ta152が、兵装面でFw190Dと大きく異なるのは、なんといってもドイツ戦闘機の執念ともいうべき、プロペラ軸内発射武装を最初から採り入れたことと、機首上部兵装に、MG151／20E 20㎜機銃を予定したことである。

過給器能力、ひいてはエンジン出力向上を犠牲にしてまで固執したプロペラ軸内発射武装は、命中精度という観点からみてそれなりの価値はあるが、弾倉スペースの確保が難しく、差し引きプラス、マイナスはどちらともいえない。ともかく、Ta152は前記2点を兵装の主眼としたのだった。

P.165図は、1943年11月22日付けで作成された、Ta152の最も初期段階の兵装配置図で、おそらくTa152Ra-1と思われる。プロペラ軸内武装には、まだ実用化前の新型MK103 30㎜機関砲を予定し、外翼内、もしくは同下面にゴンドラ式にMK108を搭載している点

Fw190D-9射撃兵装システム

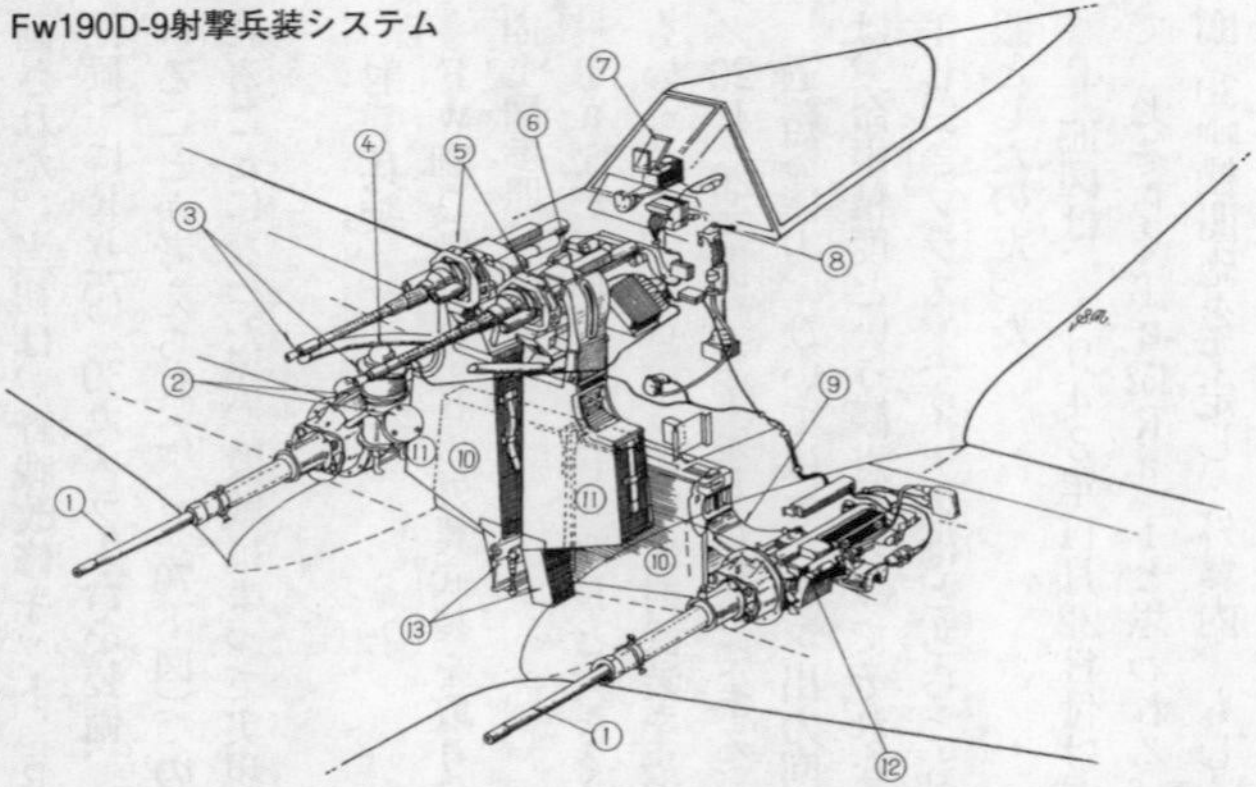

①主翼付根MG151/20 20mm機銃②プロペラ同調装置（MG131の）③MG131 13mm機銃④プロペラ同調装置（MG151/20の）⑤MG131取付金具⑥給弾筒⑦Revi16B光像式射撃照準器⑧機銃発射ボタン⑨給弾筒⑩20mm弾倉（250発入）⑪13mm弾倉（400発入）⑫MG151/20装弾子/空薬莢放出筒⑬MG131装弾子/空薬莢放出筒

Fw190D-9機首上部MG131 13mm機銃詳細
（右側を見る）

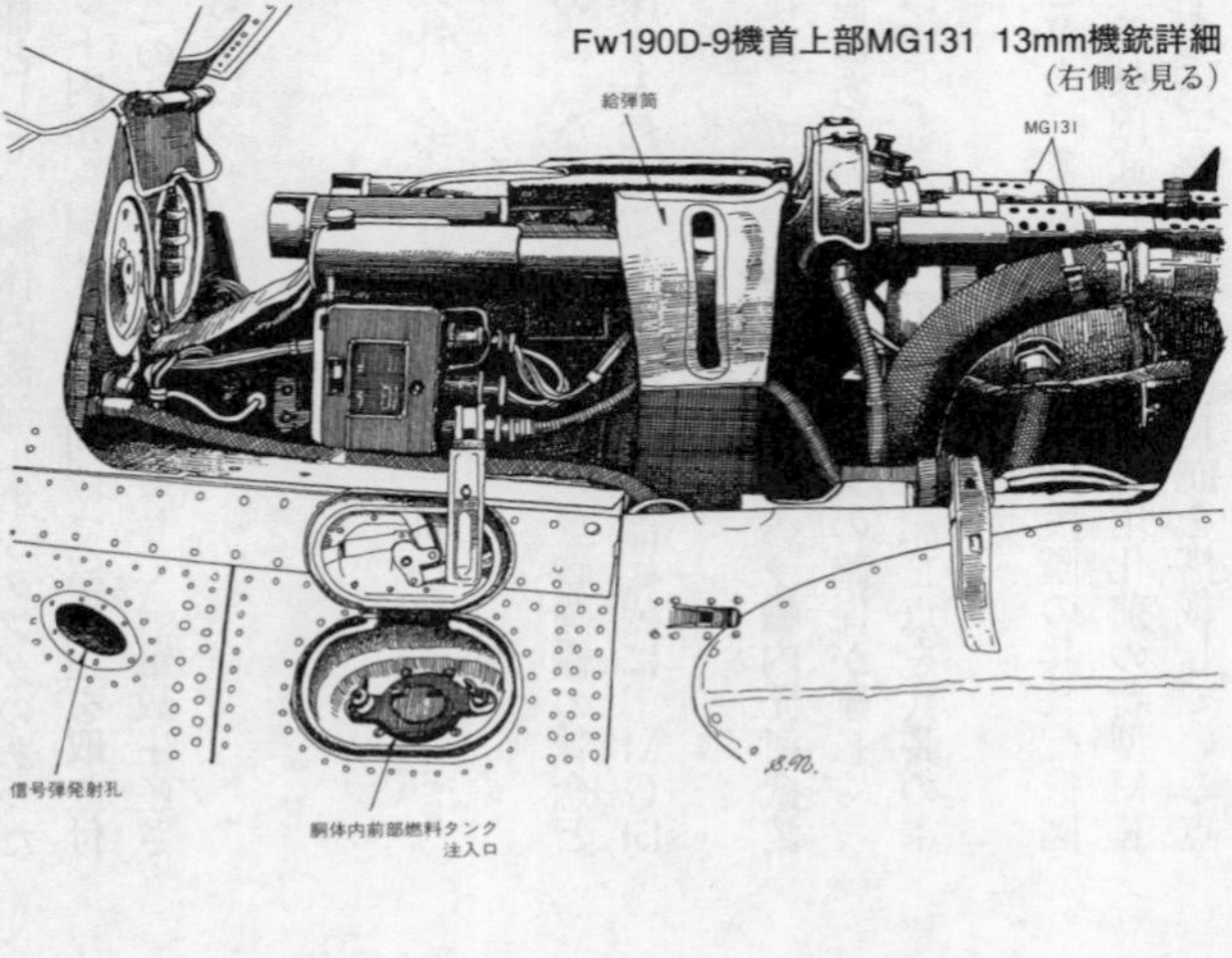

が興味深い。この状態では30㎜機関砲3門、20㎜機銃4挺という単発戦闘機としては空前の重武装となり、ドイツ空軍が、とくに米陸軍航空軍四発重爆に対して、過剰とも思える恐怖を抱いていたことがうかがえる。前記したとおり、プロペラ軸内MK103の弾倉は、砲本体左側に75～80発収容のものが設けられているが、空白に合わせた複雑な形状をしており、反対側は潤滑油タンクにスペースをとられて非常に苦しい配置となっている。

さすがに、Ta152Ra-1で予定した兵装は現実的ではなく、Ta152C、HではP.167図に示すような配置におちついた。プ

Ta152（Ra-1？）兵装および各タンク配置図

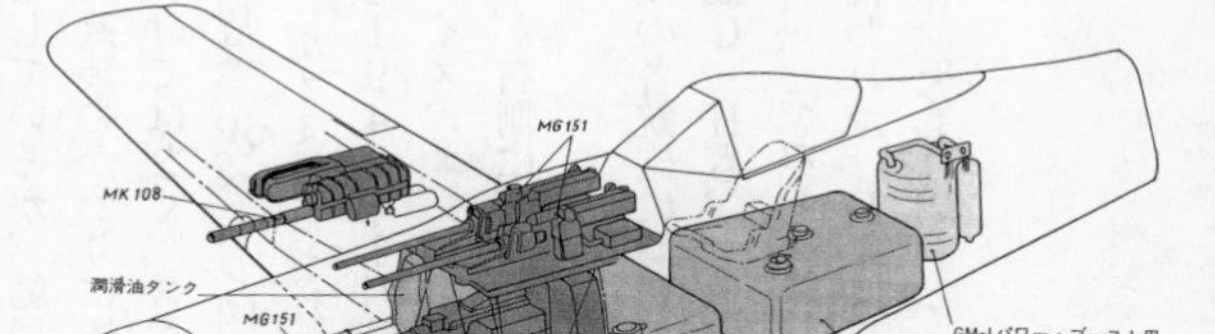

換装可能兵装および携行弾数図

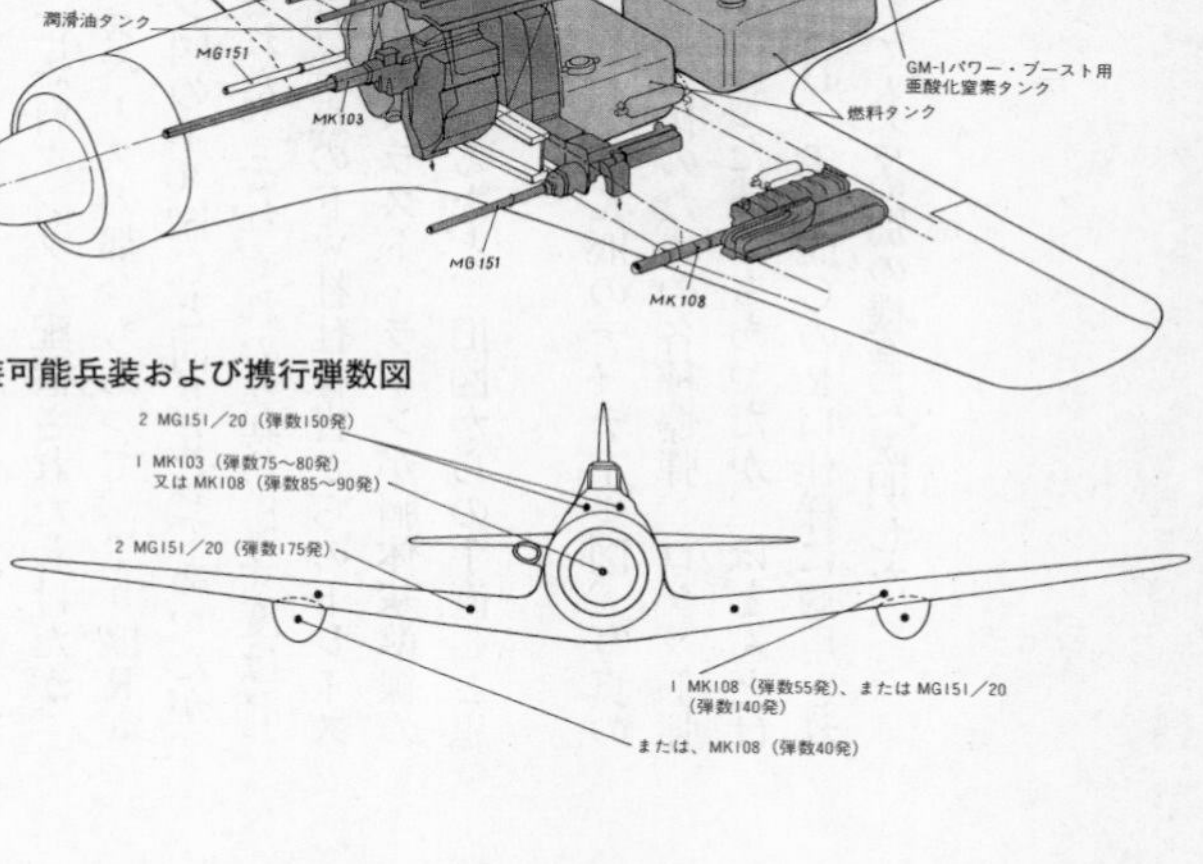

ロペラ軸内武装は、相変わらずＭＫ103としているが、結局、実用化に至らなかったため、30㎜砲は全てＭＫ108に統一された。外翼内武装のかわりに燃料タンクが配置されたわけだが、そのぶん、残された砲の弾数が増えたわけではなく、スペースの都合もあって、Ｔａ152Ｒａ—１のときと変わらない。Ｔａ152Ｈも当初は、次ページ図のＴａ152Ｃと同じ兵装であったが、量産化に際し、機首上部のＭＧ151／20Ｅがオミットされた。それぞれの兵装位置寸度はＰ．169図を参照されたい。ただし、いずれも１９４５年1月時点のＦｗ社仕様書からのトレース図だが、Ｔａ152Ｈの主車輪が700×175㎜サイズ、エンジンのスラスト・ラインが胴体基準線の下にあり、Ｔａ152Ｃの過給器空気取入口が右側に描かれているなど、旧図からの手直しと思える図である。

ＭＧ131、ＭＧ151／20、ＭＫ103、ＭＫ108の各銃砲に関してはＭＫ108のディテール図、写真のみを次頁に掲載した。Ｆｗ190Ｄ、Ｔａ152Ｃ／Ｈも、対地支援のための各種爆弾、ロケット弾などが装備可能であり、Ｄ-９の一部には、それらを装備した機体もあったが、ほとんどは当時の戦況を反映してノーマルなまま使われた。Ｆｗ190Ｄ、Ｔａ152ＣのＲ14仕様に適用されたＬＴ1，ＬＴ　Ｆ５ｂ航空魚雷、ＢＴ兵器などに関しても含め別の機会に説明したい。

MK108　30mm機関砲左側

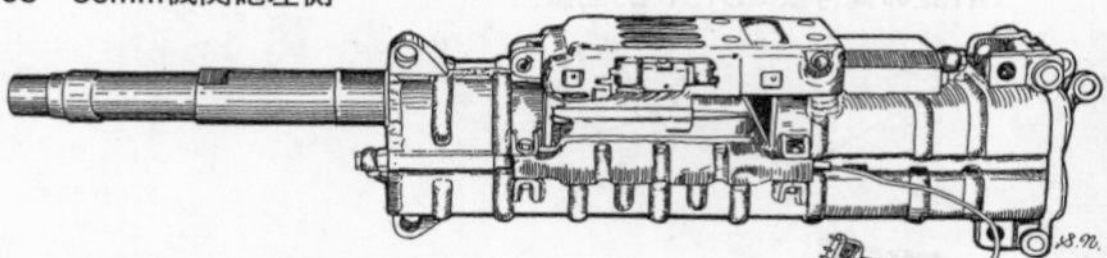

MK108　30mm機関砲右側

Ta152Cの兵装および各タンク配置図

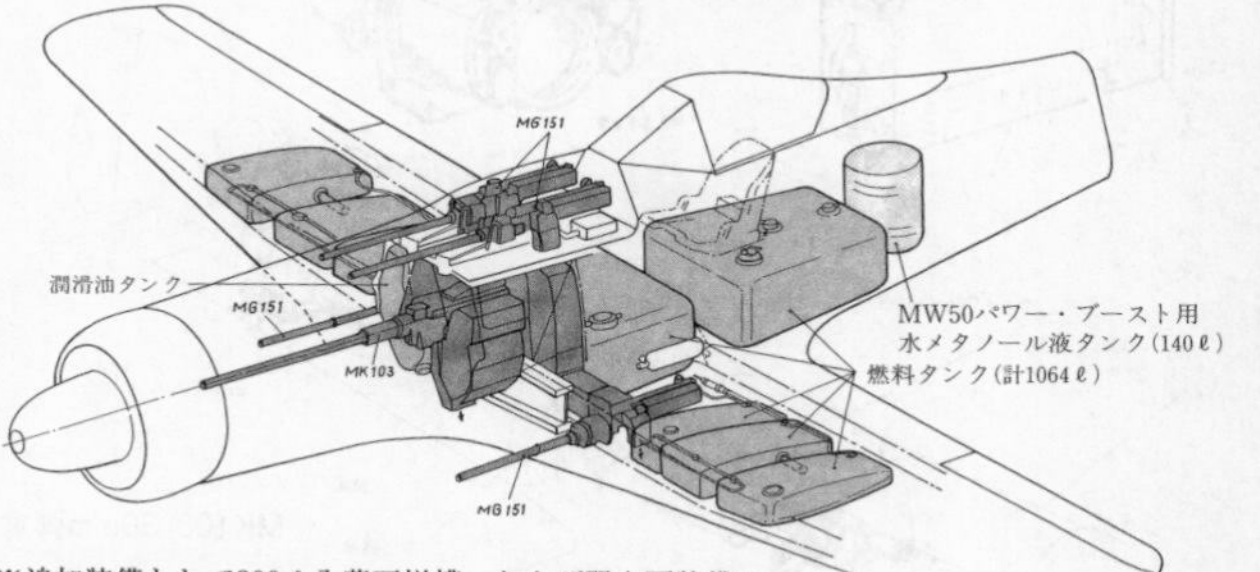

※追加装備として300ℓ入落下増槽、および翼上面装備の
200ℓ入スリッパ型タンクを左、右各1個装備可能

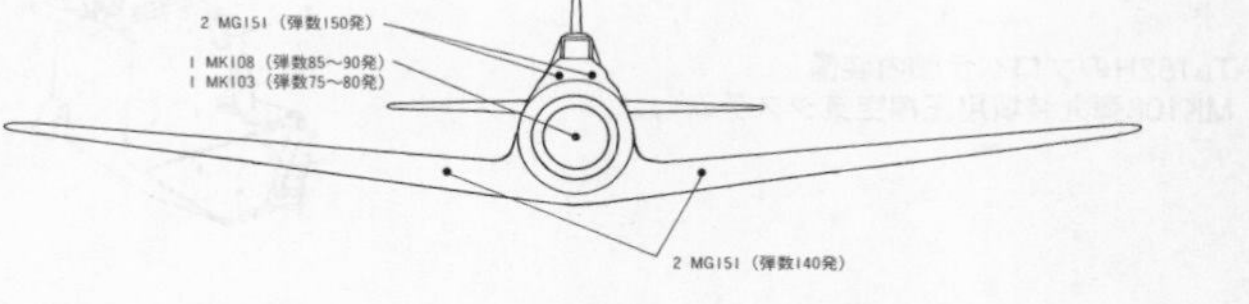

Ta152の翼付根MG151/20配置図

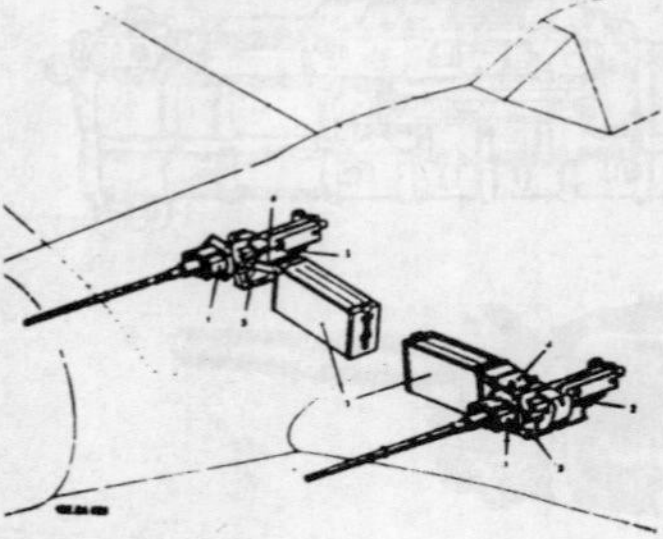

弾倉詳細図

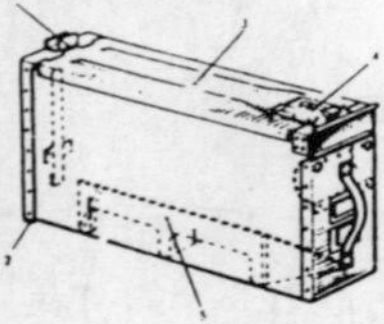

前桁へのMG151/20取付金具

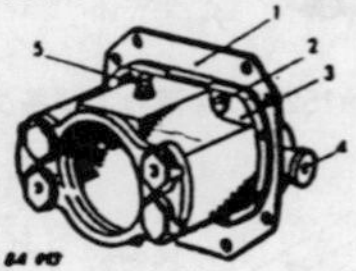

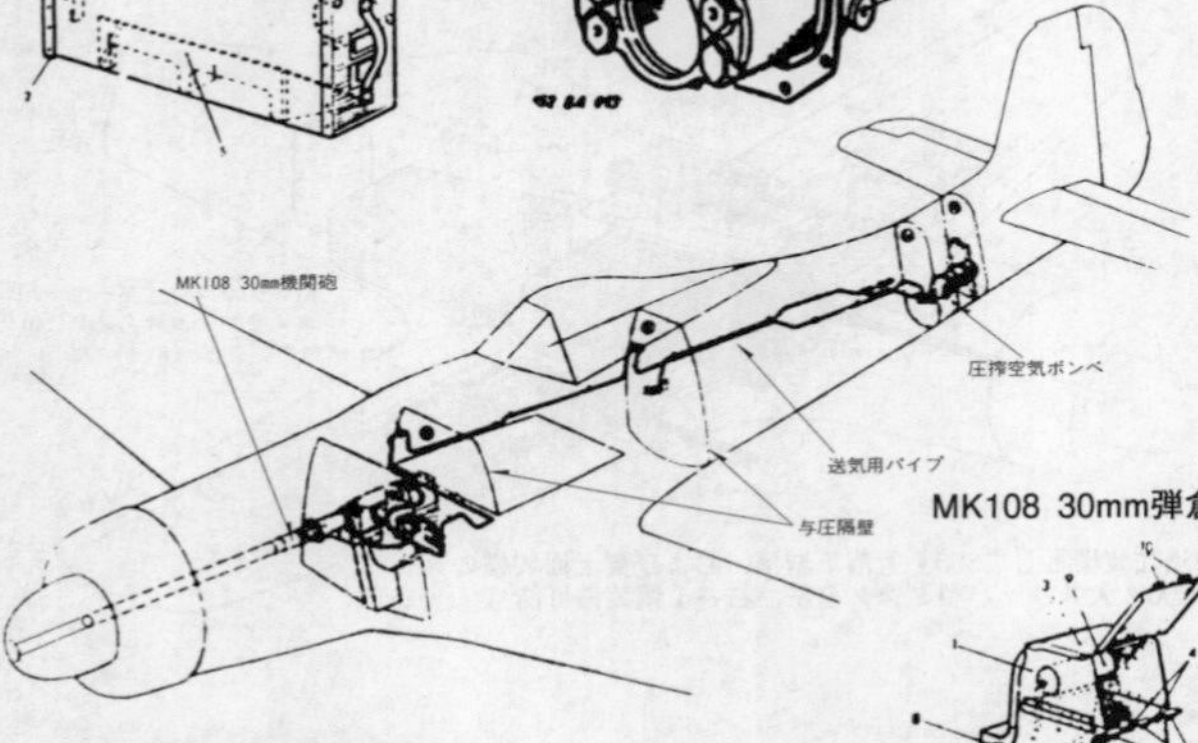

MK108 30mm弾倉

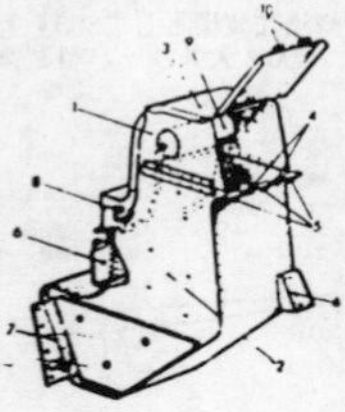

Ta152Hのプロペラ軸内装備
MK108弾丸装填用圧搾空気システム

1945年１月付け仕様書No.290号によるTa152Cの武装図
（寸度単位mm）

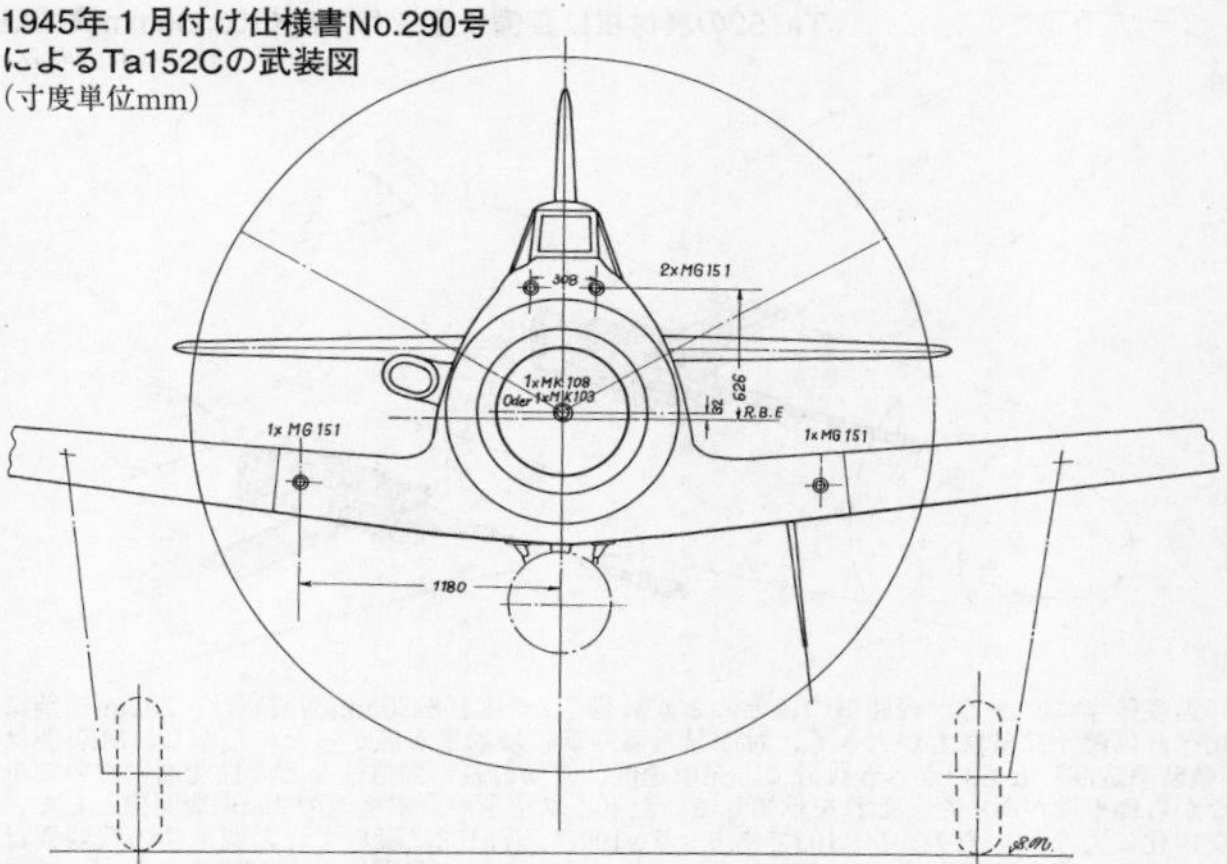

1945年１月31日付け仕様書No.292号によるTa152H武装図
（寸度単位mm）

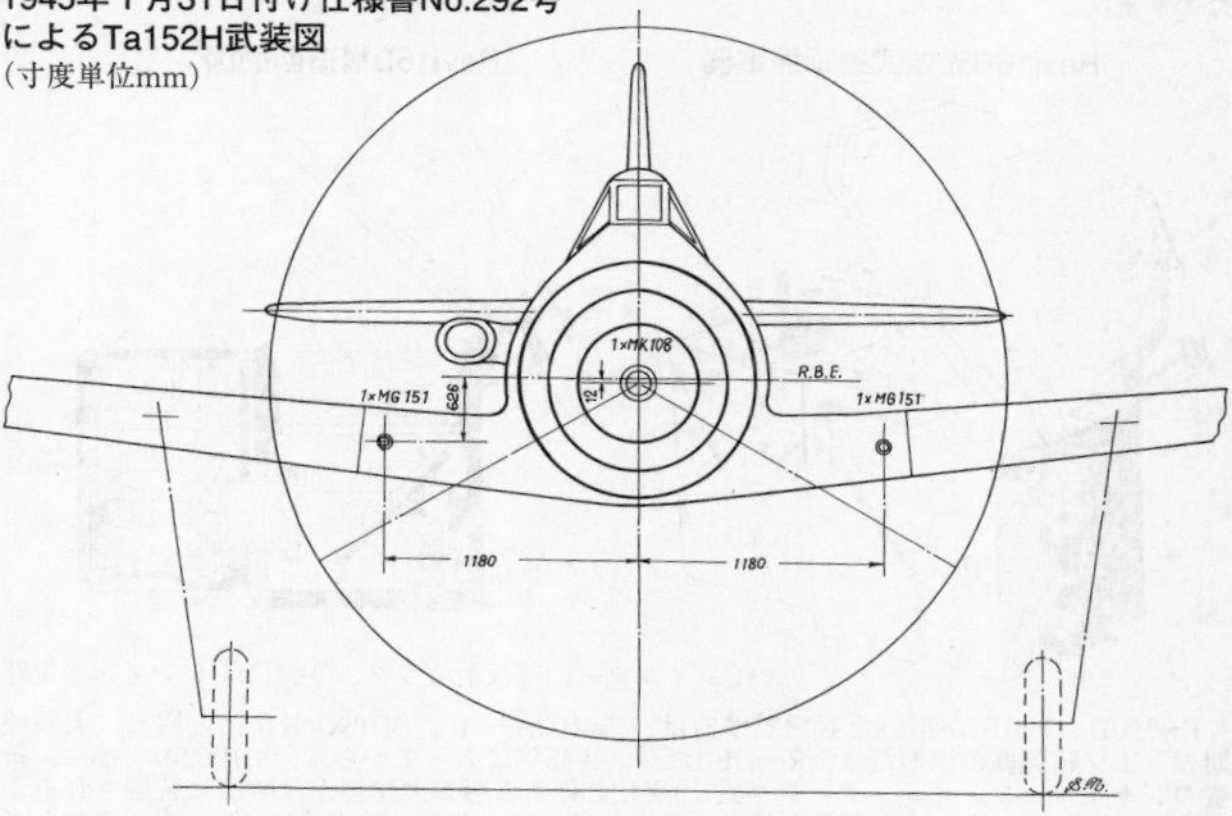

Ta152の翼付根に装備予定されたMK103 30mm機関砲

（計画のみ）

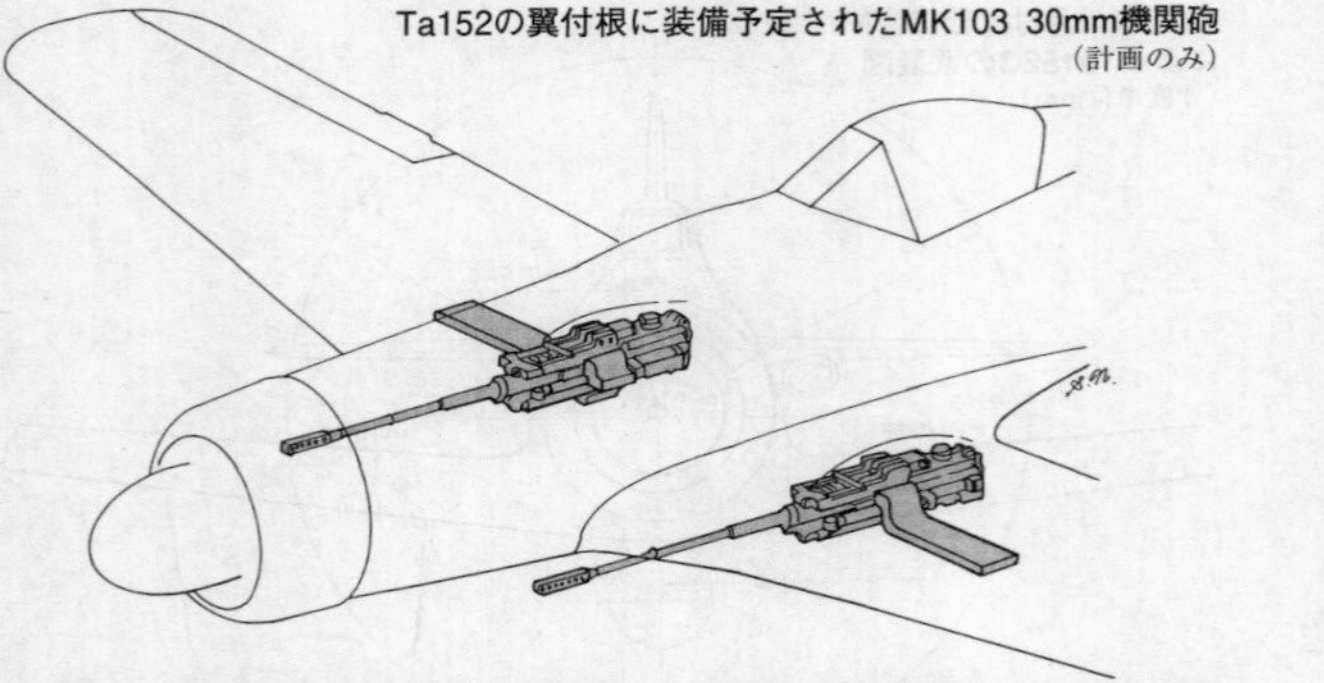

大戦後半に、ドイツ戦闘機のほとんどが装備したMK108 30mm機関砲は、20mm機銃に比べれば確かに破壊力が大きく、対四発重爆迎撃には効果が高かった。しかし、MK108は“戦時急造品”ともいうべき設計で、発射速度、有効射程、弾道性などの性能面において少なからぬ不満があった。それを承知していたドイツ空軍が、本格派の30mm機関砲として、実用化に力を注いだのがMK103であり、Fw190D、Ta152に限らず、大戦末期の戦闘機はこぞって本砲を装備予定にしていた。しかし、MK103は振動問題などが解決できず、結局は一部の機体が、実験的に装備した程度で敗戦を迎えてしまった。Ta152の装備予定を示したのが上図。

Revi16B光像式射撃照準器

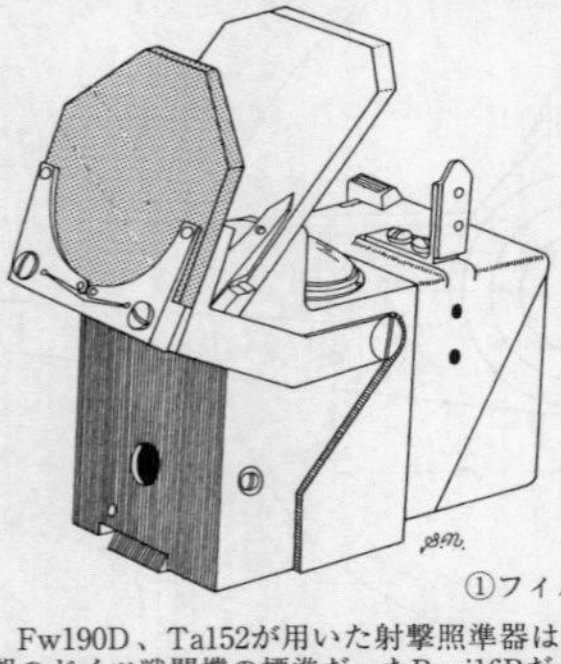

Revi16B構造断面図

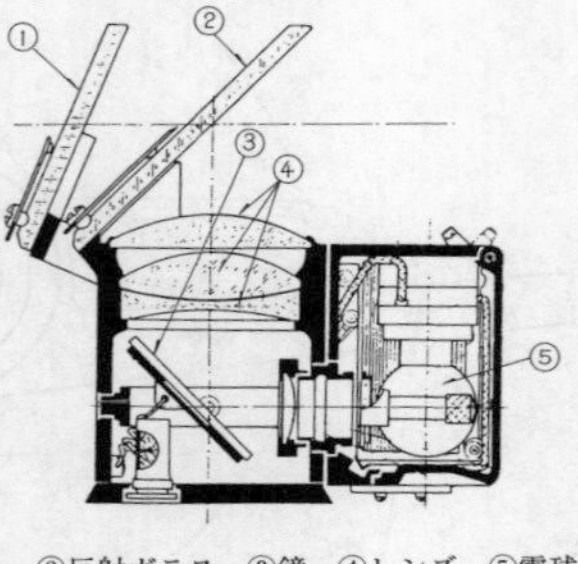

①フィルター、②反射ガラス、③鏡、④レンズ、⑤電球

Fw190D、Ta152が用いた射撃照準器は、Fw190A～F、Bf109G/Kなどと同じ、大戦後期のドイツ戦闘機の標準だったRevi16Bだが、1945年に入ってからは、Me262の一部に、新型のジャイロ・コンピューティング式、EZ42と称する射撃照準器が試験的に装備されるようになっており、もう少し戦争が長引いていれば、Fw190D、Ta152も本器に更新された可能性が高い。

●無線機装備

Ｆｗ190Ｄ、Ｔａ152の無線機セットは、Ｂｆ109Ｇ／Ｋ、Ｍｅ262などと同じく、交信用にＦｕＧ16ＺＹ、ＩＦＦ（味方機識別）用にＦｕＧ25ａという組み合わせであった。

　当時、零戦の無線機が、雑音ばかりひどくて用をなさなかったなどという、日本とは比較にならぬ高精度無線機で、ＦｕＧ16ＺＹは、４つのチャンネル切り替えにより、トータルな地上管制網〝Ｙ〟システムとリンクし、状況に応じた交信が可能なほか、Ｄ／Ｆループ・アンテナを使用し、ホーミング（帰投方位測定）装置の機能も併《あ》わせも

Ta152H無線機関系装備要領

　図中、F136、211がコクピット内右側のサーキット・ブレーカー、F114、115、129、372、387が同左側の各操作、スイッチ類、F108は変圧器、F0101はFuG16ZYの送受信器、F0151はホーミング・コンバーター、F151はD/Fループ・アンテナ、F0201はFuG25aの送受信器、F201が同アンテナ、F101はFuG16ZYの地上交信用モラーヌ・アンテナ、F102はアンテナ線引込部、F155はFuG16ZYのAFN2ホーミング表示計。

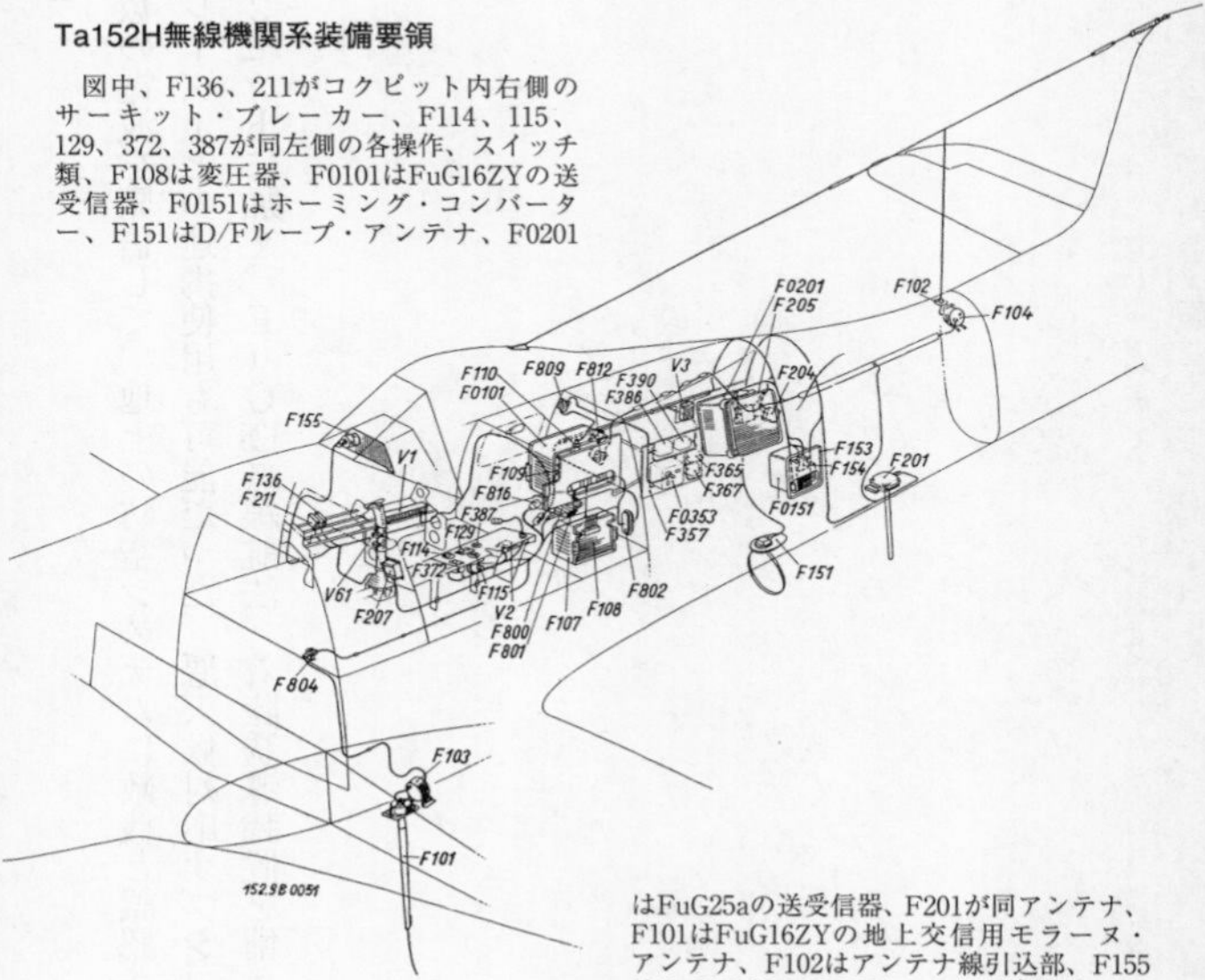

つ〝優れモノ〟だった。

ＦｕＧ25ａは、定められた周波数の電波を発信して、地上の防空システムに敵機と誤認されないようにするほか、早期警戒レーダーとの連携使用も可能だった。悪天候対応オプション・キットの〝Ｒ11〟では、前記２セットに加え、ＦｕＧ125無線航法／着陸誘導装置を備えた。

Ta152H酸素供給系統図

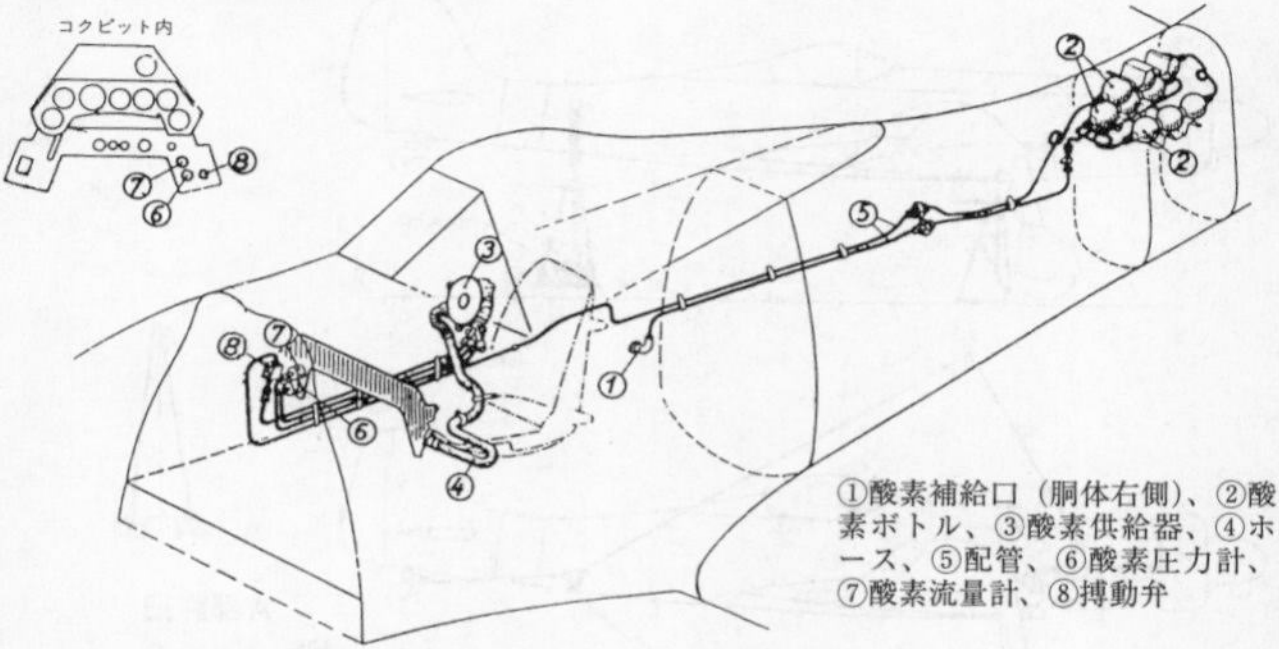

①酸素補給口（胴体右側）、②酸素ボトル、③酸素供給器、④ホース、⑤配管、⑥酸素圧力計、⑦酸素流量計、⑧搏動弁

高々度戦闘機型のTa152Hは与圧キャビンをもつので、通常の酸素ボトルは少なくてもよいと思われたが、上図に示したごとく、Fw190D-9と同じように、胴体後部延長材内に“串ダンゴ”状のボトル３本を備えており、とくに変更はなかった。

Bf109もそうだが、ドイツ戦闘機は、すでに大戦初期の段階で、空中戦の際の目標発見を編隊各機に素早く知らせる手段として、信号弾（照明弾）を用い、コクピット内から専用のピストルを発射孔に差し入れ、機外に向けて射てるようにしていた。Fw190Dは、コクピット内の右前方に発射口があったが、Ta152Hは与圧キャビンを備えていたこともあって、気密保持の面からもこの方法は採れず、胴体後部内に、右図に示したような左、右両側に向けて発射できる、AZA10と呼称された専用発射器２基（各４発収容）を備えていた。これはMe262にも装備されたものと同型である。

Ta152HのAZA10信号弾発射器

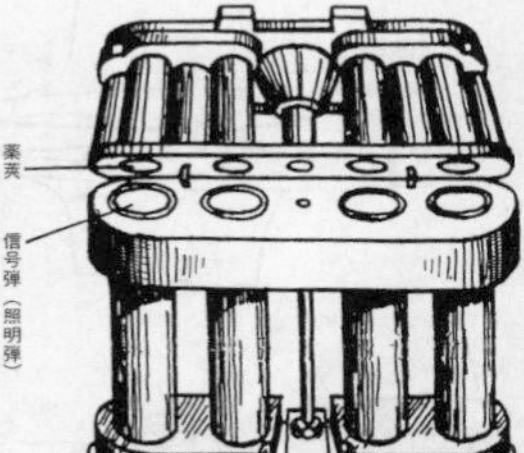

Fw190Dの ETC504懸吊架と300ℓ入増槽

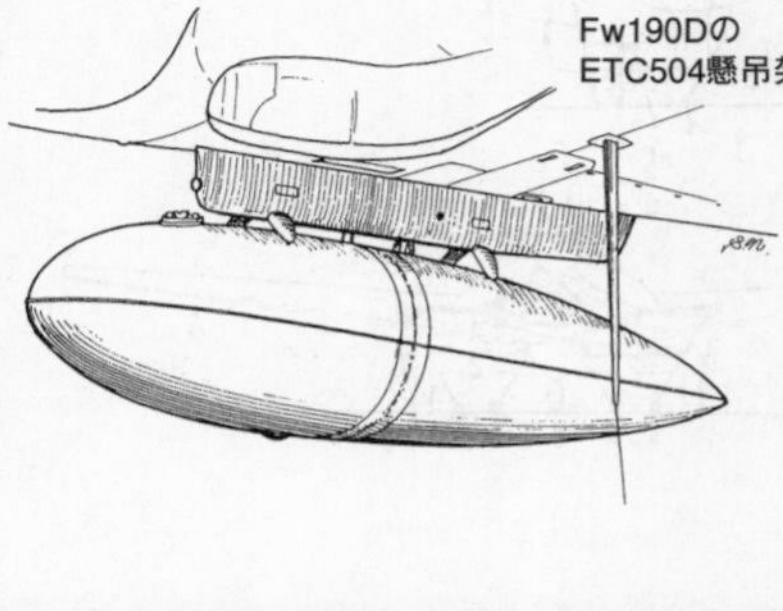

Fw190Dの落下増槽は、左図のごとく、A-8後期、-9から導入された、上、下２分割製造方式の300ℓ入りタイプが標準だったが、別に、容量200ℓ入りの、直線筒タイプも使用した。Ta152では、ETC懸吊架は胴体内に埋め込まれ、外部には振れ止め金具が露出するだけになった。

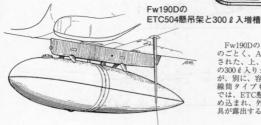

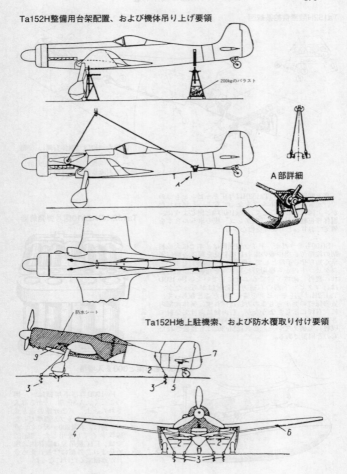

Ta152H整備用台架配置、および機体吊り上げ要領

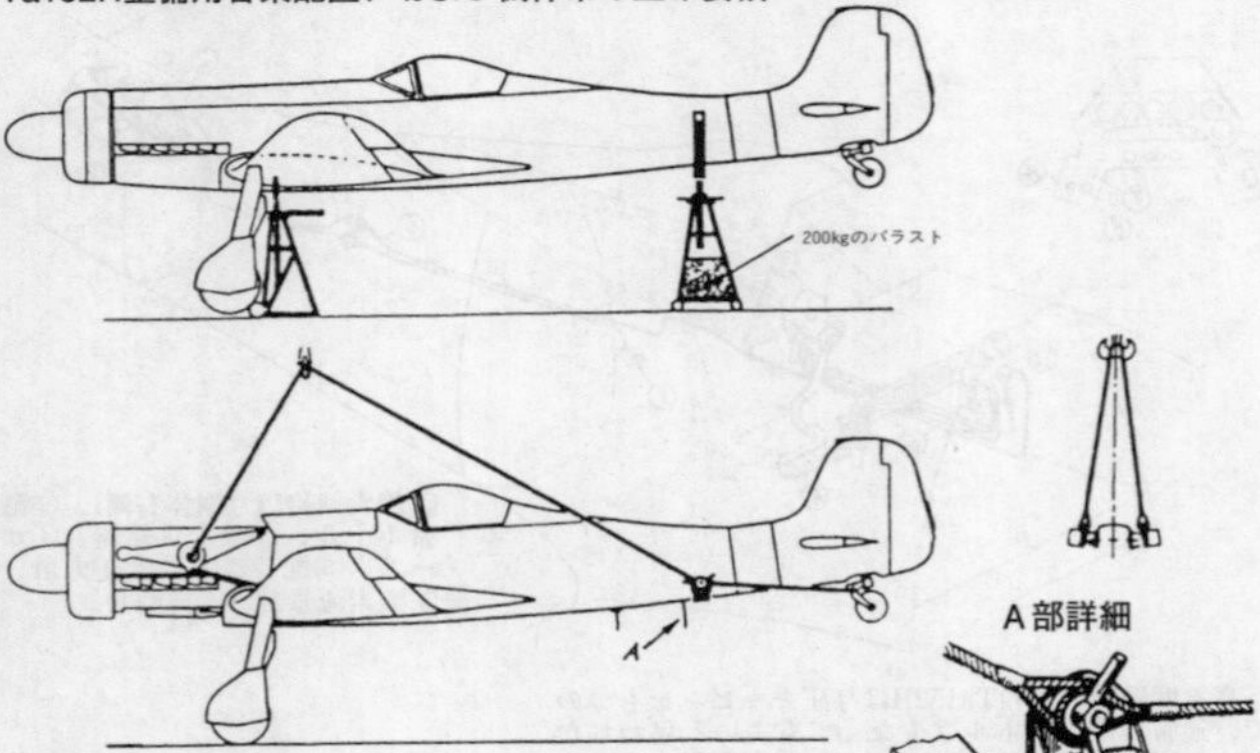

Ta152H地上駐機索、および防水覆取り付け要領

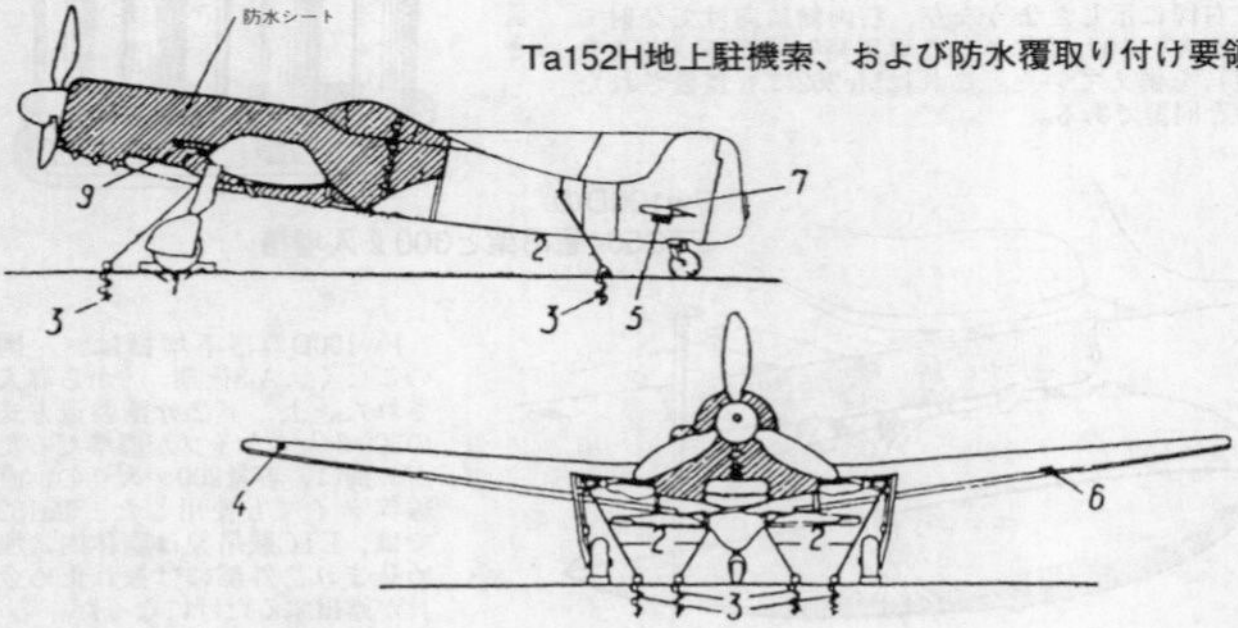

第三章　Fw190D／Ta152の基本塗装

1944年7月1日、ドイツ空軍は、戦況が悪化し、航空戦の主舞台が本土上空における防空戦に集約されつつある現状に鑑み、昼間戦闘機の上面迷彩色を、それまでのグレイ系2色から、地上の風景に溶け込みやすいグリーン系に変更することを決定した。

指定されたカラーは、RLM81ブラウンバイオレット、同82ライトグリーンの2色で、同年8月末から量産機が完成し始めたFw190D-9も、当然ながら、このグリーン

Fw190D-9　W.Nr210079　10./JG54
テオ・ニーベル少尉乗機　1945年1月1日　ベルギー

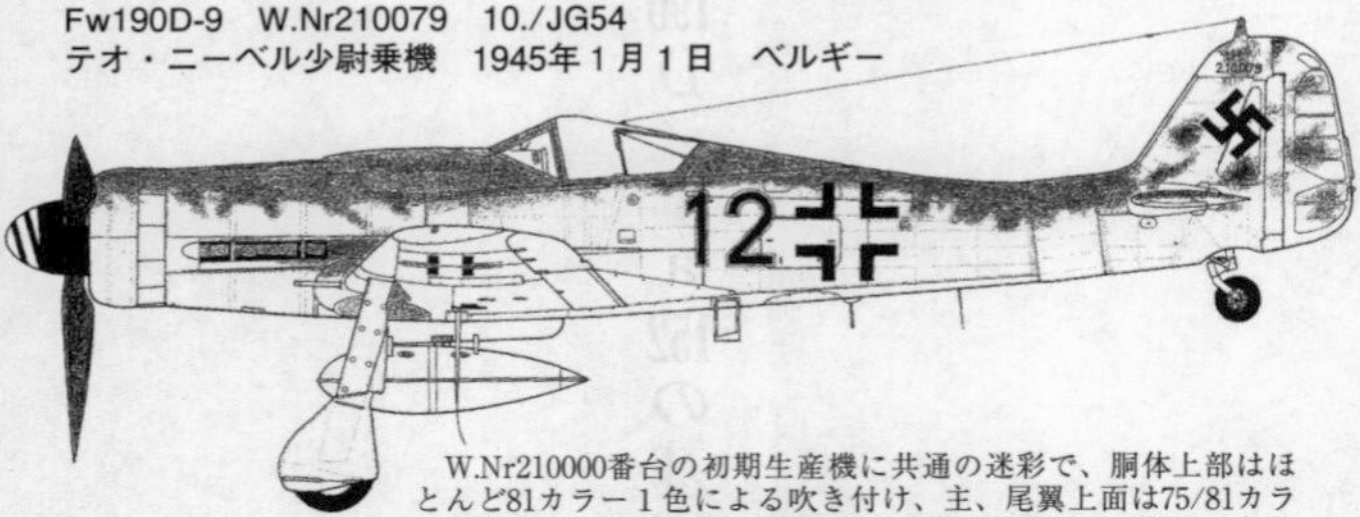

W.Nr210000番台の初期生産機に共通の迷彩で、胴体上部はほとんど81カラー1色による吹き付け、主、尾翼上面は75/81カラー塗り分け、下面は76。主翼下面、胴体の国籍標識は黒フチどりのタイプ。機番号"12"は黒（白フチ付き）。

▲アメリカ軍に接収された直後の、もとI./JG2所属と推定されるFw190D-9、W.Nr600651、機番"白の15"。本土防空部隊識別帯も記入していない地味なマーキングで、本機がフィーゼラー社カッセル工場で完成した、1945年1月という時期の、状況の厳しさを表わしている。上面は81/82カラー迷彩で、胴体、垂直尾翼には、複数カラーの濃密なモットリングも施している。

系迷彩を適用することになっていた。

しかし、Fw社工場に限らず、各メーカーとも新塗料の調達はすぐに整わず、しばらくの間、旧グレイ系塗料も併用されたのが実情だった。

Fw190D-9も例に漏れず、空冷型A、F、Gシリーズと同じ迷彩パターンを引き継ぎ、旧RLM74グレイグリーンの部分だけを81カラーに直しただけで、旧RLM75グレイバイオレットは、そのままにした機体が多かった。

もっとも、74と81カラーは、ちょっと見た目にはそう大きな明度の違いがなく、現存するモノクローム写真から、はっきりと区別するのは困難であり、74カラーがそのまま使われていた可能性もある。

なお、胴体側面、垂直尾翼、および主、尾翼の下面色として使われていたRLM76ライトブルーは、グリーン系迷彩に変わったあともそのままとされたが、末期には、イギリス空軍のスカイと呼ばれた色に似た、ブルーグリーン（というよりも、むしろイエローグリーンと表現したほうが適当）に塗った機体もあった。一説には、本色がグリーン系迷彩に合わせた新下面色の、RLM76カラーともいわれる。

また、末期の生産機の一部は、巻頭カラーイラストのごとく、主翼本体下面を無塗装ジュラルミン地肌のままとし、前半部分にのみ、旧75カラーを塗った。何らかの識別手段かとも思われるが、正確なことはわからない。

Ta152については、延長主翼を持つH型は、当然ながら迷彩パターンがFw190D型とは異なるが、現存する試作機V30、H−0、H−1の写真をみると、主翼上面パターンがそれぞれ違っており、末期の混乱もあり、現場作業員まかせで塗られたらしい。標準翼のTa152Cについては、原型機V7の写真をみると、基本的にはFw190Dのそれに準じたようである。

大戦後期のドイツ戦闘機のシンボル・マークともいうべき、スピナーのスパイラル（うず巻き）模様——黒地に白——は、1943年夏頃から前線部隊の間で、対空砲火除けの〝お守り〟として流行していたものだが、グリーン系迷彩への切替え直後の1944年7月20日付けで、制式の味方機識別マークとして通達された。

各国籍標識、細部ステンシルなどについては、P.179〜182の図、説明を、また、あわせてカラーページのイラストも参照いただきたい。

▲真うしろから見た、Ta152Cシリーズ用原型機V7、W.Nr110007。81/82カラーによる、Fw190D-9に順じた主、尾翼上面迷彩パターンが把握できる。キャノピー前方から垂直尾翼にかけての胴体上面は、81カラーのようだ。

Fw190D-9　基本塗装、細部ステンシル

※引き出し番号部の各ステンシル
はP.181～182に掲載

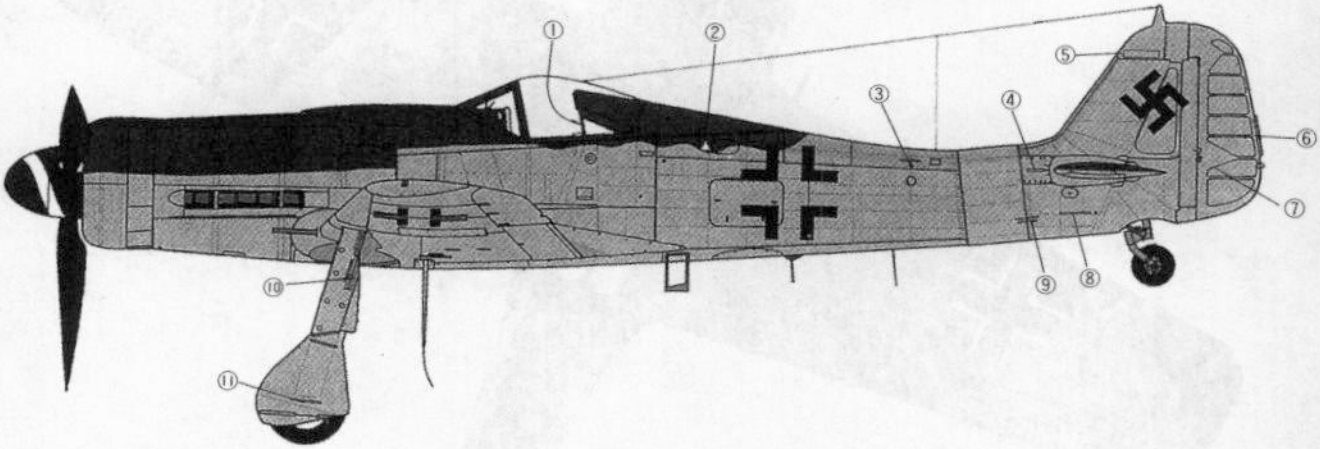

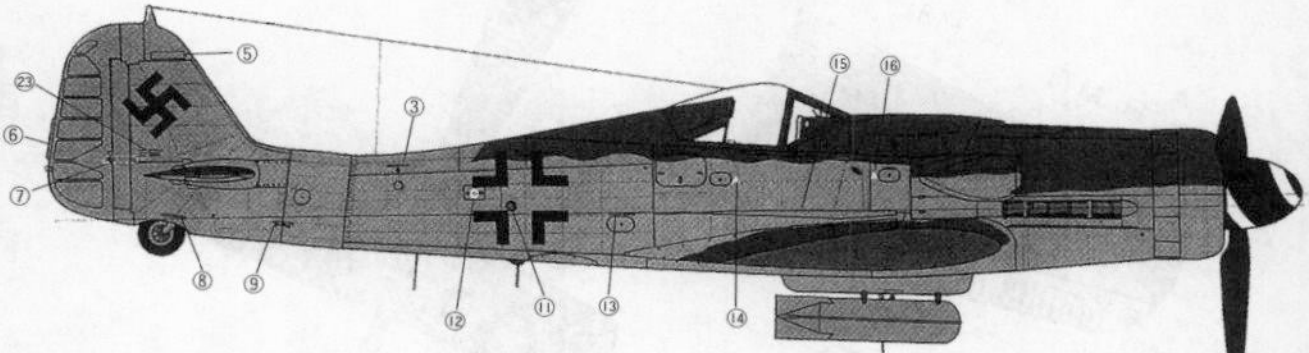

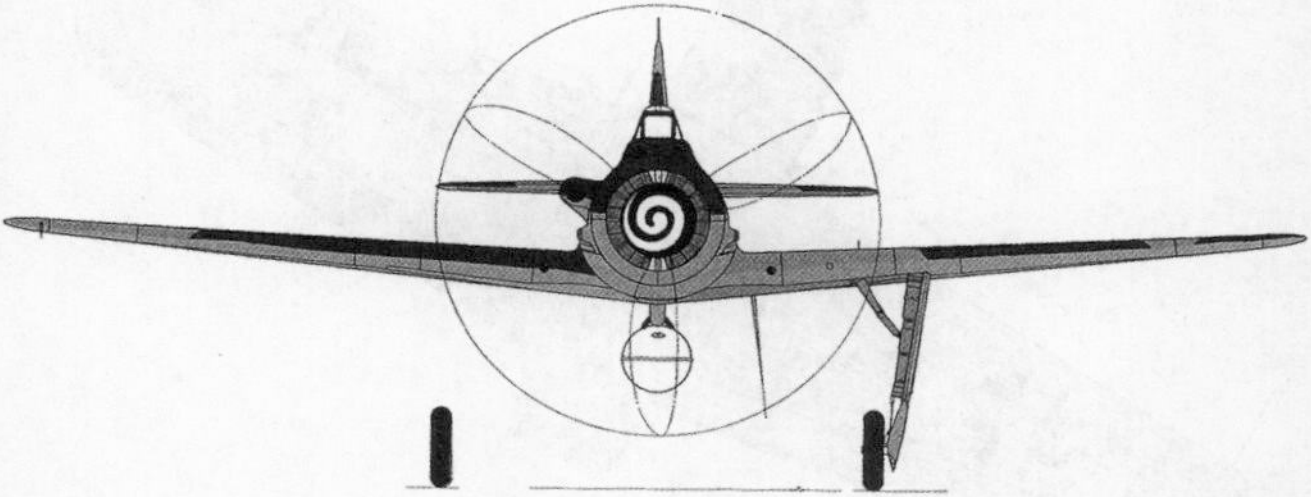

後期生産機の主翼上面国籍
標識サイズ、記入位置

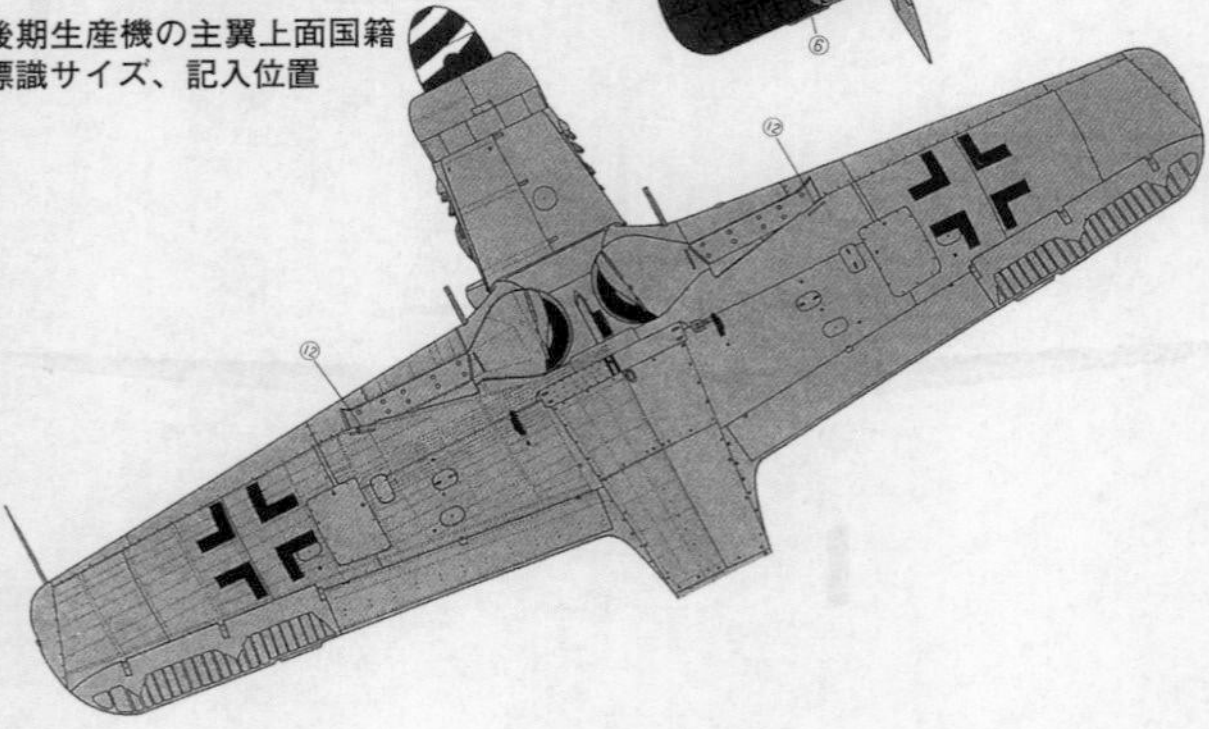

③整備用リフト・バー差し込み口表示
"ここを引上げる"の意。黒の文字と矢印。文字高25mm。

④水平尾翼取付角度位置表示。文字高20mm。

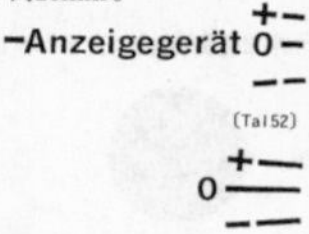

⑩主脚柱オレオの収縮度表示
　機体重量4,600kg以上、4,600kg以下の２種併記したものと、１種だけ指定表示したものがあった。文字は黒で、文字高20mmと10mm。

⑬圧搾酸素補給口表示マーク
　青地に白文字、文字高5mm。

⑭胴体内後方燃料タンク注入口、および要領の表示マーク。
　白フチどりの黄三角形、文字は黒、サイズは高さ100mm。

⑮非常時など、機外からキャノピーを開閉する場合の操作位置、および要領

"Haube"はキャノピー、"Auf"は開、"Zu"は閉、"drüken"は押すの意で、ネジを左に回し押せば開き、右に回し押せば閉まるという意。マーク、文字ともに黒、サイズは文字高20mm。

②増設燃料タンクまたはパワーブースト装置用メタノール液タンク注入口表示

　図は水メタノール液タンクとしての使用例を示す。燃料タンクとしての使用の際は黄三角形の中の文字が"C3/100"又は"87"となる

⑪主脚タイヤ空気圧表示

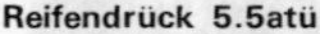

"Reifendrück5.5atü"は"タイヤ圧5.5気圧"の意。文字は黒、高さ25mm。

⑫緊急装備品搭載位置表示マーク
(白円に赤十字)

①射出式キャノピーに関する注意書

赤地に白文字
"注意!!
火薬式射出キャノピー"
文字の高さは上の行が25mm
下の２行が15mm

⑤製造番号(Werk Nummer)記入位置

　書体、記入位置、サイズは量産工場によって少しずつ異なる。

⑥固定タブ注意書
赤地に白文字
"Nicht Verstellen"は"動かすな"の意。機体によっては"Nicht Anfassen"(さわるな)と記入する場合もある。

⑦地上駐機時における方向舵固定具取付位置表示マーク
破線の色は赤

⑧尾輪のタイヤ空気圧表示
"Reifendrück"は"タイヤ圧５気圧"の意。文字は黒、文字高25mm。

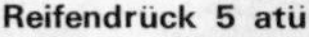

⑨整備時のジャッキ位置表示
"Hier aufbocken"は"ここを押し上げよ"の意。文字高25mm。マーク、文字ともに黒。

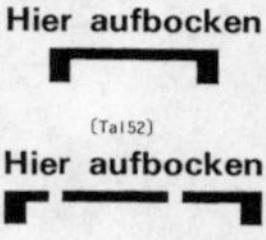

⑲脚位置表示棒
上半分は赤（RLM23）、下半分は白（RLM21）

㉒フラップ開度表示
　円形ガラス窓の内部に0°、15°、60°の文字（黒）が出る。（Ta152は70°まで）

㉓方向舵に関する注意書
（D-9の後期、Ta152）

Beim Schleppen
Höhenruder
nach unten drücken

⑱整備時の翼下面ジャッキ位置表示

Hier aufbocken

"Hier autbocken"は、"ここを押し上げよ"の意。文字は黒、文字高25mm。

⑳ステップ位置表示
"Nur hier betreten"は"ここだけ踏むこと"の意。

Nur hier befreton

㉑ウォークウェイ・ライン
　色はRLM77ライトグレイだが機体によっては黒で記入する場合もある。破線の一片はタテ10mm、ヨコ20mm。

⑯胴体内前方燃料タンク注入口、および容量表示マーク
　白フチどりの黄三角形、文字は黒、サイズは高さ100mm。

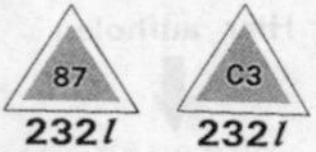

⑰外部電源接続口表示。赤い円。

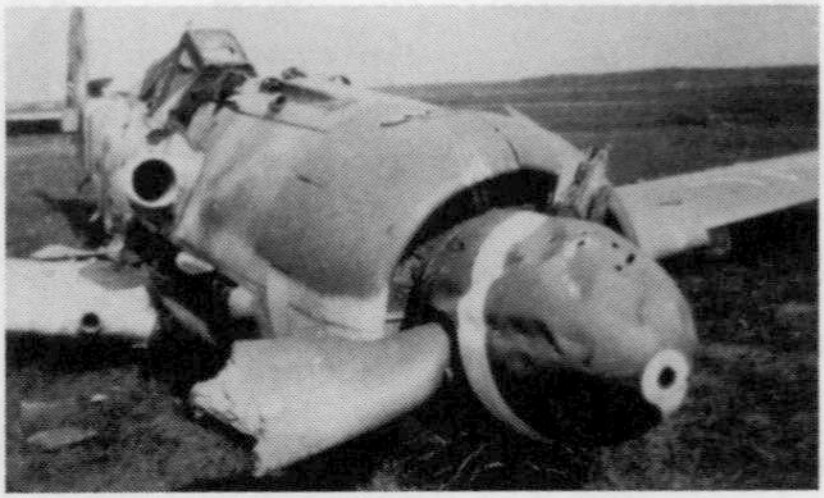

◀P.52に掲載したのと同じ、もとstab/JG4所属Fw190D-9の別アングル写真。黒地に白のスパイラル模様を描いたスピナー、機首の81/82カラー塗料の吹き付けボカシ具合などが把握できる。

◀これも、もとJG4所属のFw190D-9で、同航空団司令官ゲーアハルト・ミハエルスキー中佐の乗機だったもの。胴体国籍標識が60cm四方に小型化され、白フチどりタイプになっているのは、1945年に入って生産された、フィーゼラー社カッセル工場製機の特徴。胴体後部延長材部分に記入された黒/白/黒の帯は、本土防空部隊のJG4に割り当てられた識別標識。

Ta152H-0　W.Nr150003の完成直後の上面迷彩パターン

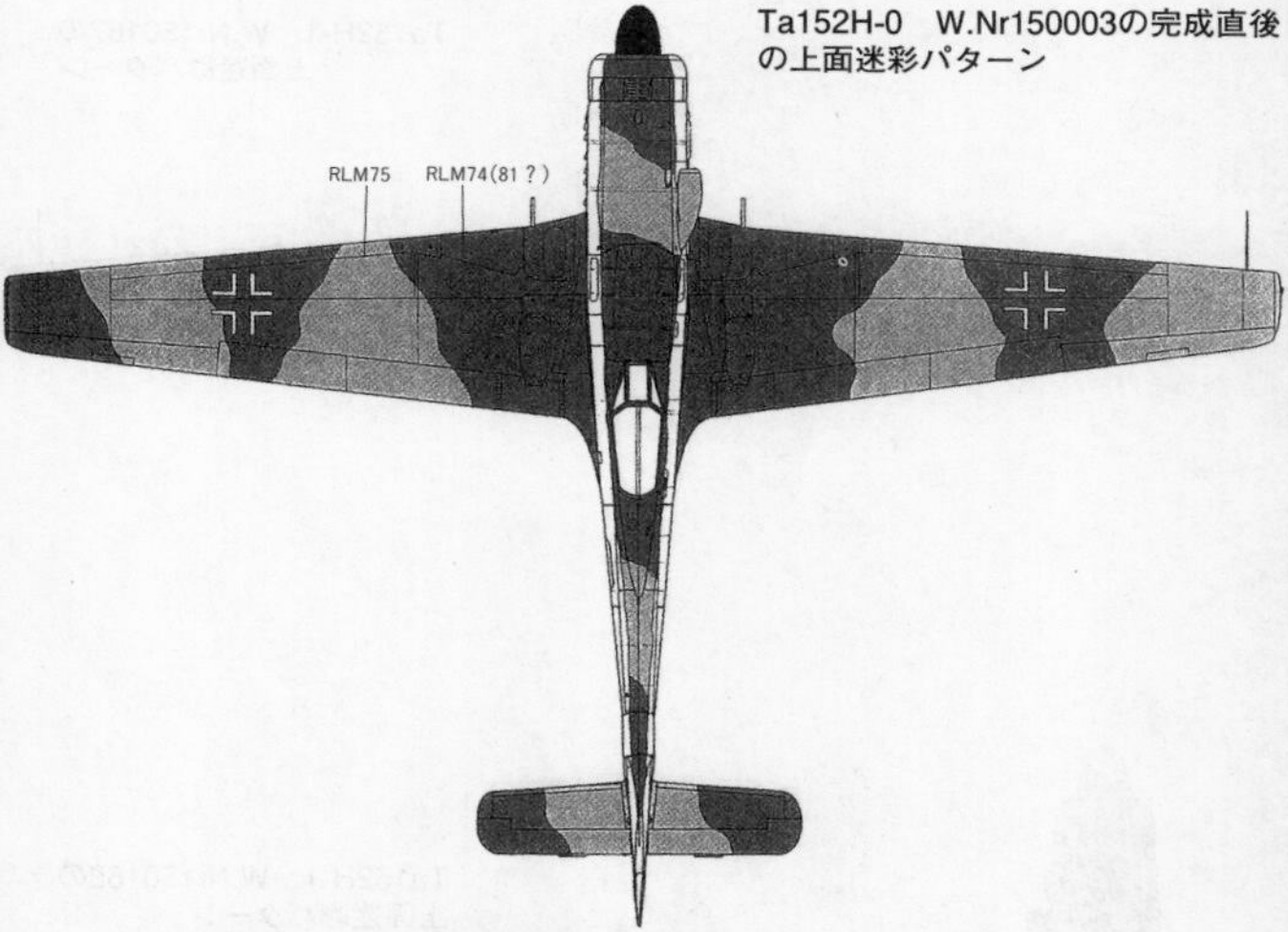

Ta152H-0/H-1の主翼下面国籍標識サイズ、記入位置

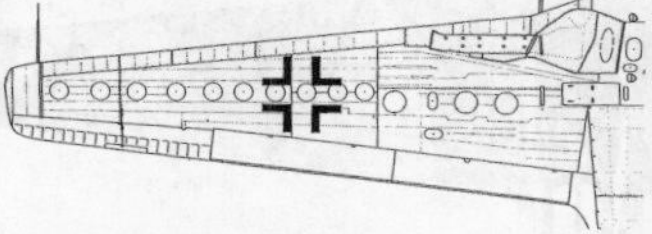

Ta152Hの主翼前縁塗り分けライン（H-0 W.Nr150003の例）

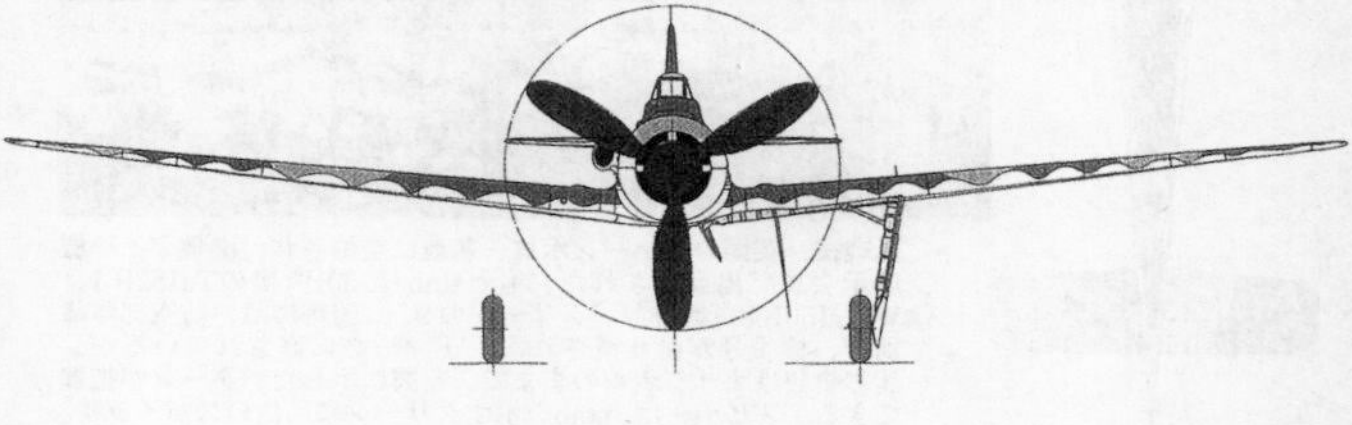

Ta152H-1　W.Nr150167の
上面迷彩パターン

Ta152H-1　W.Nr150168の
上面迷彩パターン
※左主翼上面は翼端部が、RLM81
それ以外は写真で確認できない。

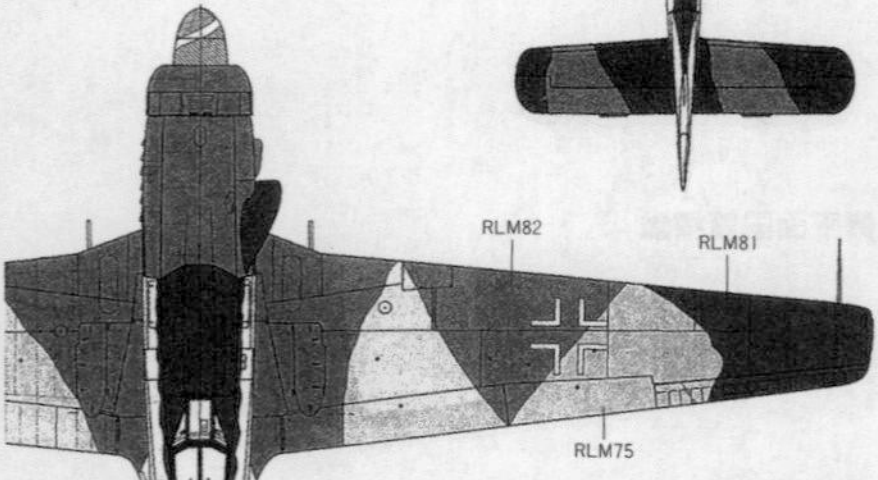

▲戦後、英国のファーンボロー基地に空輸され、鹵獲ドイツ機展示会に“出品”された、もとstab/JG301所属のTa152H-1、W.Nr150168、機番号“グリーンの9”。国籍標識、防空部隊識別帯、機番号が塗り潰され、RAFマークに直されているが、迷彩塗装はオリジナルのままで、左図に示したパターンが把握できる。スピナーは、stabを示すグリーンに、白のスパイラル。

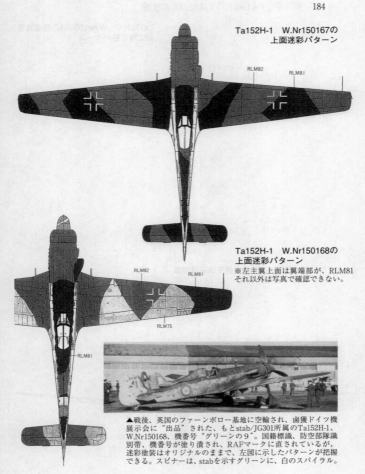

Ta152V7（C-0/R11）W.Nr110007の迷彩パターン

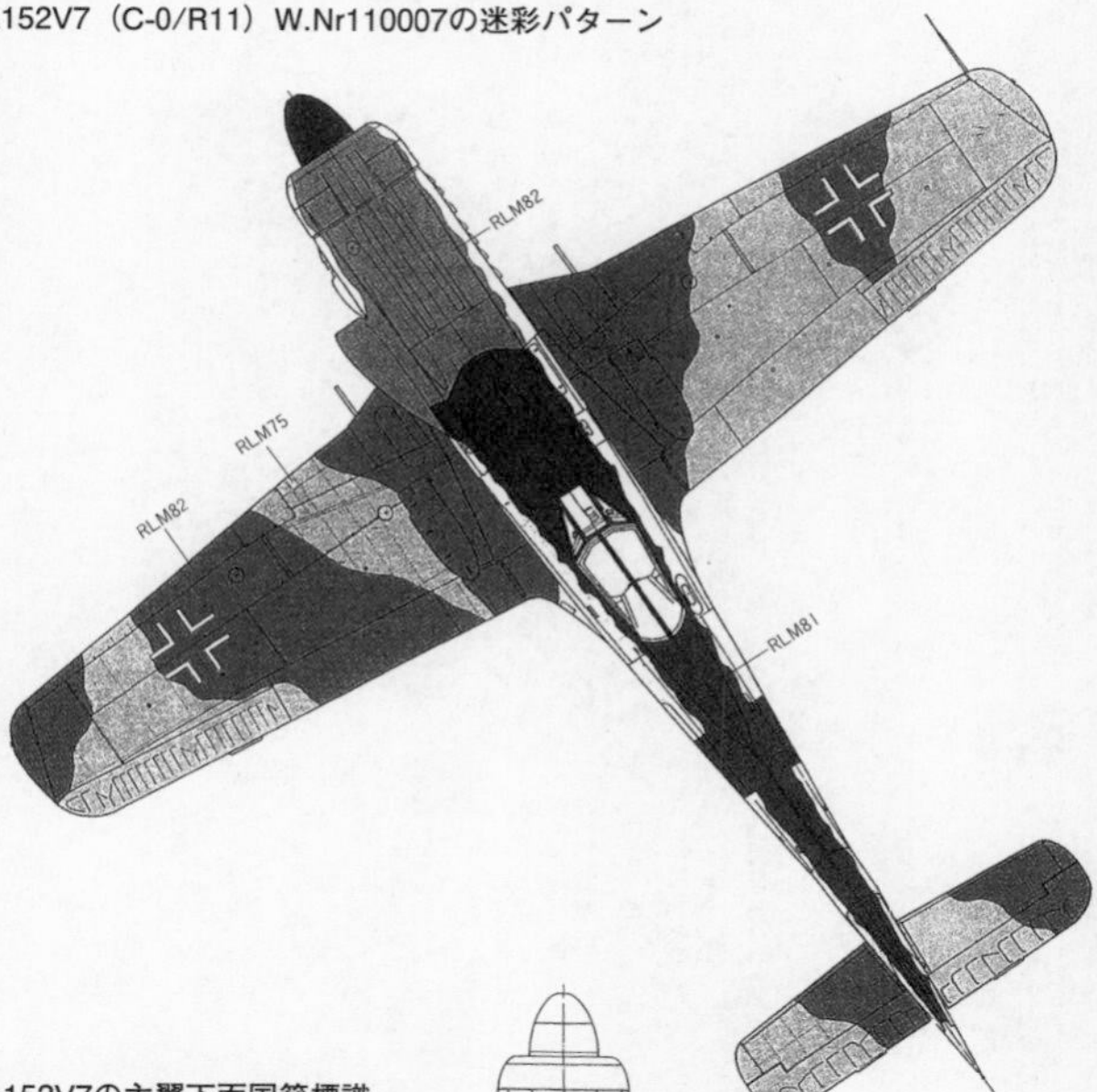

Ta152V7の主翼下面国籍標識、
およびコードレターのサイズ
記入位置

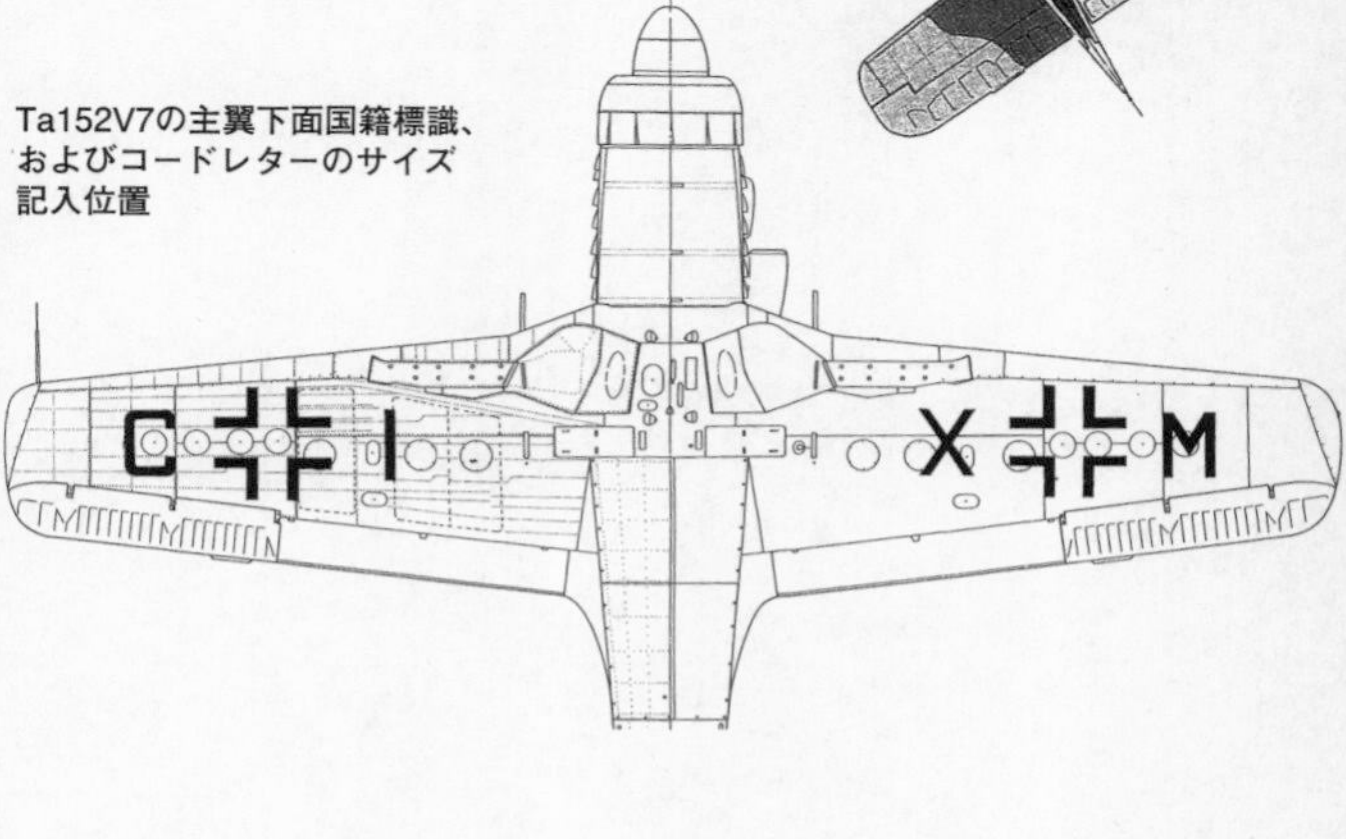

第四章　現存する翼たちを訪ねて……

悲喜こもごもFw190D、Ta152取材回想記

〝光陰矢のごとし〟とはよく言ったもので、月日の経つのはほんとうに早い。小生が、浅学を顧みず、つたない文、図版、写真を〝かやくごはん〟よろしく詰め込むというスタイルで、第二次大戦機のモノグラフをつくりはじめて、30年以上になる。

小生が、この仕事を生業にするきっかけとなった、プラモデル専門誌とのおつき合いの流れで、1980年代後半以降、欧、米の航空博物館に現存している有名大戦機を、とにかく〝密着取材〟して、細部ディテールをくまなく紹介する、というポリシーが定番となり、あっちこっちと飛び廻ったものである。

とにかく、日本にいては、ドイツ機にしろ、アメリカ機にしろ、実物を拝むことなど不可能なのだから、それも当然の成り行きだったかもしれない。

で、編集部との協議のすえ、まず最初に訪ねることにしたのがアメリカ。

なぜって、第二次大戦の戦勝国にして最強の軍事大国であり、自国産の機体はいうにおよばず、鹵獲した日本機、ドイツ機も、数多く保存してあるから……。

もっとも、ただやみくもに現地に行って、思うさま写真が撮れるというわけではなく、モ、

ノによっては取材申請も必要だし、現在のようなデジカメがある訳でもなかったので持っていけるフィルムの量にも限りがあり、取材対象を絞り込まねばならないなど、事前準備はなかなか大変なのです。

今もそうだけど、世界的に人気が高いのはドイツ機、それも戦闘機がメインという観点に立って、取材対象は、ワシントンDCの国立航空宇宙博物館（NASM）本館に展示してある、零戦五二型、Bf109G-6、Me262A、メリーランド州シルバーヒルに所在したNASMの復元・保管施設、ポール・E・ガーバー内のFw190F、月光。

二ヵ所目は、オハイオ州デイトン市近郊にある、空軍博物館に廻り、Fw190D-9、紫電改を中心に、他の諸々をカバーする。

次は、一気に南下してフロリダ州ペンサコラにある海軍航空博物館へ向かうのだが、ここは小生にとって特に取材したい機はなく、出版社の別の

▲NASMポール・E・ガーバー施設内で、Fw190Fの復元に携わった、カール・ハインツェル氏（中央）と記念写真に納まった小生（右）。背後はMe163B。ハインツェル氏は、のちに『晴嵐』、B-29の復元作業なども担当した。

思惑で立ち寄る。

そして、最後にアリゾナ州メサ市の私設航空博物館〝チャンプリン・ファイター・ミュージアム〟を訪れ、Ｆｗ190Ｄ-13を収めて帰路につく、というスケジュールが決まった。

１９８７年９月、成田からダイレクトでワシントンまで飛び、到着翌日から取材開始。と書けば簡単だけど、小生にとっては初めての〝外国旅行〟だけに、とまどうことが少なくなく、精神的にかなりキツかったのが記憶に残っている。このとき痛感したのは、英語の大切さ。それも学校で勉強する〝教科書英語〟ではなく、アメリカ人が日常的に会話する〝ナマの英語〟を耳で聞いて、何を言ってるのか、まずそれを理解できないと話にならないということ、つまりヒアリングですね。

今どきの若い人は違うかもしれないけど、小生の年代では、〝アイ・アム・ア・ボーイ〟〝ジス・イズ・ア・ペン〟風の発音が染みついているので、アメリカ人が日常的に話す英語がまるで聞きとれない。

まあ、用心にというか、現地在住の日本人通訳を雇っておいたので、取材申請の確認とかの難しいことは、スムーズにパスしたけどね。とにかく、自身の英語能力の無さには落ち込みましたね。

ポール・Ｅ・ガーバー施設では、倉庫内に相当数の日本、ドイツ機が分解されたまま保管してあることはわかっていたけど、数多い倉庫のどこに、何があるのかまではさっぱりわからない。

係員にドイツ機が撮影したいと伝えて、順番に入っていったけど、照明もなく、小さな明り取り窓のなかでは、容易に識別できない。それに、エア・コンもないので、倉庫内は蒸し風呂のように暑く、たちまち汗が噴き出てくる始末。

そうして、何番目かに入った倉庫内で、小生は見おぼえのある尾翼を発見して小躍りした。それは、埃をかぶって、ただのスクラップのようにしか映らない、Ta152H-0、Nr150010の胴体部分だった。

興奮するままに、カメラを構えたが、なにせ、他の機体の胴体と、鉛筆を並べるように置かれていて、大人1人がやっと通れるだけの間隔しかなく、少し後ろに引いて撮ろうとすると、頭が〝ゴン〟と他の胴体にぶつかってしまうし、暗くてピント合わせもまごつくと

▲アメリカ空軍博物館に保存・展示されている、Fw190D-9、W.Nr601088の前で。小生の身長は178cm、本機のサイズのおおよそが把握できましょう。ご覧のとおり、博物館内はきわめて暗く、手持ちカメラのフラッシュで、全体形を収めるにはシンドイ。

いう具合で、思うように撮れない。

悪戦苦闘している間に、制限時間が迫ってしまい、係員の催促に追い立てられるように倉庫から出され、あっけない幕切れになった。

その時の写真が、P.108～109、115に掲載したものだが、やはりというか、全体に暗く、現像も最大感度に上げて、やっとディテールがわかる程度のシロモノだった。

8年後の1995年に、小生はふたたびポール・E・ガーバーを訪れたのだが、この時は事前取材申請が間に合わず、一般の見学予約者としてしか入れなかったために、倉庫のほうには行かずじまい。結局、一回目の取材写真が、今だに役立っている現状です。

ただ、この時の収穫は、本機の尾部が木製であることが確認できたことで、それまで、一部の資料などに記述はされていたものの、実際に手で触れて、写真も撮り、出版物に掲載したのは、国内で小生が初めてだったらしい。

だけど、その時は、ドイツ最後の高性能レシプロ戦闘機と、木製構造というのがどうもいまひとつピンとこないで、不思議な感じがしたことを覚えている。まあ、Ta152が登場した頃のドイツの実状からすれば、当然のことだったんでしょうけど……。

心残りなのは、かの倉庫内には胴体から垂直安定板にかけてしかなく、エンジン、プロペラ、主翼、主脚、水平尾翼などが写真に収められなかったこと。

次の目的地、オハイオ州デイトンは、ワシントンから飛行機で小一時間の距離にあり、Fw190D-9を思うさま撮影できると、勇む足で空軍博物館に赴いた。

到着してまず驚いたのは、その施設の広さ。これはもう、日本人の感覚では計り知れない規模ですよ。とにかく、予備の格納庫に行くといったって、車で移動しなきゃならないんだもの。

現用の空軍基地の中にある博物館ということもあって、館内は格納庫をそのまま利用したように大きく、天井も非常に高い。なにしろ、B-52のような巨大な機体だってすっぽり入っちゃうんだから……。

お目当てのFw190D-9は、館内の奥まったところ、アメリカ陸軍のボーイングB-17の主翼下に押し込まれた形で展示してあった。うーん、展示する側も考えていることはわかるけど、撮影条件としては、いまひとつだったね。

あらかじめ許可を得てあるので、柵の内側にも自由に入って撮影できたのだが、なにせ、

▲1994年10月、7年ぶりに再びアメリカ空軍博物館を訪れて“再会”したD-9、W.Nr601088。基地内のアネックス・ハンガーと呼ばれた格納庫兼倉庫の片隅に、ひっそりと置いてあった。主翼付根の20mm機銃が外されている。最近の情報では、再び本館のほうに戻されている。

キャノピーに接するくらいに、B-17の主翼が覆い被さっていて、胴体、主翼上面が思ったようなアングルから撮れない。これは予想外でした。

なんか不完全燃焼のような気分のまま、とにかくフィルム数本分を費して撮影を終了した。

このD-9、ちょっと見た目には、かなりオリジナル度が高そうなのだが、後日、日本に帰って、現像したポジ・フィルムをじっくりとルーペで観察してみると、プロペラは本来のVS111ではなく、Ju87、もしくはJu88のそれを流用したらしいVS11であり、可動キャノピー、および内部の防弾鋼板支持架の形状も微妙に違っていて、どうやら複製品らしいこと、などが判明した。

残念なことに、キャノピーは開けてもらえず、コクピット内部までは撮影できなかったのだが、復元時の博物館公式記録写真があるので、大体の様子は把握できる。

ともかく、モノグラフ一冊分の細部写真は確保できたので、都合1日半にわたった取材の疲れも、あまり感じない。

なお、この空軍博物館へは、1994年10月にも再度訪れる機会があったのだが、その時は、D-9は本館ではなく、アネックス・ハンガーと呼ばれる、倉庫代わりの保管場所に移されており、主翼付根の20㎜機銃が取り外されるなど、機体コンディションに若干の変化もあった。

つねづね思うことだけど、博物館展示といっても恒久的措置ではないから、こうした変化はままある。だから、撮り漏れのカットがあったりして、次の機会にまた、なんて考えたりしていると、このD-9のように、前回と同じコンディションで撮れない、というような場合もある。できれば、一回のチャンスでカバーしなくてはいけない、というのが教訓。もっとも、なかには二回目のほうが好条件になり、より以上の収穫がある、という例もなきにしもあらずだけどね……。

デイトンの次の目的地ペンサコラは、小生にとって〝イマイチ〟盛り上がりに欠け、心は次のＦｗ190Ｄ-13が待っているアリゾナ州メサ市にとんでいた。

ペンサコラからメサまでは、直線距離にして約２３００キロもあり、途中２回も飛行機を乗り継がないといけない。丸１日がかりの移動で、さすがにアメリカは広いと実感する。なにせ、国内移動なのに、時計を時

▲チャンプリン・ファイター・ミュージアムのＦｗ190Ｄ-13、Ｗ.Ｎr 836017の前で。スピナーとプロペラが……。

▶D-13の機首左側。この部分だけ見てるぶんにはよいのだが……。

差修正しないといけないんだもの……。

メサに到着した翌日、お目当てのチャンプリン・ファイター・ミュージアムに向かい、館員の説明もそこそこに早速、撮影にかかる。

後方から近寄っていくと、塗装もきれいに塗り直してあり、状態は良好だな、なんて思いながら、まずは機首まわりからと、正面に廻り込んだとたん？　なんかプロペラの形が変だぞ、それにスピナーもやけに丸っこい。

そして、目が機首右側の過給器空気取入口にいったところで、〝あちゃー〟、そう、これらの部分は全部複製（プロペラは他から流用？）だったのでした。

今でこそ、インターネットや洋書等で、欧、米博物館展示機の状況などはほとんど把握できるけど、小生らの取材当時は、現地に行ってみないとわからないというのが大半だったので、このD-13についても、それまでの〝事前情報〟が乏しかったことを考えれば、止むを得ない。

とはいうものの、パンフレット紹介用写真などならいざ知らず、オリジナル状態のディティールを追求する我々にとっては、もはやこの時点で、取材対象としての価値は急落してしまったことは否めない。

ま、とにかく、同行の編集長とも相談した結果、せっかく来たんだから、複製と割り切って、ひととおり撮影することにし、気乗り薄のまま、それでもフィルム数本を費やして各部を撮った。

私設ということもあり、ＰＲにもなると判断したのか、館側も協力的で、公共博物館では滅多にない、主翼上面に直接上がってもかまわないし、キャノピーを開いてコクピット内も自由に入って結構、というのには恐れ入った。

まあ、意地悪な見方をすれば、主翼はおそらく複製部分が多く、コクピット内も計器類の多くがアメリカ製で間に合わせということなどからして、当然かなとも思ったりして……。

意外だったのは、主翼上に昇ったとき、機体がユラユラとかなり揺れたこと。小生の感覚では、250キログラム爆弾さえも懸吊可能なＦｗ190Ｄだから、体重60キログラムにも満たなかった小生が乗ったくらいでは、ビクともしないだろうと思っていたので……。こ

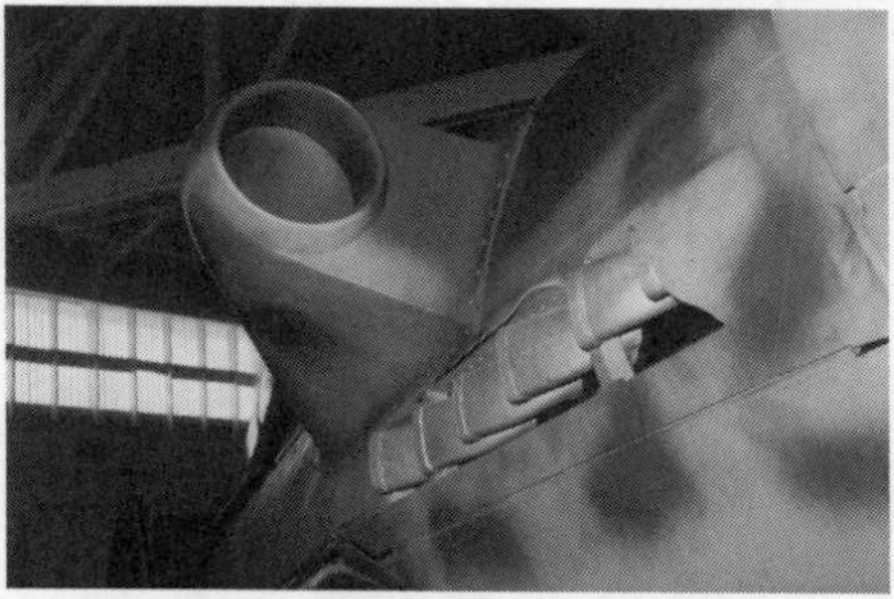

▲D-13の機首右側の過給器空気取入口。オリジナルとは似ても似つかぬ形に、しばし茫然としてしまった。

◀D-13のコクピット内前部。計器類の多くはアメリカ製で、照準器は旧型のReviC/12が付いていた。うーん……。

れも、主脚まわりが非オリジナルだからかしらん?

このD–13にまつわる後日談だけど、某出版社が、小生たちと同じ目的で本機を取材し、非オリジナルと気付かずに、相当数の写真を撮りまくり、いざ使おうとして、小生らの掲載誌をみてビックリ、というようなハプニングもあったとか……。

やはり、このテの取材には、対象物に関して、ある程度の〝目利き〟が必要という教訓ですね。ひと目でオリジナルと違うような〝不出来〟なものならまだしも、巧妙に複製されていると、なかなか見抜くのも難しいからね。

かくいう小生だって、その後の別の取材で、オリジナルと信じていた部分が、実は複製で見分けもつかず、堂々とモノグラフ誌に掲載していた、ってこともあったし、人のことは笑えませんよ。

そんなこんなで、これは、というような収穫がなかったD–13だったが、救いは、コクピットに座って操縦桿を握り、しばし、ドイツ戦闘機パイロット気分を味わえたこと。3年後の1990年にドイツ博物館に赴き、Me262を取材したときも含め、ドイツ戦闘機のコクピ

▲気分はドイツ戦闘機パイロット。D–13のコクピットに座って……。Bf109はともかく、Fw190のコクピットもかなり狭く、ヤセ体形の小生でさえも窮屈に思えた。まあ、零戦みたいに何時間も飛行するわけではないから、屈強なドイツ・パイロットでも我慢できたのでしょう。

ット内に座れたのは、あとにもさきにもこの2回きりだからね。

それと、D-13の傍に展示してあったJumo213エンジンは、ラジエーターの形からして、本機が搭載していたF型だと確信し、しっかり写真に収めたのだが、最近になって、このエンジンは、戦後すぐに米軍がドイツ国内で接収した、なんとTa152H-1、W.Nr150167のJumo213Eだと判明してビックリ。

うーん。博物館もそれならそうと、看板？　でもちゃんと立てて明記してくれたらよかったのに……。まあ、D-13の複製パーツを見ると、そのへんの細かいことまで知らなかったのか、あるいは知っていても、同系のエンジンという割り切りで、単にJumo213で充分だったのでしょうが……。

なお、本機はその後所有者が変わり、現在はワシントン州エバレット市に所在する、フライング・ヘリテイジ&アーマー・ミュージアムに保管・展示中である。

とにかく初めての経験で、まごつくことも多々あったアメリカ博物館ツアーだったが、得ることも多く、小生には忘れることのできない日々でした。

付録

資料あれこれ

言うまでもないことですが、いかに小生が浅学といっても、モノグラフを一冊つくるには、それなりの資料が必要ですし、当時のマニュアル類にしろ、市販出版物にしろ、ドイツ語表記のものが多数を占めることになります。

しかし、英語力さえ心もとない小生が、ドイツ語に堪能であるはずがなく、仕事のたびに七顛八倒した様は、容易に想像つきましょう?

写真説明くらいの文章なら、辞書片手に、最低限のことはわかるのですが、マニュアル類の〝ページ丸ごと専門技術用語尽くし〟となると、なかばお手上げの状態で、図版の引き出し文字を、なんとか解読し、それに附随した解説を付ける程度にとどめざるを得ません。

ま、負け惜しみではありませんが、たとえ〝ページ丸ごと専門技術用語〟を解読できたとしても、それが、イコール本構成上の重要な要素になるということでもありませんし、要は、営利目的出版物として、読者の視点で考えることが肝要ということです。

で、今回のＦｗ190Ｄ、Ｔａ152のモノグラフをまとめるにあたり、参考に供した文献がP.211～212に列記したようなものです。もちろん、これらすべてが両機だけを採りあげているわけではなくて、なかには、総数660ページのうち、10数ページしか割いていないというような〝豪華本〟もあります。

これだけの資料が揃うまでに、30年以上もかかったわけですので、やはり気の長い話ですね。なかには、もう絶版となって久しく、今からでは入手不可能な市販書籍も少なくありません。

Ｆｗ190Ｄの機体構造に関しては、実質的に、空冷型とエンジンが異なるだけということもあって、図版類の数は少なく、本書のメインはＴａ152です。

原型機を含めても、わずか数十機しかつくられなかったＴａ152ですが、プラモデル、出版界での人気は特別で、本家ドイツから140ページのハード・カバー、アメリカから同書の英語版が出され、さらには、総数32ページの中とじながら、かなり内容の濃いモノグラフも出ている。

今回、本書のＴａ152の図版の多くを占めたのは、１９４５年2月に、戦闘機操縦技術教育用に作製された取り扱いマニュアル（P. 206～207）から抜萃したものです。

同マニュアルは、総ページ数152から成り、タイトルの表記は〝8-152Ｈ-0、Ｈ-1〟となっており、Ｃ型は含まれていない。

１９４５年2月といえば、敗戦のわずか3ヵ月前で、国内の混乱も極みに達していたはずですが、それでも、このようにしっかりとした、タイプ印刷のマニュアルを作製できるところが、工業先進国たるドイツらしいところでしょう。手書きのガリ版刷り、はては鉛筆の走り書きのような手製マニュアルに頼っていたどこかの国とは違う。

前記したように、文字だけのページも、主要な部分だけ和訳して掲載すれば、なおベターだったかもしれませんが、小生の読解力、コストの面からもそれは不可能でした。

Ｔａ152に限らず、ドイツ空軍機のマニュアルは、このような操縦教育用の他に、整備員用の分冊型（エンジン、胴体、降着装置、電気系統、武装など、項目別に一冊ずつ小冊子に綴ってある）、より細分化したパーツ構成書などがある。

とくに、整備取り扱い用の分冊型は、一時期、アメリカから個人出版という形で復刻版が出され、小生もＢｆ109、Ｈｅ177、Ａｒ234などのそれを購入したのですが、全部は揃わず、Ｔａ152に関しては、Ｐ．208に示したＨ型の電気装備関係のみしか入手できていません。

それともう一種、今回のＴａ152図版に箔をつけることができた原資料として、アメリカから入手したのがＰ．210に示したマニュアルです。

表紙と巻末の一部が欠落していて、用途が不明ですが、100ページ弱くらいで、図版の多くは、前記の操縦技術教育用のものと共通してます。しかし、主、水平尾翼、垂直尾翼の詳細骨組み図や、排気管図など、これまであまり知られていない図版が入っており、ノンブルの振り方をみると、再編集したもののようにも感じます。解説はきれいなタイプ印刷です（むろんドイツ語表記）。

いずれにしましても、大戦末期の機体にもかかわらず、これだけの一次資料が残っているのは大変なことで、日本機の似たような境遇機からすれば、羨しい限りといえましょう。

◀市販洋書のなかで、Fw190A/D、Ta152Hに関する、各型識別、生産数、製造番号/工場/時期について、最新かつ決定版とも言い得るもの。ドイツのペーター・ローダイケ氏という、有名な研究家が1998年にまとめたもので、総ページ数444、写真点数760枚、図版、カラー側面図もありという大作で、値段（邦価約￥12,000）も相当なもの。小生も、本書を大いに参考にさせてもらった。

▶これも、本家ドイツから1998年に出版された、Ta152のハード・カバー本。総ページ数144と、それほどボリュームはないが、Ta152を、まるまる1冊の単行本にしたのはこれが唯一で、内容的にも一級のもの。1999年、アメリカから英訳版が出された（邦価約￥6,000）。

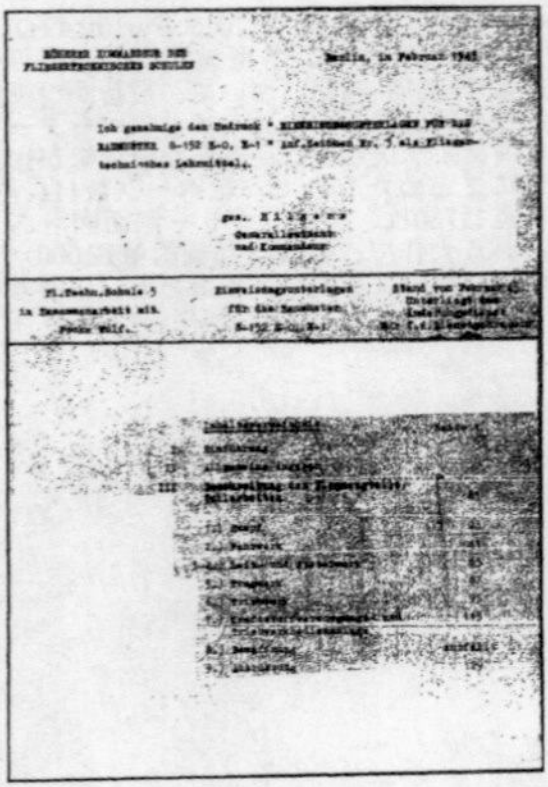

HÖHERER KOMMANDEUR DER FLIEGERTECHNISCHEN SCHULEN

Berlin, im Februar 1945

Ich genehmige den Nachdruck "EINWEISUNGSUNTERLAGEN FÜR DAS BAUMUSTER Ta 152 H-0, H-1" als Fliegertechnisches Lehrmittel.

gez. Kl...

Generalleutnant und Kommandeur

Fl.Techn.Schule 3 in Zusammenarbeit mit ...

Einweisungsunterlagen für das Baumuster Ta 152 H-0, H-1

Stand vom Februar 45

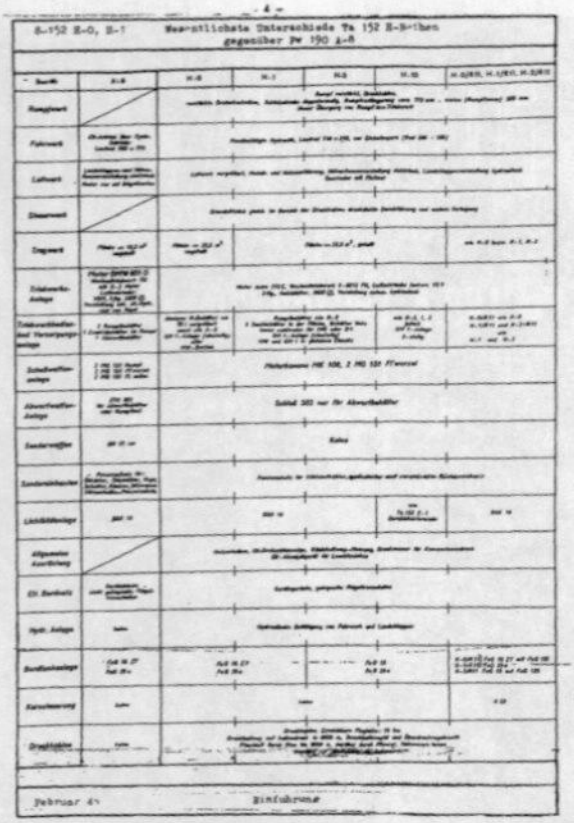

- 4 -

Ta 152 H-0, H-1 — Wesentlichste Unterschiede Ta 152 H-Reihen gegenüber Fw 190 A-8

Februar 45 — Einführung

▲▼1945年２月作製の、戦闘機操縦技術教育用のTa152H-0/H-1マニュアル。上左はその表紙、同右は４ページ目に記載された、Fw190A-8との装備の違いを一覧表にまとめた部分。H-0、H-1はもとより、計画のみに終わったH-2、H-10、さらには悪（全）天候型R11仕様の装備まで、漏らさず記載されているのが貴重。下の２ページ分は、一般注意事項を記入した文章のみの13、14ページ目。

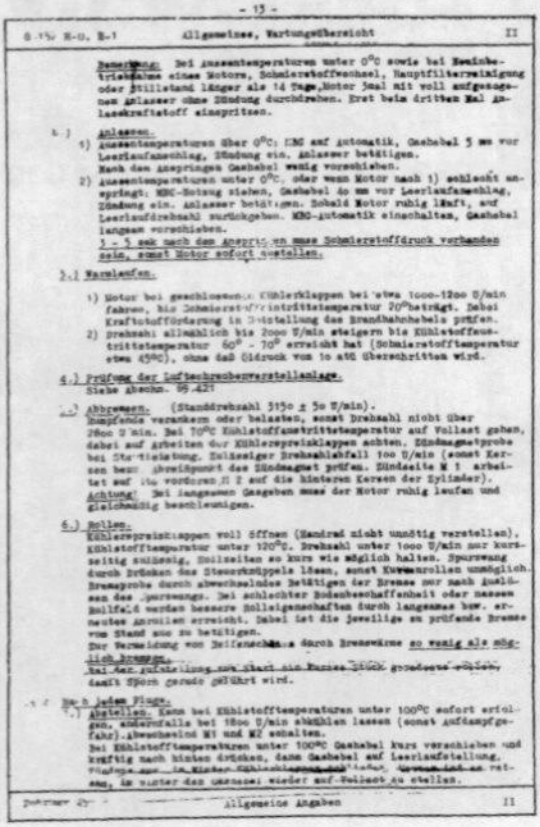

- 13 -

Ta 152 H-0, H-1 — Allgemeines, Wartungsübersicht — II

Bemerkung: Bei Aussentemperaturen unter 0°C sowie bei Neuinbetriebnahme eines Motors, Schmierstoffwechsel, Hauptfilterreinigung oder Stillstand länger als 14 Tage, Motor 3mal mit voll aufgezogenem Anlasser ohne Zündung durchdrehen. Erst beim dritten Mal Anlasskraftstoff einspritzen.

Anlassen.
1) Aussentemperaturen über 0°C: KDG auf Automatik, Gashebel 5 mm vor Leerlaufanschlag, Zündung ein, Anlasser betätigen. Nach dem Anspringen Gashebel wenig vorschieben.
2) Aussentemperaturen unter 0°C, oder wenn Motor nach 1) schlecht anspringt: KDG-Notzug ziehen, Gashebel 40 mm vor Leerlaufanschlag, Zündung ein. Anlasser betätigen. Sobald Motor ruhig läuft, auf Leerlaufdrehzahl zurückgeben. KDG-Automatik einschalten, Gashebel langsam vorschieben.
3 - 5 sek nach dem Anspringen muss Schmierstoffdruck vorhanden sein, sonst Motor sofort abstellen.

3.) Warmlaufen.
1) Motor bei geschlossenen Kühlerklappen bei etwa 1000-1200 U/min fahren, bis Schmierstoffeintrittstemperatur 70° beträgt. Dabei Kraftstofförderung in ...stellung des Brandhahnhebels prüfen.
2) Drehzahl allmählich bis 2000 U/min steigern bis Kühlstoffaustrittstemperatur 60° - 70° erreicht hat (Schmierstofftemperatur etwa 45°C), ohne daß Öldruck von 10 atü überschritten wird.

4.) Prüfung der Luftschraubenverstellanlage.
Siehe Abschn. 99.421

5.) Abbremsen. (Standdrehzahl 3150 ± 50 U/min).
Rumpfende verankern oder belasten, sonst Drehzahl nicht über 2800 U/min. Bei 70°C Kühlstoffaustrittstemperatur auf Vollast gehen, dabei auf Arbeiten der Kühlerspreizklappen achten. Zündmagnetprobe bei Startleistung. Zulässiger Drehzahlabfall 100 U/min (sonst Kerzen bezw. Abreißpunkt des Zündmagnet prüfen. Zündseite M 1 arbeitet auf die vorderen, M 2 auf die hinteren Kerzen der Zylinder).
Achtung! Bei langsamen Gasgeben muss der Motor ruhig laufen und gleichmäßig beschleunigen.

6.) Rollen.
Kühlerspreizklappen voll öffnen (Handrad nicht unnötig verstellen). Kühlstofftemperatur unter 120°C. Drehzahl unter 1000 U/min nur kurzzeitig zulässig. Rollzeiten so kurz wie möglich halten. Spurzwang durch Drücken des Steuerknüppels lösen, sonst Kurvenrollen unmöglich. Bremsprobe durch abwechselndes Betätigen der Bremse nur nach Auslösen des Spurzwangs. Bei schlechter Bodenbeschaffenheit oder nassem Rollfeld werden bessere Rolleigenschaften durch langsames bzw. erneutes Anrollen erreicht. Dabei ist die jeweilige zu prüfende Bremse vom Stand aus zu betätigen.
Zur Vermeidung von Reifenschäden durch Bremswärme so wenig als möglich bremsen.
Bei der Aufstellung zum Start ein kurzes Stück geradeaus rollen, damit Sporn gerade geführt wird.

Nach jedem Fluge.
1.) Abstellen. Kann bei Kühlstofftemperaturen unter 100°C sofort erfolgen, andernfalls bei 1800 U/min abkühlen lassen (sonst Aufdampfgefahr). Abwechselnd M1 und M2 schalten.
Bei Kühlstofftemperaturen unter 100°C Gashebel kurz vorschieben und kräftig nach hinten drücken, dann Gashebel auf Leerlaufstellung. ... sen, im Winter den ... wieder auf Vollast zu stellen.

Februar 45 — Allgemeine Angaben — II

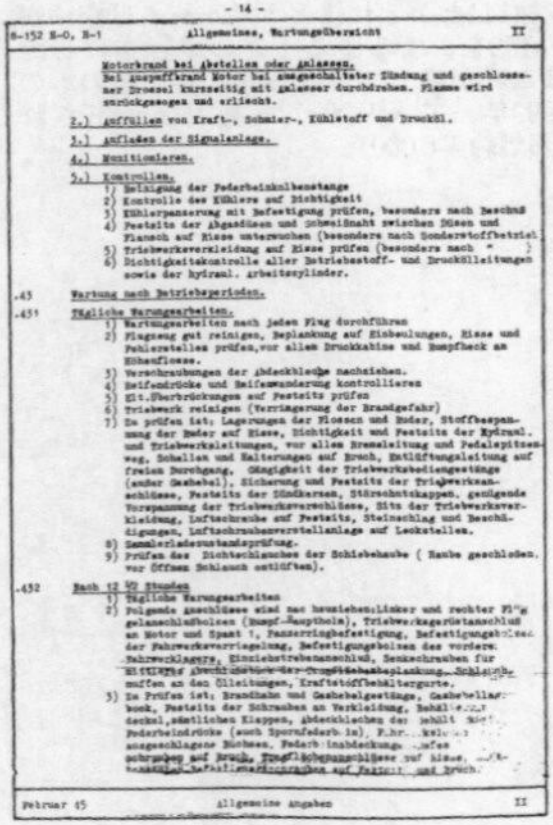

- 14 -

Ta 152 H-0, H-1 — Allgemeines, Wartungsübersicht — II

Motorbrand bei Abstellen oder Anlassen.
Bei Auspuffbrand Motor bei ausgeschalteter Zündung und geschlossener Drossel kurzzeitig mit Anlasser durchdrehen. Flamme wird zurückgezogen und erlischt.

2.) Auffüllen von Kraft-, Schmier-, Kühlstoff und Drucköl.

3.) Aufladen der Signalanlage.

4.) Munitionieren.

5.) Kontrollen.
1) Reinigung der Federbeinkolbenstange
2) Kontrolle des Kühlers auf Dichtigkeit
3) Kühlerpanzerung mit Befestigung prüfen, besonders nach Beschuß
4) Festsitz der Abgasdüsen und Schweißnaht zwischen Düsen und Flansch auf Risse untersuchen (besonders nach Sonderstoffbetrieb)
5) Triebwerksverkleidung auf Risse prüfen (besonders nach ")
6) Dichtigkeitskontrolle aller Betriebsstoff- und Druckölleitungen sowie der hydraul. Arbeitszylinder.

.43 Wartung nach Betriebsperioden.

.431 Tägliche Wartungsarbeiten.
1) Wartungsarbeiten nach jedem Flug durchführen
2) Flugzeug gut reinigen, Beplankung auf Einbeulungen, Risse und Fehlerstellen prüfen, vor allem Druckkabine und Rumpfheck am Höhenflosse.
3) Verschraubungen der Abdeckbleche nachziehen.
4) Reifendrücke und Reifenwanderung kontrollieren
5) Elt. Überbrückungen auf Festsitz prüfen
6) Triebwerk reinigen (Verringerung der Brandgefahr)
7) Zu prüfen ist: Lagerungen der Flossen und Ruder, Stoffbespannung der Ruder auf Risse, Dichtigkeit und Festsitz der Hydraul. und Triebwerksleitungen, vor allem Bremsleitung und Pedalspitzenweg, Schellen und Halterungen auf Bruch, Entlüftungsleitung auf freien Durchgang. Gängigkeit der Triebwerksbediengestänge (außer Gashebel), Sicherung und Festsitz der Triebwerksanschlüsse, Festsitz der Zündkerzen, Störschutzkappen, genügende Vorspannung der Triebwerksverschlüsse, Sitz der Triebwerksverkleidung, Luftschraube auf Festsitz, Steinschlag und Beschädigungen, Luftschraubenverstellanlage auf Leckstellen.
8) Sammlerladezustandsprüfung.
9) Prüfen des Dichtschlauches der Schiebehaube (Haube geschlossen, vor Öffnen Schlauch entlüften).

.432 Nach 12 1/2 Stunden
1) Tägliche Wartungsarbeiten
2) Folgende Anschlüsse sind nachzuziehen: Linker und rechter Flügelanschlußbolzen (Rumpf-Hauptholm), Triebwerksgerüstanschluß an Motor und Spant 1, Panzerringbefestigung, Befestigungsbolzen der Fahrwerksverriegelung, Befestigungsbolzen des vorderen Fahrwerklagers, Einziehstrebenanschluß, Senkschrauben für ... Schlauchmuffen an den Ölleitungen, Kraftstoffbehältergurte.
3) Zu prüfen ist: Brandhahn und Gashebelgestänge, Gashebellagerbock, Festsitz der Schrauben an Verkleidung, Behälter... deckel, sämtlichen Klappen, Abdeckblechen der Behält... Federbeindrücke (auch Spornfederbein), ... ausgeschlagene Buchsen, Federbeinabdeckung... schrauben auf Bruch, Tragflächenanschlüsse auf Risse, ... auf Festsitz und Bruch.

Februar 45 — Allgemeine Angaben — II

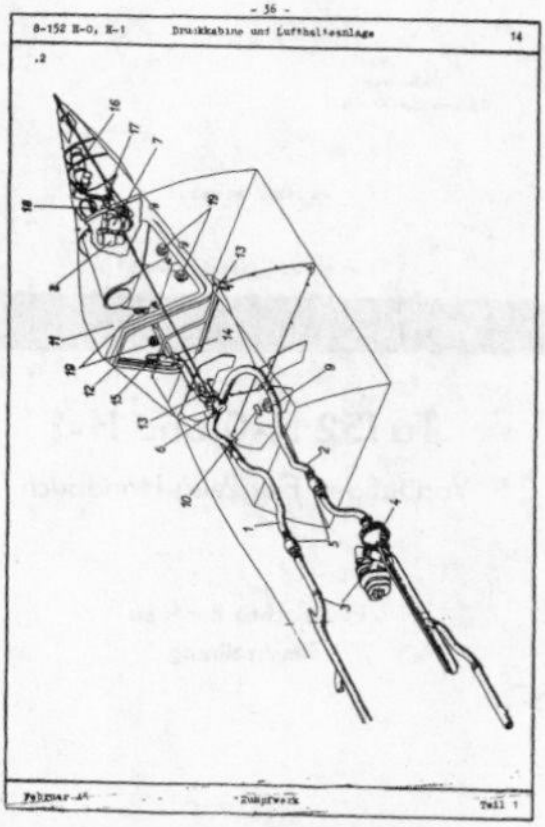

- 37 -

8-152 H-0, H-1　Druckkabine und Lufthalteanlage　14

.12 Aufbau, Zweck
Die Druckkabine hat in Verbindung mit der Lufthalteanlage den Zweck, in allen Flughöhen im Führerraum für den Flugzeugführer den erforderlichen Luftdruck und eine erträgliche Temperatur aufrecht zu halten. Zugleich wird dadurch eine innere Vereisung der Führerkammer verhindert.

.2 Aufbau
1.) Frischluftzufuhr
2.) Preßluftzufuhr
3.) Atemluftverdichter Gerät Nr. 19-3011 A, gehört zum Wechseltriebwerk.
4.) Atemluftfilter Gerät Nr. 19-3703 D
5.) Rückschlagklappe Gerät Nr. 19-3423 C
6.) Drehschieber
7.) Druckhalteventil NW 40 Gerät Nr. 19-3410 B
8.) Überdruck-Sicherheitsventil NW 40 Gerät Nr. 19-3429 A
9.) Kabinendruckanzeiger, Baumuster 17 b2
10.) Höhenwarner, Kronzle Wien
11.) Schiebehaube
12.) Abdichtschlauch der Schiebehaube
13.) Schiebehaubenbetätigung und Verriegelung
14.) Entlüftungsventil
15.) Füllventil
16.) Preßluftflasche 1 l mit Druckminderer Gerät Nr. 4019 A-1
17.) Druckmesser
18.) Außenbordanschluß
19.) Trockenpatrone

Statt Druckhalteventil und Überdruckventil wird in Kürze der Kammerdruckregler 19-4011 A eingebaut. Dieses Gerät läßt sich durch Umschaltung dichtsetzen. Die Verschlußschraube 8-152.951-04 zur Dichtprüfung ist nicht erforderlich.

.63 Prüfung.
a) Bei stehendem Motor.
1.) Luftdurchtritt durch Druckhalteventil (ist unter 8 km ständig offen) mit Verschlußschraube 8-152.951-04 abschließen.
2.) Prüfanschluß 8-152.951-03 und Druckmesser 0,6 kg/cm² 1/MM 20 rechts unter Klappe Windschutz anschließen.
3.) Preßluftflasche mit Druckminderventil anschließen.
4.) In Führerraum einsteigen. Schiebehaube schließen.
5.) Drehschieber auf "Preßluft" legen.
6.) Dichtschlauch der Schiebehaube durch Betätigung des Füllventils aufblasen.
7.) Preßluftflasche öffnen, 0,2 atü Überdruck in Führerkammer einleiten.

b) Bei laufendem Motor.
1.) Bremsklötze vor die Laufräder
2.) Luftdurchtritt durch Druckhalteventil mit Verschlußschraube 8-152.951-04 abschließen.
3.) In Führerraum einsteigen, Schiebehaube schließen.
4.) Motor anlassen, Dauerleistung wählen
5.) Drehschieber auf "Preßluft" legen.
6.) Abdichtschlauch der Schiebehaube durch Betätigung des Füllventils aufblasen.
7.) Kammerdruckanzeiger beobachten. Es muß sich mindestens ein Überdruck von 0,2 atü einstellen. Dann Drehschieber auf Frischluft stellen.

Bei a) u. b): Absinkzeit des Kammerdruckes von 0,2 auf 0,1 atü beobachten [illegible] Mindestwert 1 Min.
Bei Nichterreichen der Mindestzeit [illegible] (Pfeifen der entweichenden Luft) und [illegible] Stellen von außen mit Seifenlösung (Blasenbildung) suchen. (Reparatur s. 141.46)

Februar 45　Rumpfwerk　Teil 1

▲▼同じく、戦闘機操縦技術教育用Ta152H-0、H-1マニュアル。上の２ページは、与圧キャビン、下の２ページは潤滑油系統の手入方法を記した部分。各項目は、いずれも、このように見開きの左ページに図版、右ページに説明という形態になっている。

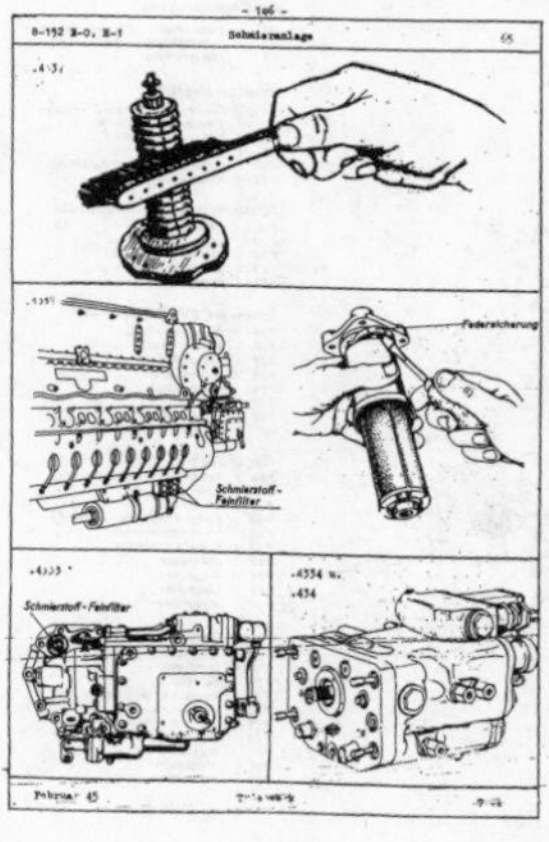

- 107 -

8-152 H-0, H-1　Schmieranlage　65

.42 Wartung vor und nach Betrieb.
Vor jedem Fluge sind die Leitungen auf Dichtheit zu kontrollieren. Luftschraubenhaube und Regler auf Öl-Leckstellen untersuchen.

.432 Nach 12½ Stunden, neuerdings alle 5 bis 6 Stunden.
Kontrolle der Leimenfilter in den beiden Kurbelgehäuse-Entlüftungen, achten auf Verharzung.

.433 Nach 25 Stunden und nach dem ersten Motorstandlauf.

.4331 Reinigen des Schmierstoffhauptfilters.
1.) Filter ausbauen. Nicht demontieren!
2.) Filtkörper 2-3 Stunden in Waschbenzin baden. (Nach Möglichkeit die Nacht über im Benzinbad lassen).
3.) Mit Reinigungsbürste (von Herstellerfirma geliefert) aufgeweichten Schlamm herausbürsten. Ist Bürste nicht greifbar, weichen Pinsel verwenden.
4.) Mit Preßluft abblasen.
5.) Filter einbauen, (Gehäuse abdichten).
Achtung: Niemals mit harten, metallischen Gegenständen auf den Siebscheiben herumkratzen! Bei Verunreinigungen, die durch Baden und Bürsten nicht entfernt werden können (Verharzung), Filterkörper auswechseln, wenn mehr als 1/4 der Scheibenoberfläche verklebt ist.
Nach Kontrolle 3-maliges Durchdrehen des Motors mit voll aufgezogenem Schwungkraftanlasser ohne Zündung unbedingt durchführen. Es treten sonst Lagerschäden auf, da bei der Kontrolle 2-3 l Schmierstoff auslaufen und Luft in das System gelangt.

.4332 Reinigen der Schmierstoff-Feinfilter.
Die Schmierstoff-Feinfilter sind mit 2 Abziehvorrichtungen vorsichtig und gleichmäßig abzuziehen. Nach Entnahme der Federsicherung kann jeder Filter zerlegt werden. Beim Zusammenbau ist darauf zu achten, daß der Bund der Trennbuchse des Filters vorne liegt, da sonst der Schmierstoffumlauf innerhalb des Feinfilters gestört wird.

.4333 Reinigen des KDG-Feinfilters.
Die Filterung geschieht durch eine Siebscheibe, die nach Lösen der Verschlußmutter ausgebaut und in Waschbenzin gereinigt wird.

.4334 Reinigen des Zulauffilters im Luftschraubenverstellregler. (2) soweit vorhanden.
Verschlußschraube lösen, Zulauffilter aus dem Reglergehäuse ziehen. Filtersieb reinigen. Beim Zusammenbau erst Filterreglerfeder und dann Zulauffilter einsetzen.

.434 Nach 50 Stunden.
Reinigen des Zulauffilters im Luftschraubenverstellregler. (1)
Verschluß lösen, Zulauffilter aus dem Reglergehäuse ziehen. Kordelschraube lösen und Hülse aus dem Sieb ziehen, Filtersieb reinigen.

.44 Winterbetrieb.
Kaltstartvorschrift ist grundsätzlich einzuhalten.
Genaue Anweisungen: 1.) [illegible] Sonderheft 4402 vom 10.10.44
2.) Junkers Erfahrungsbericht vom 18.11.44.

.52 Ausbau des [illegible]behälters:
Klappe vor Windschutz öffnen, rechte Verkleidung des Rumpfvorbaus abnehmen, Öl ablassen, Leitungen abschließen. Kronenmuttern der 3 Bolzen lösen, mit denen der Behälter am Stahlgerüst des Spantes 1 befestigt ist. Behälter auf rechter Rumpfvorbauseite herausheben.

Februar 45　Triebwerk　Teil 6

Fw社が、整備取扱用に1945年１月付けで作製した、分冊形式のTa152H-0、H-1マニュアル。縦21.5cm、横14cmの小サイズで、ページ数は項目ごとにバラつきがあり、例に示した電気系統装備は約50ページ。うち30ページが解説、残りが図版という形態で、図版は折り込み式になっていて、広げると横28cmくらいになる。当然のことながら、内容は高度で、専門知識がないと理解は困難。なお、この分冊形式マニュアルは、単発戦闘機の場合、だいたい10数冊程度に分けてあり、Fw190A-8を例にすれば、全般概要、胴体、降着装置、動翼、操縦系統、主翼本体、エンジン、エンジン操作、および燃料装置、武装、爆撃装備、写真機装備、操縦室配置、無線機装備、電気系統に分けてあった。

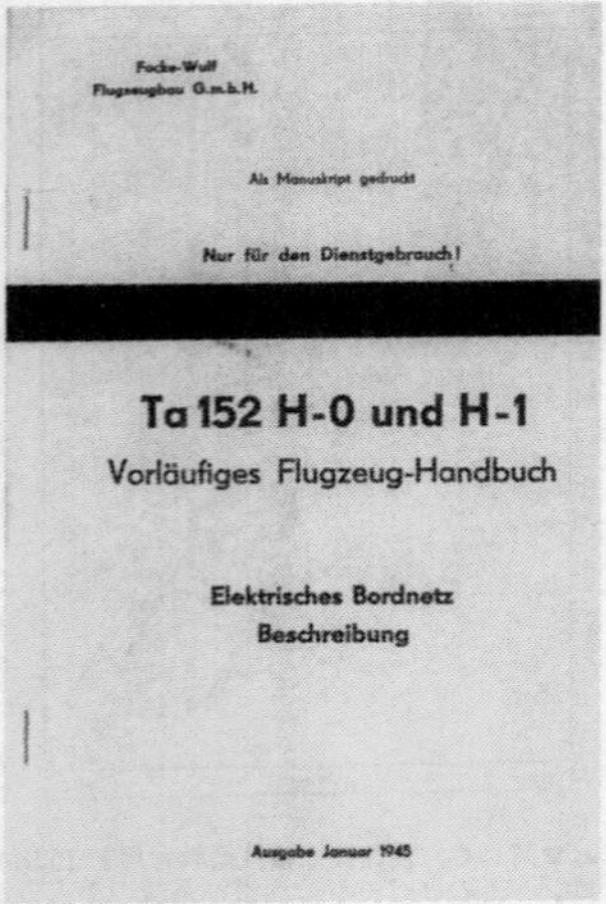
Focke-Wulf
Flugzeugbau G.m.b.H.

Als Manuskript gedruckt

Nur für den Dienstgebrauch!

Ta 152 H-0 und H-1
Vorläufiges Flugzeug-Handbuch

Elektrisches Bordnetz
Beschreibung

Ausgabe Januar 1945

▶電気系統装備冊子の表紙

▼射撃兵装部電気系統の折り込み図版

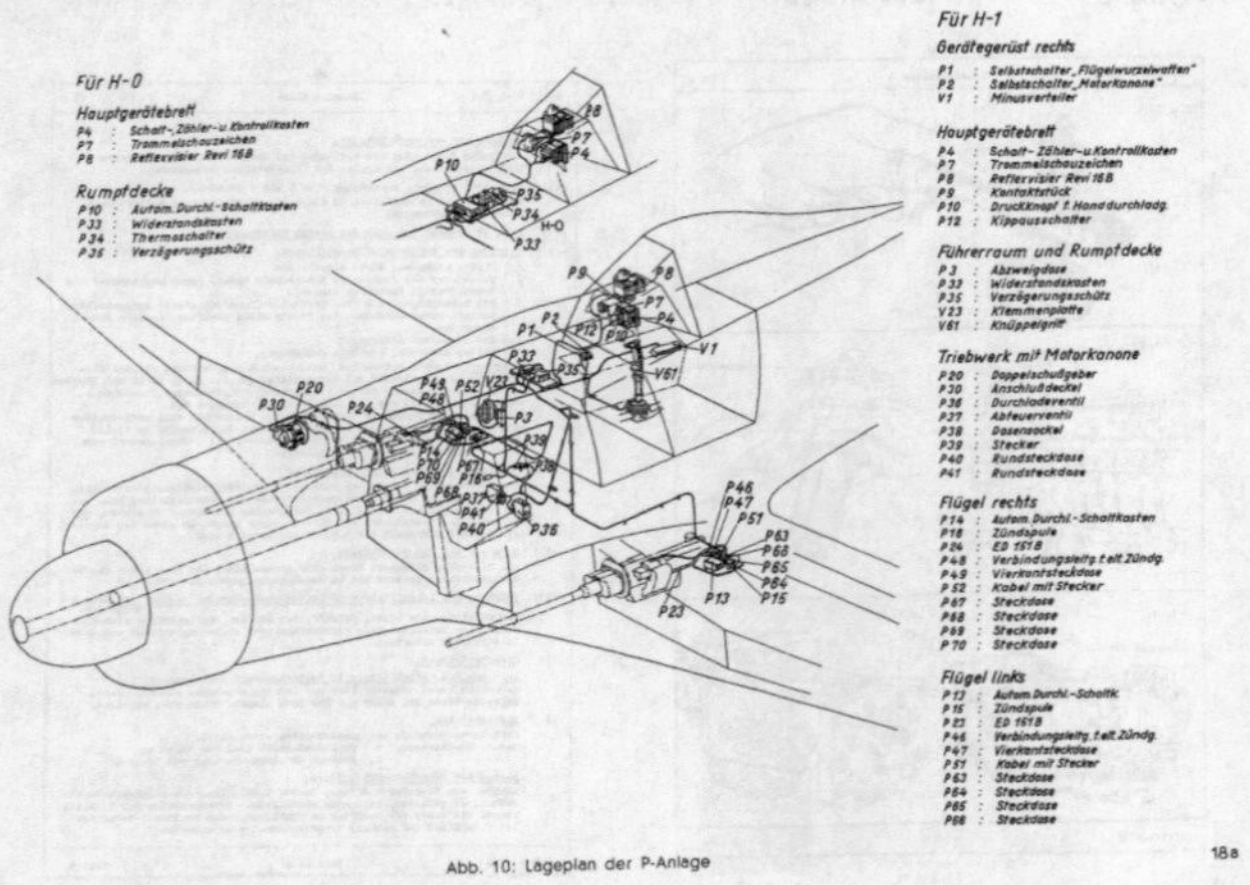

ERSATZTEIL-LISTE

Ta152

Konstruktionsgruppe

4

STEUERWERK

FOCKE-WULF FLUGZEUGBAU G.M.B.H. BREMEN

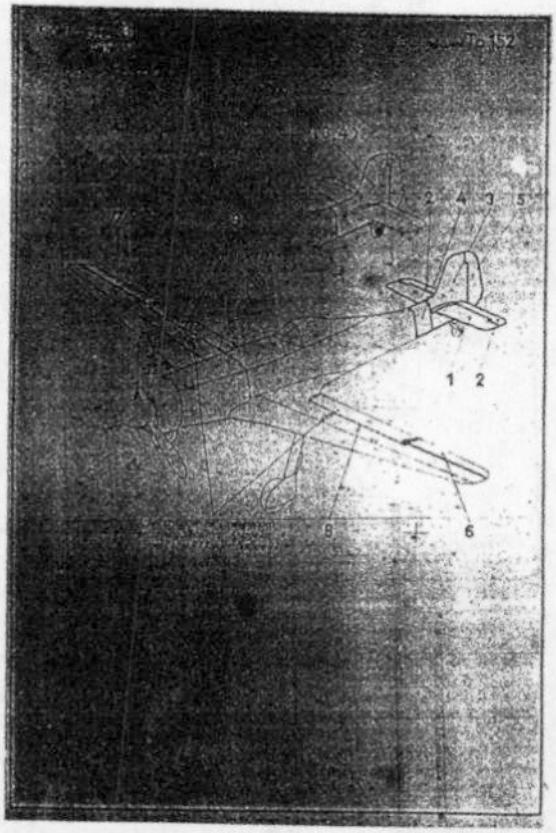

▲▼部隊配備前の新造機保管、および損傷機の修理・再生などを担当した、航空補給廠向けのTa152マニュアル。上左の副題からもわかるように、“補充部品目録”で、その目的上、各パーツを結合するボルト、ナットの類まで、非常に細かく記載されている。上は、第4篇、操舵組立、すなわち補助翼、方向舵、昇降舵の項、下は垂直安定板の項である。小生も、大枚ン万円を投資して約300ページ分を入手したのだが、あまりに細かすぎて本書には使えなかった。トホホ……。

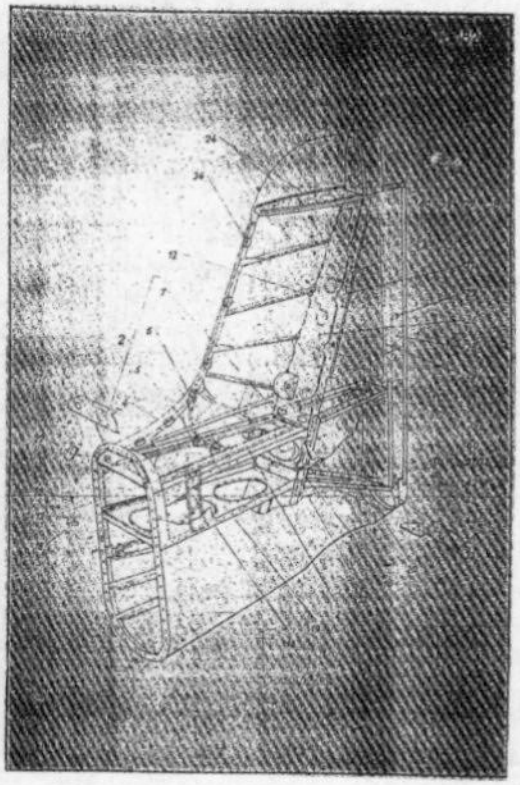

4930 Detmold 1 | Ta 152 H | Rumpfwerk

Der Rumpfvorbau selbst bestand aus dem Spant 1 sowie einem aus Blechprofilen und Rohren zusammengeschweißten Gerüst. Der mit dem Einbau des Rumpfvorbaues entstandene Platz diente neben der teilweisen Aufnahme der Motorkanone MK 108 mit Vollgurtkasten auch der Unterbringung des Schmierstoff-Vorratsbehälters.

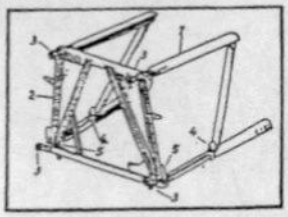

1 = Stahlgerüst
2 = Triebwerks-Trennspant
3 = Triebwerkanschlüsse (Augenschrauben)
4 = Flächenanschlüsse Vorderholm
5 = Anschlußbohrungen Strebenbock

Der Rumpfvorbau erzwang zugleich eine Neugestaltung des Deckels vor dem Windschutzaufbau (bei Fw 190: Wartungsklappe für Rumpfwaffen); dieser Deckel mußte nunmehr um einiges länger ausgeführt werden als derjenige der Fw 190 und bekam dadurch ein erhblich anderes Aussehen.

Am Rumpfvorbau befanden sich - in Flugrichtung gesehen - vier angeschraubte Lagerzapfen, die zur Aufnahme der Motorträger dienten. Der Hauptflügelanschluß befand sich ungefähr in der Mitte des Rumpfvorbaues.

Erwähnenswert ist die Tatsache, daß der Spant 1A, an dem der Vorbau befestigt wurde, eine Holzkonstruktion war.

9

hlüterweg 6
4930 Detmold 1 | Ta 152 H | Rumpfwerk

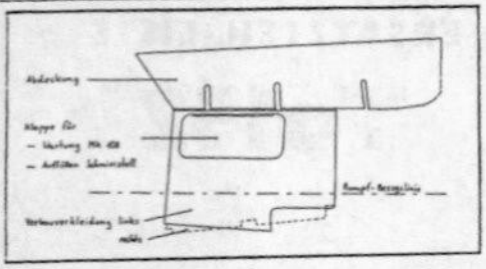

B. Rumpfvorderteil
Das Rumpfvorderteil umfaßte den Bereich zwischen den Spanten 1A und 8 und bestand damit aus der Druckkabine und dem Behälterraum. Im Vergleich zur Fw 190 wurde bei der Ta 152 das gesamte Tragwerk um 442 mm weiter nach vorn verlegt, so daß nunmehr der Spant 4 den Anschluß für den Tragflächen-Hinterholm tragen mußte. Um dieser erhöhten Belastung standzuhalten wurde der Spant aus Stahl gefertigt. Zusätzlich erhielt das gesamte Rumpfvorderteil zum Zwecke der Verstärkung ein integriertes Stahlgerüst.

Die Druckkabine mit einem Gesamtvolumen von ungefähr 1 m^3 bestand aus dem vorerwähnten Stahlgerüst, das mit den Rumpfseitenschalen, den Spanten 1A und 8, dem Fußboden, dem Deckel vor dem Windschutzaufbau sowie dem Windschutz selbst beplankt war. Die Dichtheit der Kabine wurde durch eine luftundurchlässige Vernietung der Beplankung mittels einer kaltvulkanisierenden Dichtpaste und Punktschweißung der Schalen erreicht. Zusätzlich erhielt der Kabineninnenraum einen abdichtenden Farbanstrich, eingelassene Klappen und Deckel wurden an den Rändern mit Gummiwülsten versehen.

10

▲▼P.206 ～ 207に掲載した操縦技術教育用マニュアルと、一部図版が共通するものの、説明文はまったく別になっている、Ta152Hの機体構造のマニュアル。上右の図も前記マニュアルにはなく、下の垂直尾翼骨組図は各寸度まで入った微細なもので、他では見られない。P.116の図は小生が本図をトレースしたものです。本マニュアルは、P.204にも記したように、再編集されたらしく、ラジエーター配置図、VS9プロペラ装備図など、明らかにFw190Dの図版が誤って転載されており、ちょっとミステリアスな感もします。

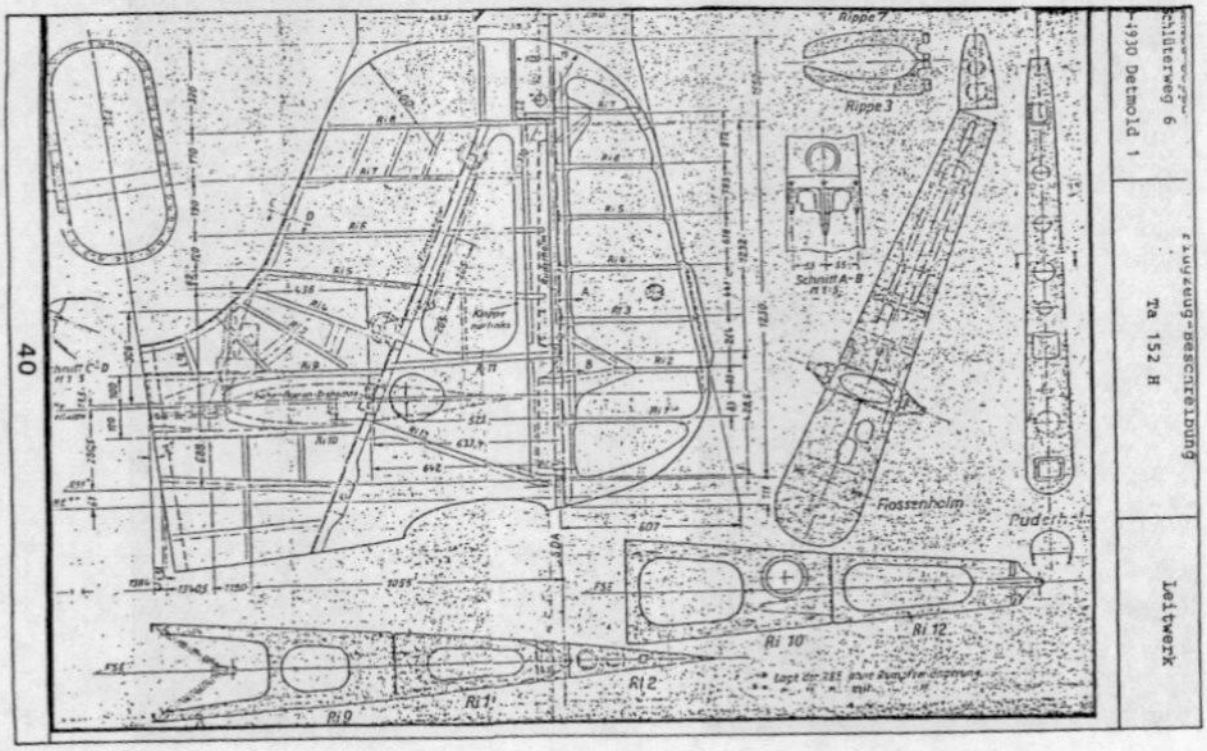

〈主要参考文献〉

FOCKE-WULF Fw190／Ta152——Motorbuch Verlag, Focke-Wulf Jagdflugzeug Fw190A／Fw 190 "Dora"／Ta152H——Peter Rodeike, FOCKE-WULF Ta152 DER WEG ZUM HÖHENJÄGER——AVIATIC VERLAG, GERMAN AIRCRAFT INTERIORS 1935-945 Vol 1, MONOGRAM Close-Up10 Fw190D, 24TA152——Monogram Aviation Publications, GREEN HEARTS First in Combat With The DORA9, Eagle Cal Decal——Eagle Editions Ltd., JV44 The GALLAND CIRCUS——CLASSIC Publications, LUFTFAHRT internatiomal Nr. 3, 5, 10——Karl R. Paulas Publizistisches Archiv, Fw190D-9／Ta152 Manual——Luftwaffe, Walk Aronud No.10 Fw190D——Squadron／Signal Publications, Eagle Cals EC #21, 14R., 19, 24-32 Decals——Eagle Editions Ltd, Experten Decals No.3, 48-1——Experten Historical Aviation Research, Inc., LUFTFAHRT dokumente LD 7 Baubeschreibung Focke-Wulf Ta152Hund Ta152 mit Jumo 222E Höhenjagdflugzeug——Karl R, Pawlas Publizisches Archiv, Kurt Tank Konstrukteur und Testpilot bei Focke-Wulf——Bernard & Graefe Verlag, The Focke Wulf Fw190——DAVID & CHARLES, Profile No.94 The Focke-Wulf Fw190D Ta152 Series——Profile Publication Limited, AIR Enthusiast Quarterly No.1——Fine Scroll Publication, Fw190D Dreiseitenansicht Systemgrundmaβe Fw190Ra-8, Baubeschreibung Nr. 285, 305 Jagdflugzeug-Fw190D-9, Normaljager Fw190D-9 Jumo213A——Focke-Wulf Flugzeugau G.m.b.H Bremen 1944, Jumo213A-1 Lehrb-Reihe192 Jan. 1943, FOCKE WULF Fw190 & Ta152——Ing. Ales Janda/Tomas Poruba, WAFFEN-ARSENAL Band 95 FOCKE-WULF Fw190——Podzun Pallas-Verlag GmbH, The Focke Wulf 190——Harleyford Publication, LE FOCKE WULF 190——Docavia／Editions Lariviere, The WARPLANES of the THIRD REICH——Macdonald & Co. Ltd., BROKEN EAGLES 1——Fighter Pictorials, Warbirds-lllustrated No.6 The Luftwaffe 1933-1945

Volume IV —— Arms and Armour Press, The Official Monogram Painting Guide to German Aircraft 1935-1945 —— Monogram Aviation Publications, REAL COLORS OF WWII AIRCRAFT
—— AK Interactive

〈写真協力〉

U.S.Army, U.S.Air Force Offical, VFW-Fokker, Smithonian Institution, Imperial War Museum

〈取材協力〉

National Air and Space Museum／Smithonian Institution Paul E. Garber Facility, United States Air Force Museum／Dayton Ohio, Champlin Fighter Museum／Mesa Arizona

単行本　平成二十九年二月新装版　潮書房光人社刊

NF文庫

ドイツの最強レシプロ戦闘機

二〇二一年六月二十二日　第一刷発行

著　者　野原　茂
発行者　皆川豪志
発行所　株式会社　潮書房光人新社
〒100-8077　東京都千代田区大手町一-七-二
電話／〇三-六二八一-九八九一代
印刷・製本　凸版印刷株式会社
定価はカバーに表示してあります
乱丁・落丁のものはお取りかえ
致します。本文は中性紙を使用

ISBN978-4-7698-3218-8　C0195
http://www.kojinsha.co.jp

NF文庫

刊行のことば

第二次世界大戦の戦火が熄《や》んで五〇年——その間、小社は夥しい数の戦争の記録を渉猟し、発掘し、常に公正なる立場を貫いて書誌とし、大方の絶讃を博して今日に及ぶが、その源は、散華された世代への熱き思い入れであり、同時に、その記録を誌して平和の礎とし、後世に伝えんとするにある。

小社の出版物は、戦記、伝記、文学、エッセイ、写真集、その他、すでに一、〇〇〇点を越え、加えて戦後五〇年になんなんとするを契機として、「光人社ＮＦ（ノンフィクション）文庫」を創刊して、読者諸賢の熱烈要望におこたえする次第である。人生のバイブルとして、心弱きときの活性の糧《かて》として、散華の世代からの感動の肉声に、あなたもぜひ、耳を傾けて下さい。